高等学校规划教材

土建及水工结构基础

肖作义　主编
王利平　主审

中国建筑工业出版社

图书在版编目（CIP）数据

土建及水工结构基础/肖作义主编. —北京：中国建筑
工业出版社，2007
高等学校规划教材
ISBN 978-7-112-08916-1

Ⅰ. 土… Ⅱ. 肖… Ⅲ. ①土木工程-高等学校-教
材②水工结构-高等学校-教材 Ⅳ. TU TV34

中国版本图书馆 CIP 数据核字（2007）第 024643 号

高等学校规划教材
土建及水工结构基础
肖作义 主编
王利平 主审

＊

中国建筑工业出版社出版、发行（北京西郊百万庄）
各地新华书店、建筑书店经销
霸州市顺浩图文科技发展有限公司制版
北京市兴顺印刷厂印刷

＊

开本：787×1092 毫米 1/16 印张：18 插页：1 字数：440 千字
2007 年 6 月第一版 2008 年 6 月第二次印刷
印数：3001—5000 册 定价：**26.00** 元
ISBN 978-7-112-08916-1
（15580）

全书共分 11 章。第一章至第三章为土建基本知识，全面阐述了土建知识、建筑结构与构造、民用建筑设计方法、工程材料和读图与作图的基本要求；第四章至第八章为钢筋混凝土结构基本构件理论设计与计算方法，较系统地介绍了钢筋混凝土材料的力学性能和钢筋混凝土受弯、受剪、受压、受拉构件的承载力计算；第九章和第十章分别介绍了水工程结构中水池与中小型地面泵房结构设计计算方法，同时分别给出了中小型地面泵房结构和钢筋混凝土结构水池的设计与计算实例；第十一章介绍了地基与基础的基本知识和一般设计方法。且在每章后附有思考题与习题。

本书依照我国新标准和规范要求，注重基本理论知识与工程实践能力的培养和应用，力求由浅入深，循序渐进，突出重点，贯彻少而精的原则。本书适用于非土木与建筑工程专业技术人员及从事给水排水工程专业、环境工程专业的师生使用，同时也可供市政工程专业、建筑环境与设备工程专业和测绘专业的学生学习时参考。

＊　　＊　　＊

责任编辑：李　明　齐庆梅
责任设计：董建平
责任校对：陈晶晶　张　虹

前　言

我国的给水排水工程学科建立于20世纪50年代初。本书是根据高等学校给水排水工程专业指导委员会通过的"给水排水工程专业本科教育（四年制）培养目标和毕业生基本规格"中关于"土建工程基础"课程教学基本要求和基本内容编写的。在土建工程专业的基础上，考虑给水排水工程专业要求土建工程基础的教学需要，兼顾专业方向的共同点，在内容上可以侧重专业方向的重点进行选学，并参照我国南北方地区的不同特点，力求内容精炼，叙述清楚，反映当前新技术、新方法、新材料的应用。

根据高等教育专业指导委员会的精神，贯彻新教学大纲的实施，针对给水排水工程专业人员的实际工作需要，结合目前教学要求，课程时数安排，以及其他专业少学时选修课的需要（比如市政工程、环境工程、建筑设备与环境工程、测绘学专业）而编写了此套教材，原教材经过在校生四届本科生试用，在不断补充和完善取得的实际经验的基础上，经过组织、优化，将给水排水工程专业所需要的土建基本知识及工程结构设计基础整合为一门课程，更好地为给水排水工程专业工艺设计和施工奠定基础，为其他专业提供必要的基础知识。

给水排水工程通常都是由各类构筑物和建筑物所组成的。常用的构筑物有水池、水塔、沟渠、管槽、检查井、处理池等，而建筑物则包括泵房以及其他生产、管理等用的房屋。《土建及水工结构基础》这门课程所讨论的就是这些构筑物和建筑物的构造原理与结构设计问题。具体内容有：

（1）掌握给水排水工程中有关土建的基本知识以及建筑材料的性能、应用和施工要求；

（2）了解土建的基本结构和构造，掌握其各部分的组成原理、使用方法及基本构件的设计计算，尤其水工程结构的施工技术要求；

（3）熟悉地基及基础、防渗、防水、变形等构造要求，能较好处理给水排水工程与土建工程、工程结构之间的关系。

本教材内容共分11章。全书由肖作义副教授主编，王利平教授主审，李义科教授、任雁秋教授和王伯林副教授担任副主编。其中绪论由荀勇、周友新编写，第一章至第六章由肖作义编写，第七章和第八章由李义科、任雁秋和肖作义编写，第九章由孙梅、肖作义编写，第十章由孙英、宋继强编写，第十一章由王伯林编写，全书制图由孙英、甄树聪绘制，附录表格由孙梅整理。在编写过程中得到各学校有关领导及部分专业教师的大力支持，同时参考了大量文献资料，引用了其中部分内容，在此，谨向这些文献的作者表示感谢。

限于作者水平有限，调研不够，书中缺点错误在所难免。恳请各位读者、同行批评指正。

目　　录

绪　　论

给水排水工程和环境工程通常是由各类构筑物和建筑物所组成的。常见的构筑物有水池、水塔、取水井、各种水处理单元体、沟渠、管槽、检查井、防渗墙等；而建筑物则包括办公用房以及为生产、管理服务用房，如泵房、化验、仓库、检修、食堂等。这些构筑物和建筑物的功用、生产能力和相互作用由工艺设计来确定。但是，任何一项工程设计，只有工艺设计不足以付诸实施，还必须进行建筑和结构设计，满足构造要求。在给水排水工程和环境工程中，构筑物和建筑物的结构部分往往占相当大一部分基本建设投资，而结构设计的质量又直接关系到给水排水工程和环境工程的坚固性、适用性和经济性。因此，结构设计是给水排水工程和环境工程设计中的一个相当重要的组成部分。

给水排水工程和环境工程结构设计一般是由工艺、结构、建筑环境等内容相互配合共同完成的。结构设计是给水排水工程及环境工程设计中的一个有机组成部分，它和工艺设计以及建筑环境设计之间存在着既相互联系又相互制约的辩证关系。

结构设计的任务是根据工程任务中所提出的各项条件和要求（如工程地点、工程性质、供水水源情况、所处理的水质性质、设计规模、投资及占地面积等），结合当地的工程基础、工艺和建筑环境设计特点，选择结构方案和结构形式，再根据各个构筑物或建筑物的受力特点和地质条件，确定计算范围，以及钢筋品种和混凝土强度等级，然后根据内力分析结果计算截面尺寸和配筋数量，并采取必要的构造措施，最后完成结构施工图。

给水排水工程和环境工程的结构设计应全面符合坚固适用、经济合理、技术先进的设计原则。设计人员通常需要通过深入的调查研究，全面掌握与工程项目设计有关的第一手资料。在此基础上，根据结构本身的特定规律，对各种影响因素进行综合分析对比，正确处理可能出现的各种矛盾。比如，在设计中常需要对能够满足工艺要求的各种构筑物的布置方式或结构方案，进行技术经济指标的综合分析对比，以确定最佳施工方案。又如，在确定结构的受力体系和计算简图时，由于给水排水工程、环境工程构筑物的受力情况和结构体系往往比较复杂，设计人员常需要根据具体情况对结构体系进行某种简化，以便用比较简单的计算方法求解内力。这时，关键是简化后的计算结果应尽可能正确地反映结构的实际受力情况。否则，即使计算再精确，其结果也必然是不可靠的。

一、土建基础与给水排水工程和环境工程专业的关系

土建工程是建造各类工程设施的科学技术的总称。它既指与人类生活、生产活动有关的各类工程设施如建筑工程、市政工程、道桥工程、隧道工程、给水排水工程、环境工程、机场、港口码头等，也指运用材料、设备在土地上进行的勘测、设计、施工、安装等工程技术活动。人民生活离不开衣、食、住、行，其中"住"是与土建工程直接相关的，"行"是为方便人们出行及增强物流而建造的铁路、公路、机场、码头等交通土建工程，与土木工程关系非常密切。"食"是满足人们生存需要及改善环境而打井取水、筑坝蓄水、筑渠灌溉、建造粮食加工厂、水加工厂等。而"衣"的纺纱、织布、制衣，也必须在工厂

内进行，这些也离不开土建工程。此外，各种工业生产必须要建工业厂房，即使是航天事业也需要发射塔架和航天基地。因此，可以说土建工程是社会进步和科学技术发展所需要"衣、食、住、行"的先行官之一，它在任何一个国家的国民经济中都占有举足轻重的地位。

土建工程需要解决的问题，首先表现为形成人类活动需要的、功能良好和舒适美观的空间和通道，它既有物质方面的要求又有精神方面的需要，这是土建工程的根本目的和基本出发点；其次表现为能够抵御自然或人为的作用力，这是土建工程存在的根本原因；第三表现为充分发挥所采用的材料的作用，土建工程都是应用石、砖、混凝土、钢材、木材乃至合金材料和管材等新型节能建筑材料在地球表面的土层或岩层上建造的，材料是建造土木工程的根本条件；第四表现为怎样通过有效的技术途径和组织手段，利用各个时期社会能够提供的物质设备条件，"好、快、省"地组织人力、物力和财力，把社会所需要的工程设施建造成功，付诸使用，这是土建工程的最终归宿。

土建工程具有以下五个属性：

(1) 社会性：土建工程随社会不同历史时期的科学技术和管理水平而发展。

(2) 综合性：土建工程是运用多种工程技术，进行勘测、设计、施工工作的成果。

(3) 实践性：由于各种影响土建工程的因素既众多又错综复杂，使得土建工程对实践的依赖性很强。

(4) 安全性：土建工程的质量关系到人们的生命财产，使得土建工程对安全的要求很高。

(5) 技术经济和艺术的统一性：土建工程是为人类需要服务的，它必然是每个历史时期技术、经济、艺术统一的见证。

现代土建工程具有以下四方面的特点：

(1) 功能要求多样化：现代土建工程已经超越原本意义上挖土盖房、架梁筑桥的范围。

(2) 城市建设立体化：随着经济发展和人口增长，迫使房屋建筑向高层发展，这就使得高层建筑的兴起几乎成了城市现代化的标志。

(3) 交通工程快速化：由于市场经济的繁荣与发展，对运输系统提出了快速、高效的要求，而现代化技术的进步也为满足这种要求提供了条件。现在人们常常感触"地球越来越小了"，这就是运输高速化的结果。

(4) 工程设施大型化：为了满足能源、交通、环保及大众公共活动的需要，当代大型的土建工程已陆续建成并投入使用。

给水排水工程是用于水的提升、输送、净化、供给；废水的收集、治理、排放和水质改善的工程。给水排水工程的设计工作由工艺设计、结构设计、建筑设计等工种相互配合，共同完成。此外，在建筑物内部也有室内供应水和排除污水的设施，习惯上称建筑给水排水工程，它隶属于整个给水排水工程，又具有相对独立性。

给水排水工程是土建工程的一个分支，但它与房屋、桥梁、市政工程不同的是学科特征有差异。给水排水工程的学科特征是：(1) 用水文学和水文地质学的原理解决从水体内取水和排水的有关问题。(2) 用水力学原理解决水的输送问题。(3) 用物理、化学和微生物学的原理进行水质处理和检验。因此，物理、化学、水力学、水文学、水文地质学和微生物学等是给水排水工程的基础学科。

1. 给水工程

给水工程一般由给水水源、取水构筑物、输水系统、给水处理厂和给水管网四部分组成，分别起到集输送、改善水质和水到用户的作用。在一般的地形条件下，这个系统中还要包括必要的输水（水池、水塔等）和抽升（水泵站）设施。它们之间的关系如图1所示。

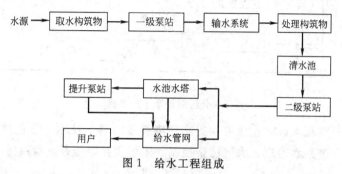

图1　给水工程组成

2. 建筑给水排水工程

它包括生活、生产及消防上的用水器具、管道系统和附属设备，有以下几个系统，如图2所示。

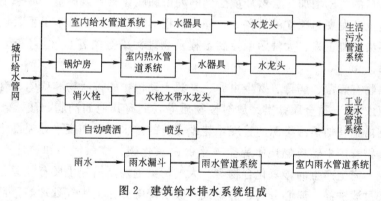

图2　建筑给水排水系统组成

（1）冷水系统：供应生活、生产用水的给水系统，与城市给水管道连通，终端是供水用户的受水器。

（2）热水系统：供应生活、生产用的热水，与锅炉房引出的热水管道连通。

（3）雨水系统：通过雨水漏斗收集屋面雨水并将其排放至接受雨水的排水系统。

（4）消防系统：供建筑消防用水。包括消火栓消防系统、自动喷淋消防系统、气体灭火消防系统等。

（5）污废水系统：排除生活污水或生产废水的管道系统。将建筑内使用的污废水通过室内排水管道排至城市污水管道。

3. 排水工程

排水工程一般有排水系统、污（废）水处理厂和最终处置设施三部分组成，如图3所示。排水管系起收集输送废水的作用，分成分流制和合流制两种系统。

4. 环境工程

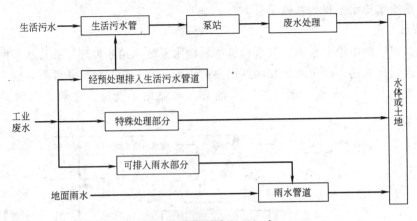

图 3　分流制排水工程组成

环境工程是研究和从事防止污染和提高环境质量的科学技术。它包括水体污染控制、生活（工业）污（废）水治理、大气污染控制、固体废弃物处置、噪声污染控制及放射性污染控制等。

人类活动必然会导致环境污染，但自然环境受污染后有一定的自净能力，只要污染物的含量不超过一定量，环境仍能维持正常，自然生态也能维持平衡。随着工业生产的迅猛发展和城市人口的急剧增加，自然环境受到的冲击和破坏愈来愈严重。原来土建中的市政卫生工程分支逐渐发展为独立的学科——环境工程（它包括给水排水工程、垃圾处理、环境卫生、水污染控制工程、大气污染控制工程及物理污染等内容），但它和土建工程保持着密切的联系。

水体污染物有病菌、病毒、寄生虫卵、来源于动植物的排泄物和残体、有毒有害的化学品（如含氯农药）、重金属盐类、放射性物质等，还有其他如油脂、酸、碱等物质。水体污染的控制措施有加强污染源的管理，建设完善的排水管系和废水处理设施等。

大气污染物有烟尘燃料燃烧不完全产生的一氧化碳、烧煤锅炉和炉灶产生的二氧化硫、汽油燃烧不完全产生的碳氢化合物等。大气污染的控制措施主要有能源、设备和操作的革新，以及过滤洗涤、离心分离、静电或声波沉降等方法的废气处理等。目前，地区性及全球性的宏观控制日益重要。

固体废弃物有城市垃圾、工业废渣（如高炉矿渣、粉煤灰）、农业固体废弃物（如秸秆、畜粪）等。城市垃圾处理方法主要是掩埋、焚化、堆肥。工业废渣应加以应用于建筑材料。例如，混凝土中可掺一定比例的粉煤灰取代部分水泥。农业固体废弃物可用沼气发酵法加以处理。

噪声主要来自机器（工业噪声）和交通工具（交通运输噪声）。控制噪声的方法首先是改革工艺，选择机械的构造和材料，采用隔声罩隔振机座，在土建工程中应用隔声屏障（如墙、土丘等）或在建筑表面多用吸音隔声材料。

二、建筑物和构筑物

在给水排水工程或环境工程中常提到"建筑物"和"构筑物"，建筑本身包含了两个概念，建就是建筑或建筑物，筑就是构筑物。两者合起来就是建造房屋和从事其他的土木工程活动，同时又表示这种活动的成果。土建工程上通常把建筑分成建筑物和构筑物。建

4

筑物是人们从事生产生活和进行各种社会活动的需要，利用和掌握的物质技术条件，运用科学规律和美学法则而创造的社会生活环境。如：住宅、厂房、宾馆、歌舞厅、商场、体育馆等。构筑物是仅仅满足生产、生活的某一方面的需要而建造的某些工程设施。如：烟囱、汽车库、菜窖、泵房、水库大坝、各类水池、水处理设施等。可见，建筑物和构筑物体现的功能范围不同，他们之间有明显的区别。

建筑物是人类活动的产物，建筑的发展代表着各个时代的政治、经济、文化、宗教、信仰等。让我们翻开历史的画卷，便会了解建筑的产生。在原始社会，人们利用树枝、石块这样的天然材料经过粗略加工盖成树枝棚和石屋，用来躲避风雨和野兽的侵袭，开始了最原始的建筑活动。如：西安半坡村遗址。这说明在 5000 年前的新石器时代对房屋的构造技术已积累了相当的经验。在奴隶社会奴隶主可以大量的无偿使用劳动力，建筑的规模不断扩大。比如：古埃及的金字塔，就是每批 10 万奴隶轮流劳作 30 年建成的。它以庞大、沉重、稳固的大块头屹立在一望无垠的沙漠上，给世人留下了宝贵的物质财富和文化财富。还有古希腊雅典卫城的帕提农神庙，以其建筑独特、气势宏大代表了当时希腊建筑的最高成就。到了封建社会，建筑的发展已经有了一定的基础，人们的建筑思想渗透到了建筑当中，以哥特式为代表的天主教堂广泛流行，追求神的气氛很浓。到了后期建筑的巴黎圣母大教堂，更使人们对神崇拜得五体投地。就连美国国会大厦都受到了神的思想的影响。进入 20 世纪 20 年代，现代建筑进入了高潮，最有名的有美国纽约的西格拉母大厦，高 158m，用青铜挤压成形的工字形竖筋镶嵌，建筑立面效果突出，具有技术和艺术的结合。在高耸结构方面，加拿大多伦多电视塔，横截面为 Y 形，高 549m，为世界之冠。目前中国最有代表性的高层建筑有：上海金茂大厦，88 层，高 420.5m；深圳帝王大厦，高 325m；广州白天鹅宾馆，高 321.9m；广东国际会议中心，高 200m；上海东方明珠塔，高 468m，居世界第三。世界上容量最大的瑞典马尔墨水塔，容量为 10000m³，顶上设有旋转餐厅。目前世界上最高的重力坝为瑞士的大狄克桑坝，高 258m；我国在建的三峡水利枢纽，水电站主坝高 190m，总装机容量预计 1820×10^4 kW，建成后将列世界第一。著名的建筑家有德国的格罗皮乌斯，法国的柯布西耶，美国的赖特。随着社会生产力的发展，出现了硅酸盐水泥，钢筋混凝土材料，建筑的类型更加多样化，质量和美观也大大提高。今天的薄壳结构、折板结构、悬索结构、网架结构等就是跨时代的象征。

我国的建筑发展也很快，大致经历了夏、商、西周、春秋、唐宋、明清时代，著名的秦始皇陵、万里长城、少林寺砖塔等都经历了历史的考验。比如建造在天津蓟县的独乐寺内的观音阁，它以历史悠久、建筑独特而驰名中外，是我国现存最古老的木结构高层楼阁。至今已经历了 28 次地震，其中 1679 年平谷三河一带大地震和 1976 年唐山大地震都安然无恙。可见建筑技艺之高超。如今，改革开放，我国建筑正赶超世界先进行列，能设计和建造现代化的高级宾馆，大跨度和高层公共建筑，解决了高层建筑中的结构造型、地基与基础、垂直交通、防火防灾、给水排水、供热通风、环境保护等多方面的技术问题。比如：上海金茂大厦以其绿色建筑标志着我国现代建筑的环保理念思想，它将作为人类建筑史上的里程碑而载入史册。新中国成立后，经过半个多世纪大规模的经济建设，取得了辉煌成就，建国初期党曾提出以适用、经济、在可能条件下注意美观作为我国的建筑方针。1986 年建设部总结了以往建设的实践经验，结合我国实际情况，制定了新的建筑技术政策，明确指出建筑业的主要任务，全面贯彻"适用、安全、经济、美观"的方针，在该政策文件中归纳如下论述：

——适用是指恰当地确定建筑面积，合理的布局，必要的技术设备，良好的设施以及保温、隔热、隔声的环境。

——安全是指结构的安全度，建筑物耐火及防火设计，建筑物的耐久年限等。

——经济主要是指经济效益，包括节约建筑造价，降低能源消耗，缩短建设周期，降低运行、维修和管理费用等，既要注意建筑物本身的经济效益又要注意建筑物的社会和环境综合效益。

——美观在适用、安全、经济的前提下把建筑美和环境美列为设计的重要内容。搞好室内外环境设计，为人们创造良好的工作和生活条件。政策中还提出了对待不同建筑物不同环境有不同的美观要求。总之应区别不同的建筑，处理好适用、安全、经济、美观之间的关系。

三、给水排水工程结构和环境工程结构的基本概念

给水排水工程和环境工程结构作为结构工程中的一个专门领域是在我国解放后才形成的。在20世纪50年代成立了一批专门从事给水排水工程或环境工程设计与科研的设计院和研究所，促使专业工程机构的设计与研究走向专业化。结构设计是给水排水工程、环境工程中的一个有机组成部分，它和工艺设计以及建筑设计之间存在着既相互联系又相互制约的辨证关系。

给水排水和环境工程结构无论从使用要求、结构形式、作用荷载及施工方法等方面来说都有其特殊性。给水排水和环境工程构筑物大多是形状比较复杂的空间薄壁结构，对抗裂、抗渗漏、防冻保温及防腐等有较严格的要求。在荷载方面一般工程除可能遇到重力荷载、风、雪荷载及水压力、土压力外，给水排水构筑物还常需对温度作用、混凝土收缩及地基不均匀沉陷等引起的外加变形或约束变形进行较缜密考虑。因此，给水排水和环境工程的结构设计应全面符合坚固、适用、经济合理、技术先进的设计原则。针对专业工程结构的特殊性，给水排水和环境工程专家经过多年的研究和实践，对水环境工程（特别是水处理构筑物）结构的设计、计算有了自己完整的体系。尤其在结构及构件的合理形式、荷载取值、内力计算方法、钢筋混凝土的抗裂及裂缝宽度计算、防止和限制裂缝的构造措施、预应力混凝土水池的设计计算方法等方面，取得了丰富的研究成果和实践经验。于1984年完成，1985年颁布施行的《给水排水工程结构设计规范》（GBJ 69—84），直到2002年《给水排水工程构筑物结构设计规范》（GB 50069—2002）进一步修订完善。可以说是给水排水工程专业的一次飞跃、一个里程碑，一个新型的专业从此有了理论依据。同时由多家权威性的市政设计院和给排水专业设计院合编了《给水排水工程结构设计手册》。这是一部内容浩繁、篇幅巨大的工具书，在一定程度上反映了我国给水排水工程专业30多年的宝贵设计经验。

进入21世纪，科学技术突飞猛进，特别是电子计算机的普遍应用，使结构设计的可靠度增大，CAD辅助设计、结构受力过程分析、计算力学等方面取得了可喜的成绩。目前，在给水排水工程设计和环境工程设计的研究领域上，应用有限单元法或较精确的计算方法对复杂结构进行分析计算已相当普遍，这在很大程度上提高了设计的质量和效率。

总之，给水排水工程和环境工程结构作为一门应用科学技术课程，我们在学习过程中，应随时注意本学科及相关学科的最新发展。

第一章　土建基本知识

第一节　建筑基本三要素

建筑构成的基本要素是：建筑功能、物质技术条件和建筑形象。

建筑功能，即指建筑的实用性，是房屋的使用需要，它体现了建筑的目的性，任何建筑都有为人所用的功能，如建厂是为了生产，建住宅是为了满足居住、生活和休息，建剧院是为了满足文化的需要等等，所以生产、生活和文化就分别是建厂、住宅、剧院的功能要求。

建筑功能的要求不是一成不变的，是随着社会生产力的发展，经济的繁荣，物质文化生活水平的提高，人们对建筑功能的要求也将日益提高，满足新的建筑功能的房屋也应运而生。以我国的住宅为例：在 20 世纪 60～70 年代，人均居住面积不到 4m²，且大多居住在平房里。到 20 世纪 90 年代，人均居住面积达到 7～8m²，且居住在楼房里。由此可得出：建筑功能是受历史条件限制的，不同时期的建筑，满足不同的建筑功能需要。

物质技术条件是实现建筑的手段，它包括建筑材料（比如钢筋、水泥、木材等），结构与构造（比如砖混结构、框架结构等），设备与施工技术（比如垂直升降机、塔机、滑模升降机等）。建筑水平的提高，离不开物质技术条件的发展，而物质技术条件的发展又受社会生产力和科学技术的制约。以高层建筑在西方国家发展为例：19 世纪中叶后期，由于蒸汽动力升降机的出现，高层建筑才有了可能，而随着建筑设备的完善，新材料的出现，新结构体系的产生，才为促进高层建筑的广泛发展奠定了基础。

建筑形象是指建筑物的内外观感，它包括建筑体型（矩形、塔形、L 形、圆形等）、立面处理（横向分格、竖向分格等）、内外空间的组织装修、色彩应用等。建筑形象反映了建筑物的物质、时代风采、民族风格、地方特色等。比如：住宅，外形简单朴素给人以亲切、宁静的气氛；剧院，巨大的观众厅，高耸的舞台、体量、高低的对比反映了剧院建筑的特性；人民英雄纪念碑，庄严、肃穆、雄伟、崇高，有强大的思想性和艺术感染力，唤起人们对历史事件或历史人物的怀念。

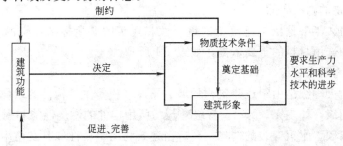

图 1-1　建筑功能、物质技术条件和建筑形象三者之间的辨证关系

总之，建筑功能、物质技术条件和建筑形象三者是辩证统一的。建筑功能是建筑的目的、主导因素，一般情况下，对物质技术条件和建筑形象起决定性作用，但后者也不是消极被动的，在一定条件下能对建筑功能起相当的制约和促进作用，如图1-1所示。

第二节　建筑的分类与分级

一、建筑物的分类

通常按下列几种方法进行分类：

（一）按建筑的使用性质分

（1）民用建筑——非生产建筑，如住宅、学校、商业建筑等。

（2）工业建筑——工业生产性建筑，如主要生产厂房、辅助生产厂房等。

（3）农业建筑——指农副业生产建筑，如粮仓、畜禽饲养场等。

（二）按主要承重结构材料分-

（1）砖木结构建筑：用砖墙、木楼层和木屋架建造的房屋。

（2）砖混结构建筑：用砖墙、钢筋混凝土楼板层、钢（木）屋架或钢筋混凝土屋面板建造的建筑。

（3）钢筋混凝土结构建筑：建筑物主要承重构件全部采用钢筋混凝土。如装配式大板、大模板、滑模等工业化方法建造的房屋，钢筋混凝土的高层、大跨度、大空间结构的建筑。

（4）钢结构建筑：全部用钢柱、钢屋架建造的房屋。

（5）其他结构建筑：如土建筑、塑料建筑、充气塑料建筑等。

（三）按层数分

（1）住宅建筑：1～3层为低层住宅，4～6层为多层住宅，7～9层为中高层住宅，10层及10层以上为高层住宅；

（2）公共建筑及综合性建筑：建筑物总高度在24m以下者为非高层建筑，总高度在24m以上者为高层建筑（不包括建筑高度大于24m的单层公共建筑）。

（3）建筑物高度大于100m时，不论住宅或公共建筑均为超高层建筑。

（4）工业建筑（厂房）：单层厂房、多层厂房、混合层数的厂房。

二、建筑物的分级

设计和建筑房屋，应根据建筑物的使用年限选择相应的材料和结构类型，为了便于掌握和控制，常把建筑物按耐久年限和耐火等级来划分。

（一）建筑物的耐久年限

建筑物的耐久年限是依据建筑物的重要性和建筑的质量标准而定的，是作为建筑投资、建筑设计和选用材料的重要依据，如表1-1所示。

（二）建筑物耐火等级

建筑物的耐火等级是由组成建筑物的墙、梁、楼板等主要构件的燃烧性能和耐火极限决定的，共分四级，如表1-2所示。各级建筑物所用构件的燃烧性能和耐火极限不应低于规定的级别和限额。耐火等级的选择主要应由建筑物的重要性和其在使用中的火灾危险来确定。根据我国国情，并参照其他国家的标准，《高层民用建筑设计防火规范》把高层民

按主体结构确定的建筑耐久年限分级　　　　　　　　表 1-1

级　　别	适用建筑范围	耐久年限(年)
一	重要性建筑和高层建筑	>100
二	一般性建筑	50～100
三	次要性建筑	25～50
四	临时性建筑	<20

注：引自《民用建筑设计通则》(GB 50352—2005)

建筑物构件的燃烧性能和耐火极限　　　　　　　　表 1-2

构　件　名　称		耐　火　等　级			
		一级	二级	三级	四级
		燃烧性能和耐火等级(h)			
墙	防火墙	非燃烧体 4.00	非燃烧体 4.00	非燃烧体 4.00	非燃烧体 4.00
	承重墙、楼梯间、电梯井的墙	非燃烧体 3.00	非燃烧体 2.50	非燃烧体 2.50	难燃烧体 0.50
	非承重外墙、疏散走道两侧的隔墙	非燃烧体 1.00	非燃烧体 1.00	非燃烧体 0.50	难燃烧体 0.25
	防火隔墙	非燃烧体 0.75	非燃烧体 0.50	难燃烧体 0.50	难燃烧体 0.25
柱	支承多层的柱	非燃烧体 3.00	非燃烧体 2.50	非燃烧体 2.50	难燃烧体 0.50
	支承单层的柱	非燃烧体 2.50	非燃烧体 2.00	非燃烧体 2.00	燃烧体
梁		非燃烧体 2.00	非燃烧体 1.50	非燃烧体 1.00	燃烧体 0.50
楼板		非燃烧体 1.50	非燃烧体 1.00	非燃烧体 0.50	难燃烧体 0.25
屋顶承重构件		非燃烧体 1.50	非燃烧体 0.50	燃烧体	燃烧体
疏散楼梯		非燃烧体 1.50	非燃烧体 1.00	非燃烧体 1.00	燃烧体
吊顶(包括吊顶隔栅)		非燃烧体 0.25	难燃烧体 0.25	难燃烧体 0.15	燃烧体

用建筑耐火等级分为一、二级；《建筑设计防火规范》分为一、二、三、四级，一级最高，四级最低。一般要求的民用建筑采用一、二级耐火等级；居住建筑、商店、学校、菜市场可采用一、二、三级耐火等级；如不超过二层，占地面积不超过 600m² 时，可采用四级耐火等级。

　　燃烧性能是建筑材料在明火或高温作用下的特征反应。我国国家标准《建筑材料燃烧性能分级方法》(GB 8624—97) 将建筑材料的燃烧性能分为以下几种等级。即 A 级：不燃性建筑材料（比如金属、砖、石、混凝土等），B1 级：难燃性建筑材料（钢丝网抹灰、石棉板等），B2 级：可燃性建筑材料（条板抹灰墙等），B3 级：易燃性建筑材料（木柱、木吊顶等）。

耐火极限是某一建筑构件从受到火的作用起到失掉支持能力或发生穿透性裂缝或背火一面温度达 220℃ 时的这段时间，用"h"表示。

第三节　建筑统一模数制与定位轴线标定原则

为了实现设计标准化、生产工厂化、施工机械化，由计划出版社出版了《建筑模数协调统一标准》（GBJ 2—86），作为统一与协调建筑尺度的基本标准。

一、模数数列

模数，是选定的标准尺度单位，作为建筑物、建筑构配件、建筑制品及有关设备尺寸相互协调的基础。模数数列是以选定的模数基数为基础而展开的数值系统。

《建筑模数协调统一标准》中规定，100mm 为模数尺寸的基本数值，叫基本模数，以 M_0 表示。模数数列中还包括扩大模数和分模数。前者是基本模数整倍数的模数尺寸，它们是 $3M_0$、$6M_0$、$15M_0$、$30M_0$、$60M_0$。后者是基本模数的分倍数的模数尺寸，有 $\frac{1}{10}M_0$、$\frac{1}{5}M_0$、$\frac{1}{2}M_0$。基本模数、扩大模数和分模数构成一个完整模数数列。分模数用于缝隙、构造节点、建筑构配件的截面及建筑制品尺寸；扩大模数用于建筑构件截面、建筑制品、门窗洞口、建筑配件及建筑的跨度（进深）、柱距（开间）、层高尺寸以及工业建筑的跨度、柱距、层高及有关配件尺寸。

二、四种尺寸

为了保证设计、生产、施工各阶段建筑制品，建筑构配件等有关尺寸的统一与协调，必须明确标志尺寸、构造尺寸、实际尺寸和技术尺寸的定义及相互关系。

标志尺寸用以标注建筑物定位轴线之间的距离以及建筑制品、建筑构配件、有关设备界限之间的尺寸，标志尺寸必须符合模数数列的规定。构造尺寸是建筑制品、建筑构配件的设计尺寸，一般情况下，构造尺寸加上缝隙尺寸即等于标志尺寸。缝隙的大小也应符合模数数列的规定。实际尺寸是建筑制品、建筑构配件等的实有尺寸，实际尺寸与构造尺寸之间的差数，应由允许偏差幅度加以限制。技术尺寸是建筑功能、工艺技术和结构条件在经济上处于最优状态下允许采用的最小尺寸，通常指构配件的截面、厚度等。

三、定位轴线的标定

定位轴线是用来确定房屋主要结构的位置及其尺寸的基线，通常应用于平面时称平面定位轴线；用于竖向时称竖向定位轴线。定位轴线之间的距离应符合模数制，如附图一所示。定位轴线的标定是按照建筑结构的类型确定的。一般分砖混结构和框架结构。对砖混结构来说其标定原则为：①外墙：对承重墙，一般自建筑物顶层墙身墙内缘半砖的倍数处通过，也可以自顶层墙身厚度的一半处通过；对于非承重外墙，除按承重外墙布置外，也可以与顶层非承重外墙内缘重合。②内墙：不论承重与否，均自顶层墙身中心线处通过。③对于楼梯间和中走廊两侧墙体：定位轴线自顶层楼梯或走廊一侧墙半砖处通过。

对框架结构，柱与平面定位轴线的联系原则是：中柱（中柱的上柱或顶层中柱）的中心线一般与纵横向平面定位轴线相重合；边柱的外缘一般与纵向平面定位轴线相重合，也可以使边柱（顶层边柱）的纵向中线与纵向平面定位轴线相重合。

结构构件与竖向定位轴线的联系，应有利于墙板、柱、梯段等竖向构件的统一，满足使用要求，便于施工。在多层建筑中，一般常使建筑物各层的楼面，首层地面与竖向定位轴线相重合。必要时，可使各层的结构层表面与竖向定位轴线相重合。平屋面（无屋架或屋面大梁），一般使屋顶结构层表面与竖向定位轴线重合。

第四节　建筑识图及基本内容

一、房屋建筑识图的一般知识

一般拟建房屋的大小、结构、构造、装饰、设备等内容，应按建筑规范来确定。通常以正投影而形成的图为房屋建筑图；水平投影而形成的图为平面图；侧面投影而形成的图为立面图。

（一）房屋的组成及作用

建筑物通常是由基础、墙（柱）、屋顶、地面、门窗和楼梯等几部分组成的。墙与柱承受竖向荷载的作用或承受弯矩的作用；屋顶、楼板承受水平荷载的作用；门窗不能传递

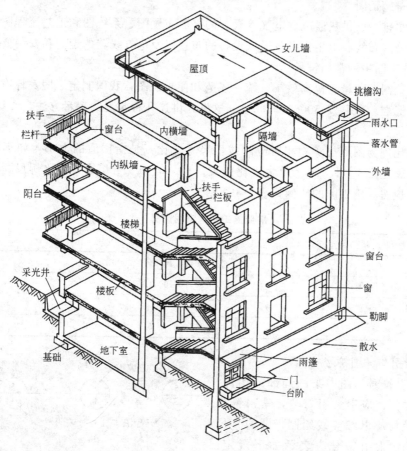

图 1-2　建筑物的组成

和承受荷载，仅起维护和分割建筑物空间的作用；楼梯是垂直交通设施。此外，一般建筑物还有台阶、坡道、阳台、雨篷、散水以及其他各种配件和构造（图1-2）。以上各组成部分按一定原理、方式、方法结合起来，构成建筑物整体。我们把建筑各组成部分的功能以及各组成部分相应结合的原理、方法和方式的科学称为建筑构造。

（二）施工图的内容

一套完整的施工图，一般分为：

（1）图纸目录

包括每张图纸的名称、内容、图号等，表示该工程有哪几个专业图纸所组成。

（2）设计总说明

一般应包括：施工图的设计依据；本工程项目的设计规模和建筑面积；墙面装修及屋面装饰；防潮层的构造做法；新材料、新技术的应用及有特殊要求的说明；门窗表和材料表等。对于简单性建筑，其说明可以放在各专业图纸上写成文字说明。

（3）建筑施工图

包括总平面图、平面图、立面图、剖面图、详图、构造节点详图。

（4）结构施工图

包括结构平面图和各构件的结构详图。

（5）设备施工图

包括给水排水、供热通风、电气等设备的平面布置图、系统图和工艺流程图。表示上下水及暖气管道布线、卫生设备及通风设备的布置以及电气线路的走向和安装要求等。

（三）施工图中的常用符号

为了保证制图质量、提高效率、统一规范和便于识图，我国制定了国家标准《房屋建筑制图统一标准》（GB/T 50001—2001）。这里，讲述几种常见的表示方法。

（1）比例

图样的比例为图形与实物相对应的线性尺寸之比，是指比值的大小，如1∶50大于1∶100。也就是说1∶2、1∶1等为大比例尺；1∶50、1∶100等为小比例尺。这仅是相对而言。一般房屋施工图的比例如表1-3所示。

房屋施工图的常用比例 表1-3

项　　目	常　用　比　例
总平面图	1∶50,1∶1000,1∶2000
平面图、立面图、剖面图	1∶50,1∶100,1∶200
次要平面图	1∶300,1∶400
详图	1∶1,1∶2,1∶5,1∶10,1∶20

（2）索引与详图符号

1）索引符号：图中某一局部或构件，如需另见详图，应引索引符号，索引符号的圆及直径均应以细实线绘制，圆的直径应为10mm，索引符号应表示如下规定：（图1-3中a、b、c）。对于索引剖面详图、

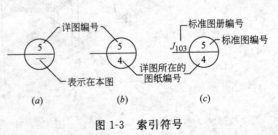

图1-3　索引符号

12

应在被剖切的部位绘制剖切位置线，并应以引出线引出索引符号，引出线所在的一侧应视为剖视方向（图 1-4 中 *a*、*b*、*c*、*d*）。

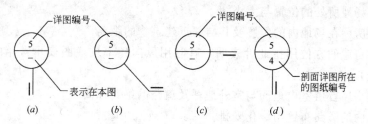

图 1-4　用于索引剖面详图的索引符号

2）详图编号：详图的位置和标号应以详图编号表示，详图编号应以粗实线绘制，直径应为 14mm。详图应按图 1-5 所示表示。

（3）标高

在总平面图、平面图、立面图和剖面图上，经常用标高符号表示某一部位的高度。各图上所用标高符号应按如图 1-6 所示以细实线绘制。标高数值以米为单位，一般标注至小数

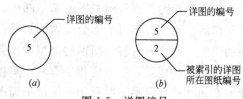

图 1-5　详图编号

点后三位数（总平面图中为二位数）。在建筑图中的标高数字表示其完成面的数值。如标高数字前有"－"号的，表示该处完成面低于零点标高。如数字前没有符号的，则表示高于零点标高。如同一位置表示几个不同标高时，可按图 1-6（*d*）的形式注写。标高有相对标高和绝对标高两种。

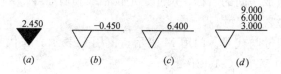

图 1-6　标高符号

（4）尺寸线和指北针

施工图中均应注明详细的尺寸。尺寸标注法有尺寸界线、尺寸线、尺寸起止点和尺寸数字所组成，如图 1-7 所示。指北针用细实线绘制，圆的直径宜以 24mm，指针尖为北向，指针尾部宽度宜为 3mm（图 1-8）。

图 1-7　尺寸线　　　　　　　　　　　　　　图 1-8　指北针

二、建筑总平面图

建筑总平面图是表明新建房屋所在基础有关范围的总体布置，它反映新建、拟建、原有和拆除的房屋、构筑物等的位置和朝向，也反映室外场地、道路、绿化等的布置、地形、地貌、标高等以及与原有环境的关系和临界情况等。

建筑总平面图也是房屋及其他设施施工的定位、土方施工以及绘制水、暖、电等管线

总平面图和施工总平面图的依据。

建筑总平面图所包含的主要内容：

（1）建筑场地所处的位置与大小。

（2）新建房屋在场地内的位置及其与邻近建筑物的距离。

（3）新建房屋的方位用指北针表明，有时用风向频率玫瑰图表示常年的风向频率与方位。

（4）新建房屋首层室内地面与室外地坪及道路的绝对标高。

（5）场地内的道路布置与绿化安排。

（6）扩建房屋的预留地。

三、建筑平面图

建筑平面图是建筑施工图的基本图样。它是假想用水平的剖切面沿门窗洞口位置将房屋剖切后，对剖切面以下部分所做的水平投影图。它反映了房屋的平面形状、大小；墙与柱的位置、尺寸和材料；门窗的类型和位置等。

对于多层建筑，一般应每层有一个单独的平面图。但一般建筑常常是中间几层平面布置完全相同，这种平面图称为标准层平面图。

建筑施工图中的平面图，一般有：底层平面图（表示第一层房间的布置、建筑出入口、门窗与楼梯等）、标准平面图（表示中间各层的布置）、顶层平面图（房屋最高层的平面布置）以及屋顶平面图（屋顶平面的水平投影等比例一般比其他平面图小），如附图一所示。

建筑平面图所包含的主要内容：

（1）建筑物及其组成房间的名称、尺寸、定位轴线和墙厚等。

（2）走廊、楼梯位置及尺寸。

（3）门窗位置及尺寸与代号。门用 M 表示；窗用 C 表示。在代号后面写上编号，表示同一类型的门窗，如 M-1，C-1。

（4）台阶、阳台、雨篷、散水等位置及尺寸。

（5）室内地坪标高，平面图的剖切位置线。

四、建筑立面图

建筑立面图是平行于建筑物各方向外墙面的正投影图，简称立面图。包括正立面图、背立面图、左立面图、右立面图。

建筑立面图用来表示建筑物的体型和外貌，并表明外墙等装饰要求的图样。

按投影原理，立面图上应将立面上所有看得见的细部都表示出来，但由于立面图的比例小，一些门窗、檐口等细部构造，只能用图例表示。它的构造做法，都另有详图和文字说明。因此，习惯上往往对这些细部分别画出一两个作为代表，其他都可简化，只需画出它们的轮廓线。若房屋左右对称时，正立面图和背立面图也可各画一半，单独布置或合并一图，合并时应画一铅直的对称号作为分界线。

建筑立面图包含的主要内容：

（1）建筑物的外观特征及凹凸变化。

（2）建筑物各主要部分的标高及高度关系。如室内外地面、窗台、门窗顶、阳台、雨篷、檐口等处完成面的标高，即门窗洞口的高度尺寸。

（3）立面图两端及分段定位轴线和编号。

（4）建筑立面所选用的材料、色彩和施工要求等。

五、建筑剖面图

假想用一个或几个垂直于外墙轴线的竖向剖切面，将房屋剖开，所得的投影图，称为建筑剖面图，简称剖面图。剖面图用以表示房屋内部的结构或构造形式、分层情况和各部位的联系，材料及其高度等，是与平、立面图相互配合不可缺少的重要图样之一。

剖面图的数量是根据房屋的具体情况和施工实际需要而决定的。剖切面一般为横向，即平行于侧面，必要时也可纵向，即平行于正面。其位置应选择在能反映出房屋内部构造比较复杂与典型的部位，并应通过门窗洞口的位置。若为多层房屋，应选择在楼梯间或层高不同、层数不同的部位。剖面图的图名应与平面图上所标注剖切符号的编号一致。

剖面图中的断面，其材料图例与粉刷面层线和楼、地面面层线的表示原则及方法，与平面图的处理相同。

建筑剖面图的主要内容有：

（1）剖切到的各部位的位置、形状及图例。其中有室内外地面，楼板层及屋顶层、内外墙及门窗、梁、女儿墙或挑檐，楼梯及平台、雨篷、阳台等。

（2）未剖切面的可见部分，如墙面的凹凸轮廓线，门、窗、勒脚、踢脚线、台阶、雨篷等。

（3）外墙定位轴线及其间距。

（4）垂直方向的尺寸及标高。

（5）详图索引符号。

六、建筑详图

建筑详图是建筑细部的施工图。因为平、立、剖面图的比例较小，房屋上细部构造无法表示清楚，根据施工需要，必须另外绘制比例较大的图样才能表达清楚。所以建筑详图是建筑平、立、剖面图的补充。成套标准图或通用图的节点和建筑构配件，只需注明图集代号和页次，不必再画详图。

对于详图，一般应做到比例大（常用比例尺 1：1、1：2、1：5、1：10、1：20），尺寸标注齐全、准确以及文字说明清楚。

建筑详图包括局部构造的详图，如外墙详图、楼梯详图、阳台详图等；表示房屋设备的详图，如卫生间、厨房、实验室内设备的位置及构造等；表示房屋特殊部位的详图，如吊顶、花饰等。建筑详图很多，在以后的建筑物各组成部分中再详细介绍。在此，只介绍常见的几种。

（一）外墙身详图

外墙身详图实际上是建筑剖面图，它表示房屋的屋面、楼层、地面和檐口构造、楼板与墙的连接、门窗顶、窗台和勒脚、散水等的构造情况，是施工的重要依据，如图1-9所示。

外墙身详图的主要内容如下：

（1）表明砖墙的厚度与各部分的尺寸变化，及其与定位轴线的关系。注明定位轴线位置。

（2）表明各层梁板等构件的位置、尺寸及其与墙身的关系与连接做法。

（3）表明室内各层地面、楼面、屋面等的标高及其构造做法。

（4）表明门窗洞口的高度、标高及窗口的位置。

（5）表明立面装修的要求，包括墙身各部位的凹凸线脚、窗口、门头、雨篷、檐口、勒脚、散水以及墙身防潮层等的材料、构造做法和尺寸。

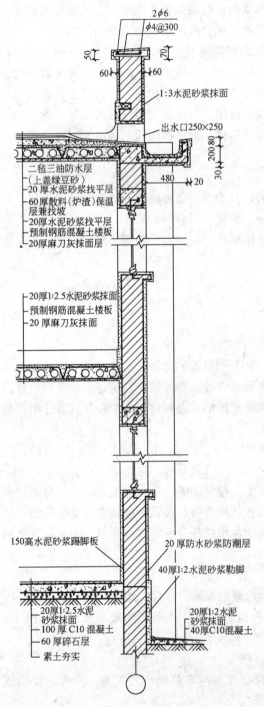

图 1-9　建筑物墙身剖面详图

（二）楼梯详图

楼梯是多层房屋的垂直交通构件，它由楼梯段、斜梁、休息平台和栏杆等组成。楼梯的构造比较复杂，在建筑平面图、剖面图中很难表示清楚，所以必须另画详图表示。楼梯详图要表示出楼梯的类型、结构形式、各部位尺寸以及装修做法等，它是楼梯施工放样的依据。

楼梯的建筑详图一般包括平面图、剖面图及踏步、栏杆详图等。平、剖面图比例要一致，以便对照阅读。踏步口、栏杆详图比例要大一些，以便能清楚表达构造情况。

（1）楼梯平面图

三层以上的房屋，如中间各层楼梯的位置、梯段数、踏步数及尺寸都完全相同时，可只画出底层、中间层和顶层三个平面图。楼梯平面图的剖切位置，是在该层往上走的第一梯段中间。各层被剖切到的梯段，均应在平面图中以一根 45°折断线表示。在每一梯段处画一长箭头，并注写"上"或"下"（有时也同时注上踏步数）。底层平面图还应注明楼梯剖面图的剖切位置，如附图二所示。

（2）楼梯剖面图

假想用一铅垂面，通过各层的一个梯段，将楼梯剖开，向另一未剖到的梯段方向投影所作的剖面图，即为楼梯剖面图。剖面图应能完整地、清晰地表示出各梯段、平台、栏板等的构造及它们的相互关系情况。在多层房屋中，若中间各层的楼梯构造相同时，则剖面图可只画出底层、中间层和顶层剖面，中间用折断线分开（与外墙墙身详图处理方法相同）。

楼梯剖面图能表达出房屋的层数、楼梯梯段数、踏步数以及楼梯的类型和结构形式。剖面图中还应注明地面、平台面、楼面等的标高和梯段、栏板的高度尺寸。一般这些构件都有详图。用更大的比例画出它们的形式、大小、材料以及构造情况。

思考题与习题

1. 建筑物如何进行分类、分级的？
2. 建筑方针和建筑基本三要素之间的辩证关系是什么？
3. 建筑物的定位轴线是如何进行标定的？
4. 什么是模数？扩大模数和缩小模数的适用范围？
5. 什么是耐火极限？耐火等级是以什么进行划分的？
6. 施工图所包含的基本内容有哪些？建筑总平面图、建筑剖面图包含哪些内容？
7. 请利用业余时间画出宿舍楼楼梯或教学楼楼梯的平面图和剖面图。

第二章　民用建筑设计

第一节　概　　述

一、民用建筑分类

根据人们对建筑物提出的不同要求，民用建筑可分为两类：

(1) 居住建筑：供人们生活起居用的建筑物。如宿舍、住宅等。

(2) 公共建筑：供人们进行各种社会活动的建筑物。如学校、机关、商场、医院等。

二、建设程序

土建工程由于以下原因，涉及面广，内外协作配合环节多，关系错综复杂，必须按照一定程序才能有条不紊的进行。这些原因有：对社会发展的影响巨大；对城市建设影响深远；耗资巨大；从业人员多和材料品种多。

建筑工程的建设程序是指一栋房屋由开始拟定计划到建成投入使用必须遵循的程序。它一般包括立项、报建、可行性研究、选择建设地点、编制设计任务书、编制勘察设计文件、建设施工、竣工验收、交付使用等环节。

(1) 立项、报建

立项、报建是工程项目建设程序的第一步。其主要内容包括说明工程项目的目的、必要性和依据，拟建规模和建设的设想，建设条件及可能性的初步分析，投资估标和资金筹措，项目的进度安排，经济效益、环境效益和社会效益估计等。将此内容写成书面报告（称项目建议书）报请上级主管部门批准兴建。

(2) 可行性研究

批准立项后，对项目建议书所列出的内容进行可行性研究（图 2-1），也即对下列问题进行具体的分析和论证：

1) 项目提出的背景，建设的必要性。

2) 建设的规模、产品的方案、生产工艺、人员配备和组织机构等。

3) 技术上的可能性和先进性。

4) 经济上的合理性和有效性。

5) 提出对建设地点、建设期限、建设环境等的要求。

(3) 建设项目选址

要按照建设布局的需要以经济合理和节约用地的原则，考虑战备和环境保护的要求，认真调查材料、能源、交通、地质等建设条件，在综合研究和进行多方案比较的基础上，提出选址报告。在取得城市规划部门和上级主管部门同意批准后，才能最后确定。确定后要有批准文件为依据。

(4) 编制勘察设计任务书

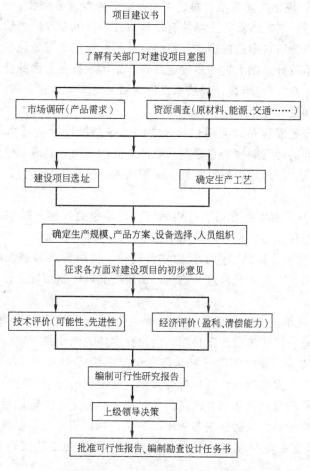

图 2-1 可行性研究工作框图

在建设项目和可行性报告获得批准后，由建设单位进行编制工程地质勘察任务书和设计任务书。

设计任务书的内容是可行性研究要点、结论的具体化，它包括：拟建项目的组成，使用面积和各种使用要求（采光、照明、上下水管道、供热、通风、强弱电等）和质量标准，分期建设的期限要求等。设计任务书应附可行性研究报告、环境保护和城市规划部门的意见。

勘察任务书应说明设计阶段（初步设计或施工图设计阶段对勘察的要求不同）工程概况（建筑总平面图、建筑物用途、建筑结构特点等），要求提交勘察报告书的内容和目的。

（5）编制设计文件

建设单位根据设计任务书通过招标投标选择设计单位。由设计单位按照任务书的要求编制设计文件，它是安排落实建设项目和组织该项目施工的主要依据。

施工图阶段设计文件有：

① 全套建筑、结构、给水排水、建筑环境与设备、电气的施工图纸（如平、立、剖面图和构造详图）和相应的设计说明书、计算书，供施工需要；

② 主要结构与装饰材料、半成品和构配件品种和数量，以及需用设备，供订货需要；

③ 编制总预算，提出与建筑项目总进度相符的分年度资金需要。

在上述施工图设计阶段以前，还可能有初步设计和技术设计两个阶段。初步设计是对批准的可行性研究报告所提出的内容进行概略设计（一般中小型建设项目都具有此阶段）；技术设计则是在初步设计基础上进一步确定建筑、结构、设备方面的技术要求（重要、复杂的大型建设项目才有）。初步设计或技术设计的结果要落实到施工图阶段设计中。

（6）工程招标和投标

招标投标承包制是发包单位与承包单位之间通过招标投标签订承包工程的设计（勘察）合同或施工合同的经营制度。它是商品经济发展的产物，具有竞争性，对促进承包发包双方加强工程管理、缩短建设周期、确保工程质量、控制工程造价、提高投资效益有重要意义。

① 投标：由经营资格审查合格取得招标文件的承包商投标。按规定填写标书，提出报价，将密封的标书在规定的期限内送达招标单位的过程为投标。

② 招标：由发标单位提供拟建工程的建设规模、使用要求和建设期限，聘请咨询人对此工程项目的材料、人工、造价进行估标，制定标底，编制招标文件，招聘承包企业报价的过程称为招标。

③ 决标：指发标单位（也称招标单位）确定中标企业的法律行为，通常包括开标、评标和定标三个过程。招标单位约定日期，由招标主持人当众打开密封书，公布各投标提出的开价、工期及其他主要内容称开标。招标单位聘请咨询人（一般由上级主管部门代表，监理单位代表和各方面专家组成）对各投标企业提出的标书进行分析评价称评标。评标后报价较低、工期较短，资质信誉较高的承包商中标称定标。定标后，招标单位应于规定期限内发出中标通知书，同时抄送各未中标单位，抄报招标投标办事机构。中标通知书发出 30 天内，中标企业应与发包建设单位就技术、经济问题达成协议，签订正式承包合同。

招标投标活动应遵循公开、公正、平等竞争、择优决标的原则。凡持有企业法人营业执照、资质证书的勘察设计单位、建筑工程企业、建筑安装企业，不论其经营形式（国有、集体和私营企业）都可以参加投标。投标的实质是取得承包权。

（7）建筑施工（后面介绍）

（8）竣工验收（后面介绍）

三、建筑施工

将设计的施工图纸转变为实际的建筑物，必须经过建筑施工，它是建筑结构施工、建筑装饰施工和建筑设备安装的总称，由施工准备、施工组织设计、各种施工实施和竣工验收四部分组成。

（1）施工准备

施工准备是为工程施工建立必要的技术和物质条件，它不仅存在于开工之前，而且贯穿在施工过程之中。内容有：

① 技术设备。a. 要熟悉、审查施工图纸；b. 掌握工程地质、水文和地区的自然环境（气候、地形、地貌）；c. 编制施工预算；d. 编制施工组织设计。

② 现场准备。a. 清除障碍物；b. "三通一平"，即工程所在范围用水、用电、道路畅通，并平整土地（含排污、弃土）；c. 测量放线；d. 搭建临时办公用房、库房、食宿处、

围墙等设施。

③ 物质准备。a. 建筑材料用量的估计、确定供应单位、进料计划和堆放位置；b. 施工各阶段和器具设备需用情况；c. 模板、脚手架准备等。

④ 人员准备。a. 项目组织的组建；b. 班组的组建（含技工和一般劳动力配备）；c. 外包系统的确认。

⑤ 季节准备。a. 冬期施工准备；b. 雨期施工准备。

（2）施工组织设计

施工组织设计是指导整个施工活动从施工准备到竣工验收的组织、技术、经济的综合技术文件，是编制工程建设计划、组织施工力量、规划物质资源、制定施工技术方案的依据。它又分施工组织总设计、单位工程施工组织设计和分部分项工程施工组织设计三类，其层次见图 2-2（a）；其中单项工程和分部分项工程的划分如图 2-2（b）所示。无论哪一类施工组织设计都应具备下列基本内容：

① 工程概况。由以下两部分组成，它们是施工组织设计的出发点。

a. 建设项目特征。包括建筑面积、占地面积、结构类型、新技术新材料的应用情况；

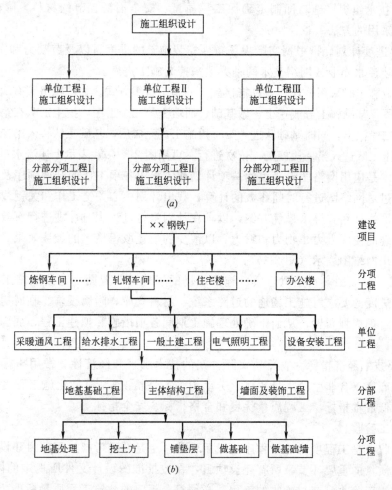

图 2-2 施工组织、设计及项目划分

（a）三种施工组织设计；（b）建设项目中几种工程划分

需用资金,建筑总平面图等。

b. 施工条件。包括建设场地的地点、地形、地貌、地质、水文、工程要求、材料供应情况、施工用水、用电和交通运输条件,施工机械设备条件,承包方式等。

② 施工部署。即工程的开展程序,涉及整个建设项目能否迅速投产或使用的战略意图。如一个住宅小区住宅楼房和商店、学校、幼儿园、锅炉房、水泵站、变电所等设备的分期分批建设程序,是此小区交付使用时能否及早发挥社会效益和经济效益的关键。

③ 施工方案。它是施工组织设计的核心,合理与否直接关系到施工效率、质量、工期和技术经济效果。它包括:

a. 施工程序和流程。如地下和地上、土建和设备、主体和维护、结构和装饰的关系;施工段、施工层的划分;在平面或空间上施工的先后顺序及其展开方向;不同工种在时间上的搭接和空间上的利用等。

b. 选择施工技术方案和施工机械。如做房屋基础前的土方工程中要确定地表水的排水方法和选用挖土机械;浇筑混凝土基础时要确定泵送混凝土的方法和选用混凝土的运送工具等。

c. 制定技术组织措施。即制定确保工程质量、安全消防、节约材料、降低成本以及文明施工所采用的方法。

④ 施工进度计划。指根据实际现场条件安装施工的进度,以及劳动力和资源的需要。通常采用下述流水作业或网络技术两种办法来控制施工进度。

流水作业施工时采用分段作业,搭接施工的施工组织方式。如一栋房屋有两个单元,按单元分成两段,基础施工分成挖土、做基础、回填土等三个工序,挖土工队在第一段施工完毕,进入第二段挖土,同时基础队进入第一段施工,完成后,基础工队转入第二段进行基础施工,回填土工队进入第一段施工,依次进行。可用图 2-3 (a) 表示上述流水过程。

网络技术是应用网络图形来表达一项计划或工程中各项工作的开展顺序及其相互之间的关系,通过对网络图进行时间参数的计算,找出计划中心关键工作和关键线路;继而通过不断改进网络计划,寻求最优方案,以求在计划执行过程中对计划进行有效的控制和监督,保证合理的使用人力、物力和财力,以最少的消耗取得最大的经济效果。上述流水作业的例子可用网络图表示(图 2-3b)。

⑤ 施工总平面图。它是拟建项目施工现场的场地总布置图,它按照施工部署、施工方案和施工进度的要求对施工场地的道路系统、材料仓库、附属设施、临时房屋、临时水电管线做出合理规划布置,从而正确处理施工期间各项措施和拟建工程、周围永久性建筑之间的关系。

⑥ 主要技术经济指标。它反映实际方案的技术水平和经济性。常用指标有:施工工期,劳动生产率(含非生产人员比例、劳动力均衡性情况)、机械化施工程度、节约材料百分比、降低成本指标、工程质量优良和合格指标、安全指标等。

四、竣工验收

竣工验收,是工程项目建设程序的最后环节,也是全面考核工程项目建设成果、检验设计和施工质量的重要环节。所有建设项目,在按批准的设计文件所规定的内容建成后,都必须组织竣工验收。交付验收的工程,必须符合规定的建筑工程质量标准。验收时,施工单位应向建设单位提交竣工图、隐蔽工程纪录以及其他有关技术文件,要提出竣工后在

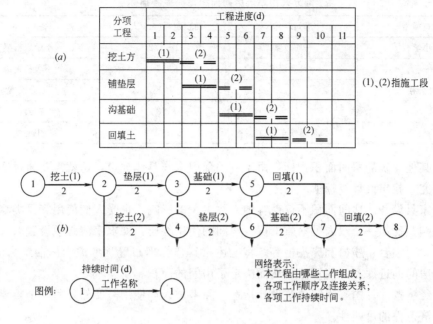

图 2-3　两类施工进度计划分式

（a）横道图；（b）网络图

一定时期内保修的保证，此处要提交竣工决算。

竣工验收应以建设单位为主，组织使用单位、施工单位、设计和勘察单位、监理和质检共同进行，在验收时评定工程质量等级，验收后要办移交手续。

第二节　单一建筑空间设计

建筑空间设计就是对影响房间使用的各因素进行综合、科学的分析，找出符合最优使用功能的方案。

单一建筑空间就其性质，可大致分为房间和交通联系两大组成部分。房间部分分为使用房间和辅助房间。交通联系部分是指建筑物中联系同层房间的水平交通系统和联系层与层之间的垂直交通系统。

一、使用房屋的设计

房屋是组成建筑总体空间的基本单位，在进行方案设计时，总是先从平面入手，综合考虑平、立、剖三者的关系，用完整的空间概念进行建筑设计。

（一）使用房间的面积、形状和尺寸

1. 房间面积

房间面积是由家具占用面积、人们使用活动面积、交通面积三个部分组成。房间面积的大小主要是使用要求决定的。影响房间面积大小的使用要求，具体说来有以下几点：

（1）房间容纳人数。一般说来容量大的面积也需要大一些。经过多年的建筑设计实践和理论分析，总结了一套比较成熟的面积定额指标提供设计参考。表 2-1 是部分民用建筑房间的面积参考指标。

部分民用建筑房间面积定额参考指标

表 2-1

建筑类型	房间名称	面积定额(m²/人)	备 注
中小学校	普通教室	1～1.2	小学取低限
办公楼	一般会议室	3.5	不包括走道
	会议室	0.8	无会议桌
		1.8	有会议桌
铁路旅客站	普通候车室	1.1～1.2	中型站

对于其他建筑的房间面积指标，由于有关部门未作具体规定，这就需要通过实际调查和分析研究，找出设计指标值。

（2）家具设备。房间面积不仅受容纳人数多少的影响，也受人们使用家具类型和布置方式的影响。比如一个双人卧室兼书房，房间的使用性质，要求室内必须设置双人床、衣柜、书柜、写字台、座椅和床头柜等。将上述家具作合理布置（考虑人体活动），就基本上确定了房间的进深和开间尺寸，从而决定了房间的面积。

（3）经济条件。国家制定建筑设计指标，除考虑人们使用需要外，另一个重要因素就是国家经济条件的可能性。

2. 房间形状

房间的面积初步确定之后，采用什么样的形状才合理，是房间设计的另一个重要问题。确定房间的形状主要应考虑房间的使用要求、房内空间观感以及周围环境的特点等因素。一般民用建筑如住宅、学校等常采用矩形平面的房间；对有视听和音质要求的如讲演厅、影剧院、体育馆等常采用矩形、钟形、扇形等。如图 2-4 所示。

又如：中小学校的普通教室，为了保证学生能看清楚黑板，规定最远视距不得大于8.5m，最近视距不得小于2m；另外注意视角，规定学生看黑板的水平视角不得小于30°，仰视角不得小于45°。在良好的视距和视角范围内，教室的平面形状可采用矩形、方形、六边形等多种形状。

3. 房间尺寸

在初步确定了房间的面积、形状之后，就要确定房间的长、宽、高的具体尺寸，主要应从如何有利于家具的灵活布置，使空间和面积能得到充分的利用；视听、观感良好，符合建筑模数等要求。

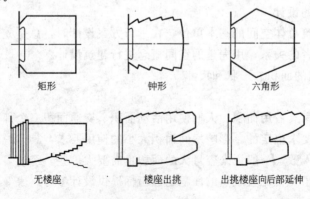

矩形　　　　　　　钟形　　　　　　　六角形

无楼座　　　　　楼座出挑　　　出挑楼座向后部延伸

图 2-4　房间形状

（1）平面尺寸。平面尺寸应满足家具设备布置及人体活动要求。注意长宽比例，一般长∶宽＝1∶1~1∶2为好，最好在1∶1.5左右。在实际中，一些常用可行性尺寸，如：住宅：3300mm、3600mm开间用于卧室、起居室；而2700mm、2400mm的开间常用于厨房、厕所、楼梯间等；3900mm、3600mm、3300mm、3000mm常用宿舍、办公室的开间；9000mm、9900mm常用中小学普通教室的开间。

（2）房间高度。房间高度涉及"层高"和"净高"两个含义。层高是指该层楼地面到上一层楼面之间的距离。净高是指楼地面的结构层（梁、板）底面或顶棚层下表面之间的距离。

房间的高度恰当与否，直接影响着房间的使用、经济以及室内空间的艺术效果。通常情况下，房间的高度是根据室内家具设备尺寸、人体活动要求、采光、通风、照明、技术经济条件以及室内空间比例等因素综合确定的。

一般建筑都有一个常用的空间高度尺寸。比如：住宅2.8~2.9m；宿舍、旅馆客房等3~3.3m；学校教室3.3~3.6m。

（二）房间的门窗设置

门窗的大小、位置和开启方向，直接影响房间的使用效果，在设计过程中对门窗问题需进行妥善的安排。

1. 门的作用及尺寸

门的作用主要是供人出入、家具搬运、采光通风及分隔建筑空间等。此外，门的形式还能突出建筑风格和时代特征。

门的大小取决于通行人数，家具的大小。一道门的宽度一般按人流的股数进行计算。一股人流通行宽度为600mm；而一个人侧身宽度为300mm。所以门的宽度一般700~1000mm；不同用途的房间，门的宽度有增有减。过道的门需做成双扇门，宽为1100~1500mm，建筑出入口的大门一般做成双扇和四扇。宽为1800~3000mm。

门的数量根据使用人数的多少和具体使用要求来确定。我国建筑设计防火规范规定：面积超过60m²，人数超过50人的房间，门需设两个；门的总宽度按每100人，600mm宽计算。

门的位置和开启方式恰当与否，对房间的使用有很大的影响，它的设置原则是：

① 考虑人流和家具的布置。

② 两个门要靠近设置。缩短交通路线。尽量使门的分布均匀，不在疏散口过分集中。

③ 办公室住宅等，为避免门开启时占用走道空间，宜将门向室内开。

④ 人数较多的公共场所，门须开向室外，便于紧急情况下的人流疏散。

⑤ 门不宜放在有集中荷载的承重部位上，同时应注意与窗配合，以便于室内穿堂风的组织。

⑥ 对于幼儿园、中小学校，为确保安全不宜采用弹簧门；对有防风沙、采暖要求的房间，可以采用弹簧门或转门；对容量大的公共房间如观众厅等不应采用推拉门、卷帘门等。

2. 窗的作用和尺度

在建筑中，窗具有采光、通风、丰富建筑立面的作用。窗的大小是根据建筑功能和采光要求来确定的。通常使用窗地面积比来设计窗的大小的。所谓窗地面积比就是指窗洞口面积与房间地面面积之比。表 2-2 是民用建筑采光等级表，可以按表中规定来决定房间的开窗面积。

民用房间采光等级表　　　　　　　　　　　　　　表 2-2

采光等级	视觉工作特征		房　间　名　称	窗墙面积比
	工作或活动 要求精确程度	要求识别的 最小尺寸 d(mm)		
Ⅰ	特别精细作业	$d \leqslant 0.15$	绘画室、画图室、画廊、手术室	1/3～1/5
Ⅱ	很精细作业	$0.15 < d \leqslant 0.3$	阅览室、医务室、体育馆、健身房	1/4～1/6
Ⅲ	精细作业	$0.3 < d \leqslant 1.0$	办公室、会议室、营业厅	1/4～1/8
Ⅳ	一般作业	$1.0 < d \leqslant 5.0$	观众厅、起居室、卧室、盥洗室	1/7～1/9
Ⅴ	粗糙作业	$d > 5.0$	贮藏室、门厅、走廊、楼梯间	1/10 以下

窗的位置确定应考虑室内采光的均匀性、家具的放置、室内通风和某些特殊要求。

房间的自然通风由门窗来组织，门窗在房间的位置决定了气流的走向，影响着室内通风的范围。因此，门窗位置应尽量使气流通过活动区，加大通风范围。并应尽量使室内形成穿堂风。

窗的高度和竖向位置也直接影响室内照度的均匀。为确保工作台上有充足的光线，窗台不宜过高。一般房间的窗台高度约高出桌子 100～150mm（窗台高约 900～1000mm）；窗的上口高度应和房间进深有关。

另外位置还应考虑立面处理效果，使立面构图整齐协调。在南方为了加强室内通风量，窗面积也可大一些，在北方为了减少房间采暖的热损失，窗面积可适当小一些。

二、辅助房间的设计

在建筑中，除了主要的使用房间外，还有一些辅助房间如厕所、盥洗室等。辅助房间的设计原理和方法与主要使用房间设计基本一致。主要将辅助房间设在即方便又隐蔽的地方，尽量不占用朝向好的房间。为节省管路，男女卫生间靠近设置，尽可能有良好的采光和通风。

三、交通联系部分设计

所谓交通联系一般是指建筑物中的走道、楼梯、电梯和门厅等。它们把建筑物中内部的各种空间和建筑物内外有机的联系起来，保证使用方便。

交通联系部分设计要求线路明确，联系便捷，在满足防火规范和使用要求的前提下，应尽量减少交通面积。

（一）走道

走道是水平交通构件，走道宽度除满足正常状态下人流通行和在紧急状态下的安全疏散外，还应满足平时搬运家具设备及某些建筑对走道的特殊使用要求。如医院的门诊走道，除一般交通外，还要兼做候诊之用。

在建筑设计防火规范中，要求学校、商店、办公楼等建筑中的疏散走道的总宽度不应小于表 2-3 的规定。

层　数	耐　火　等　级		
	一、二级	三级	四级
一、二层	0.65	0.75	1.00
三层	0.75	1.00	—
≥四层	1.00	1.25	—
高层	1.00		

一般走道的宽度常用尺寸（净尺寸）如下：

办公楼：内走道 1.6～2.2m，外走道 1.3～2.2m。

学校教学楼：内走道不小于 2.1m。外走道不小于 1.8m。

医院：内走道单侧候诊不小于 2.1m，双侧候诊室不小于 2.7m。

走道一般都要求能直接采光和通风。当走道在中间，两侧布置房间时，走道只能在两端采光，其长度不宜大于 50m，若超过时，应在走廊中部利用楼梯间或利用两侧房间门上的窗子采光。走道内一般不设踏步，若一定要设时，不少于三级为宜。

（二）楼梯

楼梯是建筑中垂直交通联系构件。设计时应按人流量和建筑防火安全来确定楼梯的梯段宽度、踏步级数和楼梯的布置类型。关于楼梯的结构形式在第三章中介绍。

楼梯的宽度一般单人通行应不少于 900mm，双人通行应在 1100～1400mm，一般民用建筑楼梯的最小净宽应满足两股人流的疏散要求，墙面至扶手中心线或扶手中心线之间的水平距离即楼梯梯段宽度除应符合防火规范的规定外，供日常主要交通用的楼梯的梯段宽度应根据建筑物使用特征，按每股人流为 0.55m＋(0～0.15)m 的人流股数确定，并不应少于两股人流。0～0.15m 为人流在行进中人体的摆幅，公共建筑人流众多的场所应取上限值。但住宅内楼梯可减小到 250～900mm，如图 2-5 所示。

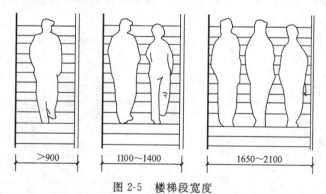

>900　　　　1100～1400　　　　1650～2100

图 2-5　楼梯段宽度

（三）门厅设计

门厅是走廊内外联系的枢纽。因此门厅需要重点处理。门厅的作用是集散室内交通或具有使用功能的作用。设计时除了在满足交通和使用功能等外，还应满足采光、通风、空间处理和室内装修方面的要求。

门厅的面积应根据建筑的使用性质、规模和防火要求而定。

门厅一般在入口处设门廊或雨篷，以防雨雪飘入室内或防沙吹入室内，以及减少室内采暖的热损失等作用。

第三节　建筑空间组合设计

绝大多数的建筑物都是由几个、几十个、甚至几百、几千个房间组合而成的。本节主要讲述如何将这些房间放置在适当的位置，处理好它们之间的相互关系，使它们有机地组合起来，组成一幢完整的建筑。

一、建筑空间组合的原则

（一）功能合理紧凑

不同类型的建筑物，其性质、使用功能要求不同。即使同一类建筑物，由于不同地区、不同基地环境、不同自然条件、不同民族文化传统、不同生活习惯等，对建筑会提出不同的功能要求。在空间组合时，要根据性质、规模、环境等不同特点，进行功能分析，使其满足功能合理的基本要求。

在进行组合时，首先将各个房间按性质以及联系的紧密程度，进行功能分区。我们通常是借助于功能分析图来表述功能分区的关系，如图 2-6 所示。它比较形象地表示出建筑物各部分之间的联系与分隔要求，房间的使用顺序及交通路线等。按功能分析图，把那些性质近似，联系紧密，形状、大小接近的空间组合在一起，形成不同的功能区，并按水平方向及垂直方向进行组合，使各功能区既保持相对的独立，各得其所，又取得有机联系，成为一幢满足使用要求的功能合理的建筑物。

功能分析可根据建筑物不同的功能特征，采取以下几种方式进行分析：

1. 按房间的使用主次关系进行功能分析

组成建筑物的各房间，按使用性质及重要性，必然存在着主次之分。如居住建筑中的居室是主要房间，厨房、厕所、贮藏室是次要房间。在进行组合时，一般是将主要使用房间布置在朝向较好的位置，靠近主要出入口，并有良好的采光通风条件，次要房间可布置在条件较差的位置（图 2-6）。

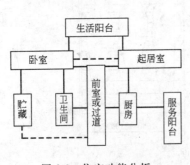

图 2-6　住宅功能分析　　　　　图 2-7　商业建筑功能分析

2. 按内外有别进行功能分析

建筑物中有的房间对外来人流联系比较密切频繁，如商店的营业厅、食堂的饭厅等，它需要布置在靠近人流来向，位置明显，出入方便的部位。而有的房间主要是内部活动或内部工作的房间，如厨房、库房等。这些房间应布置在次要部位，避开外来人流干扰（图 2-7）。

28

3. 按房间之间联系和分隔程度进行功能分析

例如医院建筑的门诊、住院、辅助医疗和生活服务用房等几部分，其中门诊和住院两部分都和辅助医疗部分（包括化验、理疗、放射、药房等房间）发生密切关系，需要方便的联系。但是门诊比较嘈杂，住院部分要求安静，它们之间要有一定的分隔。

4. 按房间的使用顺序和交通组织进行功能分析

某些建筑物中，不同使用性质的房间或各部分，在多数情况下，它们的使用过程，有一定的先后顺序，流线性较强。如火车站建筑中，旅客进站的流线为：旅客→问讯→售票候车→检票→站台→上车。根据流线分析，在空间组合时，就必须很好地研究流线，按流线顺序组织空间。

（二）结构经济合理

材料、结构和技术是构成建筑空间形式的物质条件和手段，它对建筑空间的组成形式提供了许多可能性，又对建筑空间有着很大的制约作用。结构的合理性还关系到建筑的经济性。因此，在研究建筑空间组合时，不能不对结构和技术予以极大的重视。

（三）设备管线布置简捷集中

民用建筑内，设备管线比较多的房间，如住宅中的厨房、厕所；医院中的手术室、治疗室、辅助医疗室等，这些房间的位置在满足使用要求的同时，应使设备管线尽可能布置的简洁集中，在平面布置时，应尽量将设备管线集中布置；在剖面设计时，应将设备集中的房间叠砌在一起，使设备管线上下对齐。

（四）体型简洁、构图完整

建筑空间组合要受到建筑功能、结构、设备、基地环境等条件的制约，同时也要注意美观大方的建筑体型和立面。

二、建筑空间组合的形式

功能的合理性，不仅要求每一个房间本身具有合理的空间形式而且还要求各房间之间必须保持合理的联系。这就是说，作为一幢完整的建筑，其空间组合形式也必须适合于该建筑的功能特点。下面就介绍几种较典型的空间组合形式。

（一）走道式组合

走道式组合的最大特点是：把使用空间和交通联系空间明确分开，这样就可以保证各使用房间的安静和不受干扰。因而如单身宿舍、办公楼、医院、学校、疗养院等建筑，一般都适合于采用这种类型的组合方式。

（二）套间式组合

套间式组合形式是空间互相穿套，直接连通的一种空间组合形式。它把使用空间和交通联系空间组合在一起，而形成整体。如火车站、航空站、展览馆、百货商店等。

（三）大厅式组合

大厅式组合形式是以大厅空间的主体为中心，其他次要空间环绕布置四周的组合形式，这种组合形式的特点是：主体空间体量巨大，人流集中，大空间内使用功能具有一定的特点（如具有视、听要求）等。如剧院、电影院，体育馆等建筑类型，多采用这种组合形式。

（四）单元式组合

单元式组合形式是以某些使用比较密切的房间，组合成比较独立的单元，用水平交通

（走道），或者垂直交通（楼梯、电梯）联系各个单元的组合形式。这种组合适用于住宅、医院、托幼、学校等类型的建筑。

（五）混合式组合

由于建筑功能复杂多变，除少数功能比较单一的建筑，只需采用一种空间组合形式，而大多数建筑都是以一种组合形式为主，采用两种或三种类型的混合式空间组合形式。

随着房屋使用功能的发展和变化，空间组合形式也在不断发展和变化，比如自由灵活分隔空间组合形式及庭院式空间组合形式等。

第四节 建筑体型及立面设计

建筑物的体型和立面，即为房屋的外部形象，它是在内部空间及功能合理的基础上，并受物质技术条件和基地环境的影响，对建筑体型及各个立面，按照一定的美学规律加以处理，以求得完美的建筑形象。

一、建筑体型的组合

1. 单一性体型

这类建筑的特点是平面和体型都较为单一完整，如正方形、矩形、三角形、圆形等单一几何形体，以等高的处理手法，没有明显的主从关系。单一体型的建筑，很容易给人以统一、完整、简洁、大方、轮廓鲜明和印象强烈的效果（图 2-8）。

图 2-8 单一性体型（某体育馆）

2. 单元组合体型

一些按单元设计的建筑，如住宅、学校、医院等，按一定的方法或沿着一定的道路或地形走向形成阶梯式、错落式或错层式的组合。这种组合方式由于体型连续的重复，形成强烈的韵律感。给人以自然平静、亲切和谐的印象。广泛用于山地、丘陵地带以及不规则地段的单元式建筑组合中。这类建筑物处理特点是要求单元本身要有良好的造型及一定数量的重复，形成较强烈的韵律感。一般说来宁多勿少，宁长勿短。如图 2-9 所示为某住宅单元组合体型。

3. 复杂体型

这类体型应运用构图法则进行体型组合处理。一般是将其主要部分和次要部分分别形成主体、附体，突出重点，有中心，主次分明，并将各部分连接得十分巧妙，紧密有序而不是一盘散沙，杂乱无章，勉强生硬地凑合在一起。

二、立面设计

建筑立面设计包括建筑各个面的设计，它和平面、剖面的设计一样，同样也有使用要求、结构构造等功能和技术方面的问题，但是从房屋的平、立、剖面来看，立面设计中涉及的造型和构图问题，通常较为突出，因此我们将结合立面设计内容，着重叙述有关建筑美观的一些问题。

图 2-9　单元式组合体型（住宅）

1. 立面的比例和尺度

尺度正确、比例协调，是使立面完整统一的重要方面。从建筑整体的比例（长、宽、高三个度量上的关系）到立面各部分之间的比例，以及墙面划分直到每一个细部的比例都要仔细推敲，才能使建筑形象具有统一和谐的效果。

2. 立面的虚实与凹凸

建筑立面的构成要素中：窗、空廊、凹进部分以及实体中的透空部分，常给人以通透感，可称之为"虚"；墙、柱、栏板、屋顶等给人以厚重封闭的感觉，可称为"实"。立面设计中对这种虚和实结合功能、结构、材料要求加以巧妙处理，便可获得坚实的外观形象并给人以强烈、深刻的印象。

3. 立面的线条处理

建筑立面上客观存在着各种各样的线条，如檐口、窗台、勒脚、窗、柱、窗间墙等。这些线条的位置、粗细、长短、方向、曲直、繁简、凹凸等不仅客观存在，也能由设计者主观上加以组织、调整，而给人不同的感受。线条从方向变化来看：水平线有舒展、平静、亲切感；竖直线有挺拔、庄重、向上的气氛；曲线有优雅、流动、飘逸感。从线条粗细变化来看：粗线给人以厚重有力感，细线则有精致、轻盈感（图 2-10）。

(a)　　　　　　　　　　　　　　　　　　　　(b)

图 2-10　立面的线条处理

(a) 水平线条（某宾馆建筑）；(b) 竖直线条（某试验大楼）

4. 立面色彩与质感

色彩与质感是材料固有的特性。对一般建筑来说，由于其功能、结构、材料和社会经济条件限制，往往主要通过材料色彩的变化使其相互衬托与对比来增强建筑表现力。不同的色彩给人不同的感受。如暖色使人感到热烈、兴奋；冷色使人感到清晰、宁静；浅色给人明快；深色又使人感到沉稳。运用不同的色彩还可以表现出不同的建筑性格、地方特点及民族风格。

材料的质感处理包括两个方面，一方面是利用材料本身的固有特性，如清水墙的粗糙表面、花岗石的坚硬、大理石的纹理、玻璃的光泽等；另一方面是创造某种特殊质感，如仿石、仿砖、仿木纹等。立面设计中利用材料自身特性或仿造某种材料，都是在利用材料的不同质感给人不同感受这一特点。

5. 立面的重点与细部处理

由于建筑功能和造型的需要建筑立面中有些部位需要重点处理，这种处理具有画龙点睛的作用，会加强建筑表现力，打破单调感。

建筑立面需要重点处理部位有建筑物主要出入口、楼梯、形体转角及临街立面等。因为这些部位常常是人们的视觉重心。重点处理常采用对比手法，使其与主体区分。如采用高低、大小、横竖、虚实、凹凸、色彩、质感等对比。

立面设计中，对于体量较小，人们接近时能看得清的构件与部位的细部装饰等的处理称为细部处理。如漏窗、阳台、檐口、栏杆、雨篷等。这些部位虽不是重点处理部位，但由于其宜人的特定位置，也需要对细部进行设计，否则将使建筑产生粗糙不精细之感，而破坏建筑整体形象。立面中细部处理主要指运用材料色泽、纹理、质感等自身特性来体现出艺术效果。

思考题与习题

1. 什么是建设基本程序？设计前要进行哪些准备工作？
2. 设计阶段是怎样划分的？其具体内容是什么？
3. 门窗的作用及设计原则？
4. 立面图反映了哪些内容？层高和净高有何不同？
5. 建筑空间组合应注意什么？
6. 平面设计的影响因素有哪些？试绘制一个双人卧室兼书房的平面图。
7. 使用房间、辅助房间和交通部分设计应怎样有机联系？
8. 招标和投标的实质是什么？
9. 竣工验收应包含哪些内容？

第三章　工程材料与民用建筑构造

工程材料是工程建设的基础，没有材料就没有工程建设，一般一项工程中材料费用约占工程投资 60％左右，且材料的性能、质量直接影响工程构筑物的坚固性、适用性和耐久性。而新材料的出现将促进工程技术的进步，所以长期以来人们非常关注材料性能和品种的发展。直至近半个世纪，在社会生产力和其他学科的推动下，材料科学的发展带动了建筑材料的变革。比如建筑塑料制品、防水剂、胶粘剂、外加剂、涂料以及复合材料等高分子化学建材的应用。

建筑构造是一门专门研究建筑物各组成部分的构造原理和构造方法的学科，是建筑设计不可分割的一部分。其主要任务在于根据建筑物的功能要求、材料供应和施工技术条件，提供合理的、经济的结构方案，以作为建筑设计中综合解决技术问题及进行施工图设计的依据。

一栋建筑，一般主要由基础、墙（柱）、楼地面、楼梯、门窗和屋顶等六大部分组成。建筑构造设计时，一般应遵循以下原则：坚固实用、技术先进、经济合理、美观大方。

第一节　工程材料

一、工程材料的物理性质和力学性质

（一）材料的物理性质

1. 密度

密度是指材料在绝对密实状态下，单位体积的质量。绝对密实状态下的体积是指不包括孔隙在内的体积，除了钢材、玻璃等少数材料外，绝大多数材料都有一些孔隙，通常将材料磨成细粉除去内部孔隙，经干燥后用密度瓶测定其体积。

2. 表观密度

材料的表观密度是指材料在自然状态下单位体积的质量。它指的是包含内部孔隙的体积，当材料孔隙内含有水分时，其重量和体积均将有变化，故测定其表观密度时，须注明其含水情况。

3. 堆积密度

堆积密度是指粉状或粒状材料，在堆积状态下，单位体积的质量。材料的堆积体积包含了颗粒之间的空隙。

4. 密实度和孔隙率

密实度是指材料体积内被固体物质充实的程度。孔隙率是指材料体积内，孔隙体积所占的比例。孔隙率的大小直接反映了材料内部的密实程度。孔隙有开口孔隙和闭口孔隙之分，前者孔隙之间与外界相通，在一般浸水条件下能吸水饱和；后者孔隙之间与外界互不相通，这种材料具有隔热保温的性能。

5. 吸水性和吸湿性

材料能吸收水分的性质为吸水性。吸水性的大小由吸水率表示,即材料吸收水饱和后的水质量占材料干燥质量的百分率。材料的吸湿性是指在潮湿空气中吸收水分的性质为吸湿性,其大小用含水率表示,即材料所含水的质量占材料干燥质量的百分率。当空气湿度大而温度较低时,材料的含水率就大,反之就小。具有微小开口孔隙的亲水材料的吸湿性更大。

6. 耐水性

材料在长期饱和水作用下不破坏,其强度不显著降低的性质为耐水性,一般用软化系数表示,即材料在饱和水状态下的抗压强度与在干燥状态下的抗压强度之比。通常软化系数随着材料的饱和水量增加而降低。

7. 抗渗性和抗冻性

材料抵抗有压介质渗透的性质为抗渗性。对于一些防水、防渗材料常用渗透系数表示,即渗透系数越大,材料的渗水性大、抗渗性差。材料在水饱和状态下经多次冻融作用而不破坏且强度不严重降低的性质称抗冻性,用抗冻等级表示,即材料在吸水饱和后质量损失不超过 5%,强度下降不超过 25%所经受最大的冻融循环次数。显然抗冻等级越大,材料的抗冻性越好。

(二)材料的力学性质

1. 材料的强度和比强度

材料在外力作用下抵抗破坏的能力称强度。以单位面积上所受的力来表示。材料不同所体现出来的强度也不同,材料所承受的外力种类和方式不同,其强度也不同。具体有抗压强度、抗弯强度、抗拉强度、抗剪强度及抗扭强度等。比强度是指按单位质量计算的材料强度,其衡量材料轻质高强性能的重要指标之一。

2. 弹性和塑性

材料在外力作用下产生的变形可随外力的消除而完全消失的性质称弹性,相应此种完全能恢复的变形为弹性变形。材料在外力作用下产生的变形不因外力的消除而消失的性质称塑性,这种不可恢复的变形为塑性变形。

3. 脆性和韧性

材料在外力作用下,无明显的变形特征而突然破坏的性质称脆性。脆性材料的抗压强度一般比抗拉强度高出许多。材料在动力荷载下,能承受很大的变形而不致破坏的性质称韧性。

4. 硬度和耐磨性

材料抵抗外来较硬物压入或刻画的能力称硬度,一般材料的硬度越大其强度越大,而耐磨性也越大。

5. 耐久性

材料在建筑物中,除受到各种外力的作用外,还经常受到环境中许多自然因素的破坏作用。这些作用包括物理的、化学的及生物的作用。材料的耐久性就是指材料在上述多种因素作用下,能够经久不变质、不破坏,而尚能保持原有性能的性质。材料的耐久性是指综合性质,即包括本身性能,又包括抵抗外界的破坏,比如锈蚀、碳化、老化、耐热、抗冻等。研究材料的耐久性,必须根据材料所处的环境情况作出具体分析,才能得出正确结论。

二、常用工程材料

(一) 黏土砖瓦

黏土砖瓦是建筑工程墙体和屋面的常用建筑材料，其原料可以就地取材、生产方便、价格低廉、使用灵活，并具有强度较高、耐久性及防火性能较好的特点。但烧制砖瓦时需要消耗大量的黏土，毁坏农田。

1. 普通黏土砖

普通黏土砖是一砂质黏土为原料或掺有外掺料，并烧结而成的实心砖，是当前建筑工程使用最普遍、用量最大的墙体材料之一。其技术性能有国家统一标准《烧结普通砖》(GB 5101—2003)。该标准规定如下。

(1) 砖的形状尺寸。普通黏土砖为矩形，标准尺寸240mm(长)×115mm(宽)×53mm(厚)。按砖的表面尺寸与形状将砖的各面分成三种——大面、条面和顶面。长度平均偏差±2.0mm，宽度与高度的平均偏差±1.5mm。这种砖的长宽厚之比为 4∶2∶1 (包括10mm灰缝)，即长∶宽∶厚＝250∶125∶63≈4∶2∶1。1m 长的砌体中有 4 个砖长，1m 宽的砌体中有 8 个砖宽，1m 高的砌体中有 16 个砖高，这样 $1m^3$ 的砌体有 $4×8×16＝512$ 块砖，试验得出 $1m^3$ 砌体中砖缝用砂浆 $0.26m^3$，因此，单位体积中砖和砂浆的用量即可算出。由标准砖砌成的墙体尺寸是以其宽度为倍数 (即 125mm，包括灰缝 10mm)。这与我国现行模数协调统一标准中以 100mm 模数不协调。给设计与施工安装等工作造成困难。所以标准砖的规格有必要加以改革。

(2) 砖的强度等级。砖在砌体中主要起承受和传递荷载的作用，其强度等级按抗压强度划分。抗压强度试验按《砌墙砖试验方法》(GB/T 2542—2003) 进行。砖的强度等级有 MU30、MU25、MU20、MU15、MU10、MU7.5 六个强度等级。常用的是 MU10、MU7.5。

(3) 砖的耐久性。普通黏土砖的耐久性能包括风化性能、抗冻性、泛霜、石灰暴裂、吸水率和饱和系数，其检验方法均按《砌墙砖试验方法》(GB/T 2542—2003) 进行。

2. 黏土空心砖和黏土多孔砖

砌墙砖除黏土实心砖外，按孔洞类型分为空心砖 (孔的尺寸大而数量少)、多孔砖 (孔的尺寸小而数量多) 两类。前者用于非承重墙，后者常用于承重墙，多系烧结而成，故又称烧结多孔砖。黏土空心砖堆积密度小，一般为 $1100\sim1400kg/m^3$，与普通黏土砖相比，空心砖能节约黏土 20%～30%，减轻建筑物重量，且满足相同热工性能要求时，能在改善砖的绝热、隔声性能的同时，减薄墙体厚度的一半。空心砖不仅节约燃料还有干燥时间短、烧成速率高的优点，还具有隔声、隔热和自重轻的优点，根据《烧结空心砖和空心砌块》(GB 13545—2003)，一般承重黏土空心砖的规格有 KM_1 (190mm×190mm×90mm)、KP_1 (240mm×115mm×90mm)、KP_2 (240mm×180mm×115mm) 三种。为了保护耕地，今后尽量限制黏土类烧结实心砖、黏土类烧结空心砖、黏土类烧结多孔砖的生产，大力提倡混凝土多孔砖等。混凝土多孔砖与黏土多孔砖比较，一是混凝土多孔砖产品生产是一次机械成型，外观尺寸规范，砌体平整度好，灰缝饱满，而黏土多孔砖外观尺寸偏差较大，砌体不平整，灰缝漏浆过多。使用混凝土多孔砖对减少砂浆用量及改善粉刷超厚的作用十分明显；二是混凝土多孔砖到现场的破碎率比黏土多孔砖低，对现场文明施工，降低施工成本具有积极意义。

多孔砖的外形呈直角六面体，是以黏土、页岩、煤矸石为主要原料，经焙烧而成。另外，还有烧结页岩砖、烧结粉煤灰砖、耐火砖、灰砂砖、蒸养砖、免烧砖、炉渣砖等，可根据强度及经济等方面要求选用。

3. 瓦

（1）黏土瓦。是以黏土为主要原料，经制坯、干燥、焙烧而成。因为它的主要作用是防水和排水。所以要求质轻密实，吸水率小。

黏土瓦的技术标准见《黏土瓦》（GB 11710—89），平瓦尺寸为（400×240）～（360×220），14～16.5 片平瓦的覆盖面积为 1m²，平瓦吸水后的质量不应超过 55kg/m²，单片最小抗折荷载不小于 0.68kN，并能满足抗冻性的要求。

（2）小青瓦。在中国农村土窑中生产的呈弧形薄片状的瓦，这种瓦无一定规格，一般是 175mm×175mm，小青瓦每块面积较小，强度低、易破碎，但生产简单，故在南方农村及古建筑中常采用。

（3）混凝土平瓦。是用水泥、砂或无机物为主要材料，经配料、混合、加水搅拌、成型、养护而成。混凝土瓦分平瓦和脊瓦两种，技术标准按《混凝土平瓦》（GB 8001—87）规定，平瓦的规格尺寸为 400mm×240mm、385mm×235mm，瓦主体厚度 14mm，脊瓦长 469mm，宽 175mm。

（4）石棉水泥瓦。是用水泥和石棉纤维为原料，经加水搅拌、压滤成型、养护而成的波形瓦，按《石棉水泥波瓦及脊瓦》（GB/T 9772—1996）标准，分为大波瓦、中波瓦、小波瓦及脊瓦 4 种。

石棉水泥瓦属轻型屋面材料，具有较好的防火、防腐、耐热、耐寒、绝缘等性能，大量用于工业性建筑的屋面。这种瓦在受潮或遇水后，强度有所下降，由于石棉纤维对人体有害，故使用和堆放保管中要注意。

（5）玻璃钢波形瓦。按照《玻璃纤维增强聚酯波纹板》（GB/T 14206—1993）标准，玻璃钢波形瓦是用不饱和聚酯树脂和玻璃纤维布为原料，经手工糊制而成的波形瓦。这种波形瓦质轻，强度大，耐冲击，耐高温、透光、有色泽。

除此以外还有钢丝网水泥大波瓦、聚氯乙烯波纹瓦和沥青瓦等，根据需要选用。

（二）胶凝材料

工程中用来将砂子、石子等散粒材料或砖、板等块状材料胶结成整体的材料，称为胶凝材料。胶凝材料按材料的组成，分为有机胶凝材料（如沥青、树脂等）与无机胶凝材料（如石灰、水泥等）两大类。无机胶凝材料则按照硬化条件分为气硬性胶凝材料和水硬性胶凝材料。气硬性胶凝材料只能在空气中硬化，也只能在空气中保持或继续发展强度；水硬性胶凝材料则不仅能在空气中，而且能在水中硬化，保持并发展强度。建筑上常用的气硬性无机胶凝材料有石膏、石灰、水玻璃和菱苦土；水硬性胶凝材料则包括各种水泥。

石膏的主要原料为 $CaSO_4 \cdot 2H_2O$、$CaSO_4$ 和含有 $CaSO_4$ 的工业废料等，可分为建筑石膏、横形石膏、高强石膏和硬石膏等。

石灰是将石灰石煅烧，放出 CO_2，得到白色以 CaO 为主体的生石灰，使用时加水消解，根据用水量不同，而得到不同用途的熟石灰。

水玻璃是以不同比例碱金属氧化物和二氧化硅组成的气硬性胶凝材料，工业上最常使用的是硅酸钠水玻璃（$Na_2O \cdot nSiO_2$）和硅酸钾水玻璃（$K_2O \cdot nSiO_2$）。

水玻璃不燃烧，在高温下干燥快，形成二氧化硅空间网状骨架，强度不降低，甚至有所提高，具有良好的耐热性能。

水玻璃具有高度的耐酸性能，硬化后的水玻璃，其主要成分为 SiO_2，在强氧化性酸中具有较高的化学稳定性，能抵抗大多数无机酸和有机酸的作用。因此，水玻璃在土建工程中主要用于涂刷建筑材料表面，浸多孔性材料，但不能用水玻璃涂刷或浸渍石膏制品，因硅酸钠与硫酸钙反应生成体积膨胀的硫酸钠，会产生膨胀应力导致石膏制品破坏。用水玻璃配制的耐酸砂浆和耐酸混凝土应用于耐酸工程中；用水玻璃配制成的耐热砂浆和耐热混凝土能长期在高温条件下保持结构的强度。

水泥是土建中重要的建筑材料之一，水泥与适量的水拌和后，经过物理化学过程能由具有可塑性的浆液逐渐凝结硬化，变成坚硬的石状体，并能将散粒或块状体材料粘结成整体，不但在空气中硬化、保持和发展强度，而且能更好地在水中硬化。水泥不仅可拌制混凝土和砂浆，还可制作各种混凝土预制构件及水泥制品，因此被广泛应用在工程建设中。目前，中国生产的水泥有 70 多种，从不同使用角度分掺有混合物的硅酸盐水泥（普通水泥、矿渣水泥、火山灰水泥、粉煤灰水泥）、特性硅酸盐水泥（快硬硅酸盐水泥、快凝快硬硅酸盐水泥、膨胀水泥、高铝水泥）、专用水泥（道路水泥、砌筑水泥），它们有各自的特点，但在常用水泥中，硅酸盐水泥是最基本的水泥。硅酸盐水泥是以石灰质原料（如石灰岩）和黏土质原料（黏土、页岩等）为主，经磨细，按一定比例配成生料，在窑中经 1450℃ 左右的高温煅烧后，生成以硅酸钙为主要成分的硅酸盐水泥熟料，再与适量石膏共同磨细而制得硅酸盐水泥制品。根据不同需要，选用不同强度、不同耐磨和抗冻等性能的水泥。

水泥强度是评定其质量的重要指标，其值主要取决于水泥熟料的矿物质的组成和细度，还有其他如水灰比等因素也是确定水泥强度等级的依据。水泥强度用胶砂强度检测法，按水泥与砂 1∶3，水灰比 0.5，按规定方法制成 40mm×40mm×160mm 试件，在标准温度（20±1）℃水中养护，测定 3d、28d 的抗折强度和抗压强度作为划分硅酸盐水泥强度等级的依据，同时按照 3d 强度分为普通型和早强型（R）两种，且各龄期强度不得低于国家标准（GB 175—1999）中规定（表 3-1）值。

硅酸盐水泥的强度要求（GB 175—1999）（MPa）　　　　表 3-1

强度等级	抗压强度		抗折强度	
	3d	28d	3d	28d
42.5	17.0	42.5	3.5	6.5
42.5R	22.0	42.5	4.0	6.5
52.5	23.0	52.5	4.0	7.0
52.5R	27.0	52.5	5.0	7.0
62.5	28.0	62.5	5.0	8.0
62.5R	32.0	62.5	5.5	8.0

上述四项基本技术指标在水泥进场后必须进行检测和验收，明确产品的质量性能为合格或降级使用或报废以确保工程质量的可靠。

（三）混凝土和砂浆

1. 混凝土

混凝土是胶凝材料（水泥）、细骨料（砂子）、粗骨料（石子）和水按一定比例配合，经搅拌、浇筑、养护，然后凝结硬化而成的坚硬固体。混凝土原材料的选用很大程度上决定了混凝土质量的好坏和混凝土的技术性质。

混凝土强度是混凝土最重要的技术性质，有抗压、抗拉和抗剪等多种强度指标，其中以抗压强度最大，抗拉强度最小。因此在工程结构中充分发挥混凝土承受压力的特长。

混凝土强度等级：按混凝土立方体试块抗压强度标准值确定，即按标准方法制作养护边长为 150mm 的立方体试件在 28d 龄期，用规定的试验方法，测得的具有 95％保证率的抗压强度 MPa（N/mm^2）。根据《混凝土强度检验评定标准》（GB J107—87），结构用混凝土强度等级有 14 个级别：C15、C20、C25、C30、C35、C40、C45、C50、C55、C60、C65、C70、C75、C80，附表六所示。用于地基基础下的混凝土垫层可用 C10。

有时为改善混凝土的某些性能，在拌制混凝土的过程中掺入不超过水泥质量 5％的某种外加剂，常用的有减水剂、早强剂、引气剂、缓凝剂、防冻剂、速凝剂和膨胀剂等。混凝土的主要技术性质是通过和易性、强度和耐久性反映出来的，其中和易性是指正常的施工条件下，混凝土拌合物便于施工操作并获得质量均匀，成型密实的性能。具体指流动性、黏聚性和保水性，由于三者在内容上各有不同，难以完全统一，因此，在具体实施时，应在良好的和易性目标下辨证的处理好三者的关系，把握好侧重与平衡的关系。在实践中为保证和易性等各项综合技术指标，常用坍落度来定量的衡量（与实践经验相结合）。

2. 建筑砂浆

建筑砂浆是由胶凝材料（水泥、石灰等）、细骨料（砂）和水拌合而成。由水、水泥和细骨料组成的拌合物称水泥砂浆，由石灰、砂和水拌合而成的称为石灰砂浆。由水、水泥、石灰和砂组成的拌合物称为混合砂浆。

砂浆的技术性质有强度和和易性两个指标。和易性指砂浆施工时能否在粗糙的砖石面上方便地铺设成均匀的薄层，且与低层良好粘结，保证足够的强度。通常用流动性和保水性来衡量和易性的好坏。

流动性是指砂浆在自重或外力作用下的流动性能，其随胶凝材料的品种、数量、砂粒的粗细、用水量及砂浆配合比而异。施工中常用改变胶凝材料的品种与数量来调整。

保水性是指砂浆在存放、运输和施工过程中保存水分的能力，以防止水的离析。施工中为了保持砂浆良好的保水性，可适量加入塑化剂或微沫剂，而不是提高水泥用量的办法。

砂浆硬化后应与砖石结合为一整体，并具备承受和传递相应荷载外力的抗压强度、粘结强度与耐久性。

抗压强度系用边长 70.7mm 的立方体试块在标准条件下养护至 28d 龄期测得的抗压强度的平均值（MPa）。当考虑具有 95％的强度保证率时为砂浆强度等级，砂浆强度等级应分 M2.5、M5、M7.5、M10、M15 五个级别。

多层房屋墙体一般采用 M2.5、M5 的水泥石灰砂浆，柱、拱、砖过梁采用 M5、M10 水泥砂浆低层或平房墙体采用石灰砂浆，简易房屋采用石灰黏土砂浆。

砂浆的抗压强度高，相应的砂浆粘结强度也应高，耐久性好。

抹面砂浆基本同砌筑砂浆，为防砂浆层开裂，常掺和一些纤维（如麻刀纸筋、玻璃纤维）等。在性能上，其和易性比砌筑砂浆好。

3. 木材

木材是人类最早使用的建筑材料之一。目前仍是常用的土建材料。工程中把木材、水泥和钢材并列称为建筑三大材料。施工时可根据不同用途选用不同的材料。木材的主要物理力学性质有含水量、湿胀干缩、强度等，其中含水量对木材的物理力学性质影响最大。木材在使用过程中注意木材的腐朽和防腐问题，在考虑我国目前经济可持续发展的前提下，应贯彻综合利用，合理开发的原则。

4. 建筑塑料

建筑塑料是三大材之后又一新兴建筑材料。由于它的加工性、耐酸碱性、防水隔声和质轻，并有良好的柔韧性等，而被建筑领域广泛应用。目前常用的建筑塑料有热塑性塑料（聚乙烯塑料、聚氯乙烯塑料、聚苯乙烯塑料、聚甲基丙烯酸塑料等）和热固性塑料（酚醛塑料、脲醛塑料、聚酯塑料、有机硅塑料等）。玻璃钢是合成树脂胶结玻璃纤维或玻璃布而成的一种轻质高强的塑料。

5. 防水材料

防水材料是土建工程中不可缺少的材料。目前经常使用的是石油沥青油毡防水、橡胶和树脂基防水、改性沥青防水。但随着工业的发展，高分子化合物已得到很好的应用。

建筑工程中防水方式一般有刚性防水和柔性防水，刚性防水是指混凝土本身就具备一定的防水功能，而通常意义的刚性防水方式是指为了增强这种功能，就在混凝土中增加外加剂。柔性防水是指在混凝土表面增加一层柔性防水材料。好的防水应是刚柔兼并，单一的刚性或柔性防水都是不可取的。

沥青是一种有机质胶凝材料，具有良好的不透水性、不导电性、耐腐蚀性能，热软冷硬，并具有与各种材料牢固粘结的特性，故广泛用于防水、防潮和防腐的地方。

沥青一般分地沥青和焦油沥青两类。地沥青有天然沥青和石油沥青；焦油沥青有煤沥青和页岩沥青，工程中常用的是石油沥青，少量的为煤沥青。此外还有沥青与适量的分状或纤维状矿物质填充料的混合物形成的沥青玛脂，用树脂进行沥青的改性沥青和由沥青浸渍纸板而成的油毡等，比如 SBS 改性沥青卷材、高分子丙纶双面复合卷材。

防水涂料是以水或溶剂稀释沥青、橡胶、合成树脂而成的溶液，然后涂刷或喷涂于防水的基层上，形成连续均匀的防水薄膜，常用的有冷底子油、乳化沥青、氯丁橡胶、沥青防水涂料和合成高分子防水涂料等。

6. 保温材料

保温材料是指以热流具有显著阻抗性的材料或材料复合体，材料的保温性能是以它的导热系数来衡量的，导热系数越小，则通过材料传送的热量越少，保温隔热性能就越好。保温材料以质轻、多孔、吸湿性小、不易腐烂的无机物为最佳。

保温材料主要有纤维状的矿渣和岩棉、粒状的膨胀珍珠岩和膨胀蛭石、多孔状的泡沫混凝土和加气混凝土，此外还有炉渣等；近年来发展有泡沫塑料、苯板等都是良好的保温材料。

三、建筑材料图例

土建工程中所用的建筑材料种类繁多，为了使建筑材料制图统一，图面清晰简明，提高制图效率，满足设计、施工及图纸存档等要求，并为读图创造条件，国家制定了《房屋建筑制图统一标准》（GB/T 50001—2001）。因此，在实际设计中，图纸上的建筑材料必须按照《房屋建筑制图统一标准》规定的符号来表示各种建筑材料，这些符号就叫做图例，一些常用建筑图例参见附图表三所示。

第二节　基础与地基

一、地基与基础

一栋建筑总是由基础下面的地基支承的。基础是建筑物底部与地基相接触并把上部荷载传递给地基的构件。而地基是承受基础所传递的上部结构荷载的土层（或岩层）。就地基受力情况来说，我们把建筑物基础荷载作用影响范围内的部分称为持力层。在持力层以下的部分称下卧层。建筑物把地基土允许的承载力称为地基承载力，它是地基在稳定的条件下，单位面积上所能承载的最大值，单位 t/m^2 或 kg/cm^2。

地基上我们把凡是具有足够承载能力，在荷载作用下压缩变形不超过允许范围，可以支承建筑基础的土层或岩层叫天然土层。其承载能力 f_k 在 $150\sim200kPa$ 之间的土层为砂土或黏土。如果 f_k 不满足地基荷载的承载力，就需要人工处理。我们把这种需要人工处理的土层称为人工地基。也就是说，不具有充分承载能力的淤泥、充填土、杂填土等需要进行人工改良和加固处理才能作基础的地基。

人工加固地基的方法有：压实法、换土法、加固（打桩）法。

二、基础埋置深度及影响因素

由室外设计地面到基础底面的垂直距离称埋置深度，简称埋深，如图 3-1 所示。客观上，基础埋深越小，工程造价越低，但实际上埋深不能太浅。一般情况下埋深用 D 表示，不宜小于 0.5m。

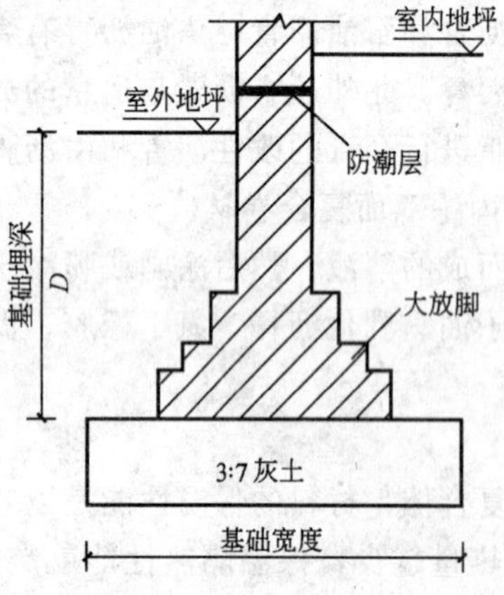

若 $D>4m$ 者称深埋基础；

若 $D\leqslant4m$ 者称浅埋基础。

当基础直接做在地表面上时，称不埋基础。

在决定基础的埋深时，应考虑埋深的影响因素：

（1）当建筑物设有地下室时，基础要埋的深一些。

（2）地基的地质构造和土层分布状况的影响：上层土承载能力较下层土层大时，基础应争取埋浅些，反之，则应埋深。

（3）地下水对某些地基土承载力的影响：

如黏性土，因其含水量增加，强度会大大降低。

因此，当地下水位较低时，基础埋深应在水位以上，当地下水位较高时，基础又不能埋置在水位以上时，则应将基础埋置在最低地下水位以下，且不小于 200mm 的深度。

（4）严寒地区冻土深度的影响：

如地基土为冻胀土时，地基底面应埋置在冰冻线以下，且不小于 200mm。比如包头

图 3-1　基础的埋置深度

地区冰冻线在 1.3~1.5m；长春在 2.0~2.5m。

（5）相邻建筑物的埋深。如果新建筑物的埋深小于或等于原房屋的埋深时，可不考虑影响；如新建筑物的埋深大于原房屋的基础埋深时，应考虑相互影响，如图 3-2 所示。具体应满足

$L \geqslant (1{\sim}2)\Delta H$。其中：

H：新建与原有建筑物基础底面标高之差。

L：新建与原有建筑物基础边缘的最小距离。

另外，建筑物的使用要求、设备大小也有影响。

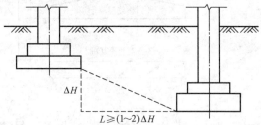

图 3-2　相邻基础埋深的影响

三、基础类型与构造

基础类型很多，主要根据楼上部结构形式、荷载大小及地基情况确定。

基础按使用的材料可分灰土基础、砖基础、毛石基础、混凝土基础和钢筋混凝土基础。

按埋深可分浅基础、深基础和不埋基础。

按受力性能分刚性基础和柔性基础。

按构造形式分条形基础、独立基础、满堂基础和桩基础。

以上基础类型构造如图 3-3、图 3-4、图 3-5、图 3-6 所示。

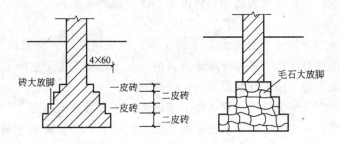

图 3-3　砖基础和毛石基础

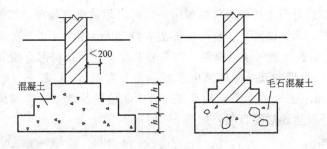

图 3-4　混凝土基础和毛石混凝土基础

选择基础类型时一般砖混结构常用条形基础；框架结构常用独立基础；建筑荷载较大，土质不好的常采用条形、十字交叉、筏形基础等；带地下室的建筑常用箱形基础。不论选择何种类型，地基应满足承载力方面、变形方面和稳定方面的要求；基础应满足能承

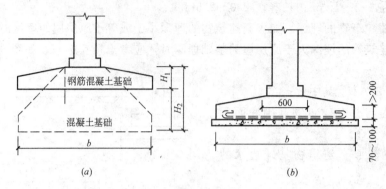

图 3-5　钢筋混凝土基础

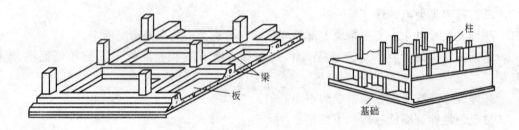

图 3-6　筏形基础和箱形基础

载建筑物全部荷载，具有较好的防潮、防冻胀和防腐蚀的要求。

四、地下室

地下室是建筑物中处于室外地面以下的房间。按实用性质分普通地下室和人防地下室，按埋入地下深度分全地下室和半地下室。给排水工程中，由于生产工艺的要求，泵站设计常用地下室或半地下室的建筑形式。

由于地下室在室外地面以下，那么地下室的侧墙和底板处于地面以下，经常会受到下渗的地表水、土壤中的潮气、地下水的侵蚀。因此，地下室必须解决防潮和防水的问题。

1. 地下室防潮

当设计最高地下水位低于地下室地坪且无滞水可能时，地下水不会直接侵入地下室，地下室底板和侧墙只受到土层中潮气的影响，这时，须做防潮处理。其构造是在地下室外墙外面设置防潮层。具体做法是：在外墙外侧先抹 20mm 厚 1∶2.5 水泥砂浆（高出散水300mm 以上），然后涂冷底子油（煤油、汽油和沥青按一定比例混合而成）一道和热沥青二道（至散水底），最后在其外侧回填隔水层。北方常用 2∶8 灰土。南方常用炉渣，其宽度不小于 500mm 。同时在地下室顶板和底板中间位置设置水平防潮层。使整个地下室防潮层连成整体，以达到防潮目的，如图 3-7 所示。

2. 地下室防水

当设计最高地下水位高于地下室地坪时，地下室的外墙和底板都浸泡在水中。这时，地下室外墙受到地下水的侧压力，底板受到地下水的浮力影响。因此必须做防水处理。

较常见的防水措施有柔性防水和防水混凝土两类。柔性防水以卷材防水运用最多。卷材防水按防水层铺贴位置的不同，又有外防水（又称外包防水）和内防水（又称内包防

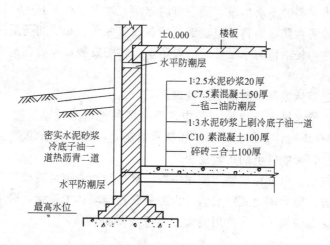

图 3-7　地下室防潮构造做法

水）之分。防水时将防水层贴在迎水面，即地下室外墙的外表面，这时防水较为有利，缺点是维修困难；内防水是将防水层贴在背水的一面，即地下室贴身的内表面，这时，施工方便，便于维修，但一旦渗水，不易补渗，如图3-8所示。

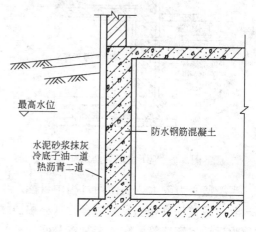

图 3-8　地下室刚性防水构造做法

当地下室采用卷材防水层时，防水卷材的层数根据设计最高地下水位至地下室地坪的距离（即水头）来确定（表3-2）。

地下室底板的水平防水处理，一般是在地基上浇筑混凝土底板，其上做卷材防水层，并在外墙部分留槎，后在防水层上抹 30mm 厚 1：3 水泥砂浆；最后做钢筋混凝土结构层。防水混凝土防水就是从具有防水性能的钢筋混凝土作为地下防水建筑的围护结构，以取代卷材防水或其他防水处理。当地下室的墙和地坪采用钢筋混凝土时，也即采用箱形基础时，则以采用防水混凝土防水为好。防水混凝土外墙、底板均不宜太薄，一般外墙厚应为 200mm 以上，底板厚为 150mm 以上，否则会影响抗渗效果。为防止地下水对混凝土侵蚀，在墙外侧应抹水泥砂浆，然后涂刷热沥青（图3-9）。刚性防水是地下工程中承重、围护、防水三结合的一种较为有效的措施。

设计水头与防水卷材层数　　　　　　　　　　　　　　　　　表 3-2

最大设计水头（m）	卷材层数	说　　明
0	1～2	防无压力水
≥3	3	防有压力水
3～6	4	防有压力水
6～12	5	防有压力水
>12	6	防有压力水

随着新型防水材料的不断出现，地下室的防潮、防水也在不断更新。如：涂料冷胶粘贴防水，采用橡胶沥青防水涂料配以玻璃纤维布或聚酯无纺布等加筋层进行铺贴。它的防水质量、耐老化性均较油毡防水层好。随着防水涂料的发展，今后在地下室防水工程中将会得到广泛应用。

五、管道穿过墙体或基础时的构造处理

在供热通风、给水排水及电器工程中，都有多种管道穿过建筑物（或构筑物）的墙（或池）壁。管道穿墙时，必须做好保护和防水措施，否则将使管道产生变形或与墙壁结合处产生渗水现象，影响管道的正常使用。

当墙壁受力较小，以及穿墙管在使用中振动轻微时，管道可直接埋设于墙壁中，管道和墙体固结在一起，称为固定式穿墙管。为加强管道与墙体的连接，管道外壁应加焊钢板翼环；如遇非混凝土墙壁时，应改用混凝土墙壁（图3-10）。

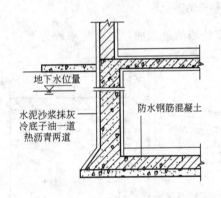

图3-9　地下室刚性防水

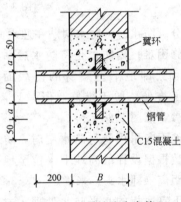

图3-10　柔性防水套管

当墙壁受力较大，在使用过程中可能产生较大的沉降以及管道有较大振动，并有防水要求时，管道外宜先埋设穿墙套管（亦称防水套管），然后在套管内安装穿墙管，这种形式称为活动式穿墙管。穿墙套管按管间填充情况可分刚性和柔性两种。

1. 刚性穿墙套管（图3-11）

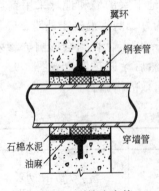

图3-11　刚性防水管

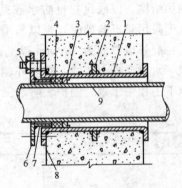

图3-12　柔性防水套管

1—套管；2—翼环；3—挡圈；4—橡皮条；5—双头螺栓；
6—法兰盘；7—短管；8—翼盘；9—穿墙

44

刚性穿墙套管适用于穿过有一般防水要求的建筑物和构筑物，套管外也要加焊钢套管翼环。套管与穿墙管之间先填入沥青麻丝，再用石棉水泥封堵。

2. 柔性防水套管（图 3-12）

柔性防水套管适用于管道穿过墙壁之处有较大振动或有严密防水要求的建筑物和构筑物。无论是刚性或柔性套管，都必须将套管一次浇筑于墙内，套管穿墙处之墙壁如遇非混凝土时，应改用混凝土墙壁，混凝土浇筑范围应比翼环直径大 200～300mm。套管处混凝土墙厚对于刚性套管不小于 200mm，对于柔性套管不小 300mm，否则应使墙壁一侧或两侧加厚，加厚部分的直径应比翼环直径大 200mm。

3. 进水管穿地下室

当进水管穿过地下室墙壁时，对于采用防水和防潮措施的地下室，应分别按图 3-13 所示的 (a) 和 (b) 图进行施工。

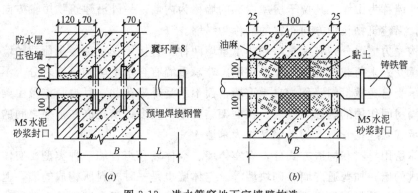

图 3-13 进水管穿地下室墙壁构造

(a) 潮湿土层（防水地下室）；(b) 干燥土层（防潮地下室）

4. 电缆穿墙

电缆穿墙时，除可用钢管保护外，还可用如图 3-14 所示刚柔结合的做法。

5. 管道通过基础处理

当管道穿过基础或墙基时，必须在基础或墙基上预留洞口。管径在 75mm 时留洞宽度应比管径大 200mm。高度应比管径大 300mm。使建筑物产生下沉时不致压弯或损坏管

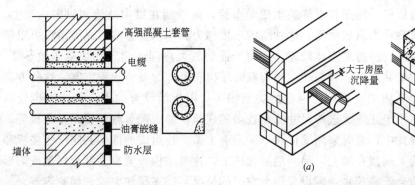

图 3-14 电缆穿墙壁处理

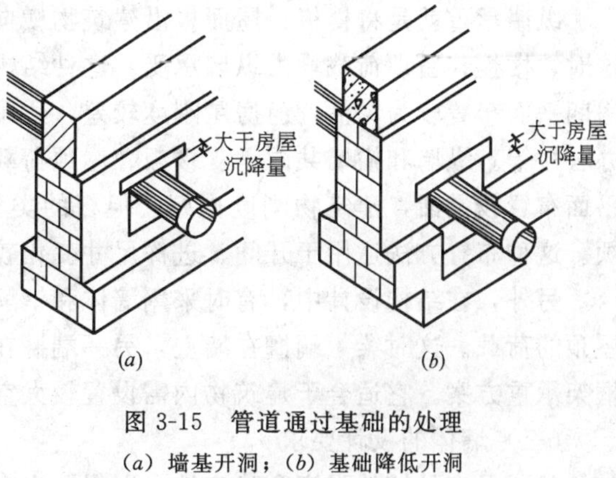

图 3-15 管道通过基础的处理

(a) 墙基开洞；(b) 基础降低开洞

道，如图 3-15（a）所示。当管道穿过基础时，将局部基础按错台方法适当降低，使管道穿过，如图 3-15（b）所示。

第三节　砖墙组成与构造

墙（或柱）与基础是建筑物的重要组成部分。虽然它们各自功能不同，研究方法相异，但在构造上却密切相关。实际上，基础就是墙（或柱）的延伸。

一、墙体的组成类型及设计要求

（一）墙体的类型

在一幢房屋中，墙因其位置、受力情况、材料和施工方法的不同而具有不同的类型。按墙在平面中所处的位置分，有内墙和外墙。凡位于房屋四周的墙称为外墙，其中位于房屋两端的外墙称为山墙。凡位于房屋内部的墙称为内墙。另外沿建筑物短轴方向布置的墙称为横墙，沿建筑物长轴方向布置的墙称为纵墙。

按结构受力情况分，有承重墙和非承重墙两种。直接承受上部传来荷载的墙称为承重墙；而不承受外来荷载的墙称为非承重墙。非承重墙有自承重墙和隔墙之分。不承受外来荷载，仅承受自身重量的墙称为自承重墙；而不承受外来荷载，且自身重量由梁或楼板承受，起分隔房间作用的墙称为隔墙。在框架结构中，大多数墙是嵌在框架之间的，称为填充墙。支承或悬挂在骨架上的外墙又称为幕墙。

按墙体所用材料和构造方式分，有实体墙、空体墙和组合墙三种类型。实体墙为一种材料所构成的墙，加普通砖墙、砌块墙等。空体墙也是一种材料所构成的墙，但材料本身具有孔洞或由一种材料组成具有空腔的墙，如空斗墙等。而组合墙则是由两种或两种以上材料组合而成的墙。

（二）墙体的结构布置方案

墙体在结构布置上有横墙承重、纵墙承重、纵横墙混合承重和部分框架承重等几种结构方案。横墙承重就是将楼板、屋面板等沿建筑物纵向布置，两端搁置在横墙上。这时，楼板、屋顶的荷载由横墙承受，这种结构布置称为横墙承重方案。此时，纵墙只起增强纵向刚度、围护和承重作用。这种方案的优点是：建筑物整体性好，空间刚度大对抵抗风力、地质作用等水平荷载较为有利。

纵墙承重就是将楼板、屋面板沿建筑物横向布置，两端搁在纵向外墙和纵向内墙上。这时，楼板、屋顶荷载均由纵墙承受，这种结构布置称为纵墙承重方案。纵墙承重可以使房间平面布置较为灵活，但房屋刚度较差，适用于需要较大房间的建筑物如某些教学楼、办公楼等。纵墙和横墙共同承受楼板、屋顶荷载的结构布置称为混合承重方案。这种方案平面布置较灵活，建筑物刚度也好。但板的类型偏多，因板铺设方向不一，施工也较麻烦。这种布置方法适用于开间、进深尺寸变化较多的建筑，如医院、教学楼、办公楼等。

另外，在结构设计中，有时采用墙体和钢筋混凝土梁、柱组成的框架共同承受楼板和屋顶的荷载。这时梁一端搁在墙上，另一端搁在柱上。这种结构布置称为部分框架或内部框架承重方案。它适合于建筑物内需设置较大空间的情况，如多层住宅的底层商店等。

（三）墙体的设计要求

（1）具有足够的强度和稳定性，以保证安全。

（2）具有必要的保温、隔热、隔声和防火等性能，以满足建筑物的正常使用，提高使用质量和耐久年限。

（3）合理选择墙体材料和构造方式，以减轻自重，提高功能、降低造价、降低能源消耗和减少环境污染。

（4）适应工业化生产的要求，为生产工业化、施工机械化创造条件以降低劳动强度，提高施工工效。

二、砖墙构造

（一）材料

砖墙是用砂浆将一块一块的砖按一定规律砌筑而成的砌体。其主要材料是砖与砂浆，但在砖墙构造中，还有部分混凝土及钢筋混凝土构件。

（二）墙体的组砌方式

组砌是指砖块在砌体中的排列。组砌时砖缝必须横平、竖直，错缝搭接。错缝长度通常不应小于 60mm。无论在砌体表面或砌体内部都应遵守这一法则。同时砖缝砂浆必须饱满，厚薄均匀（图 3-16）。当墙面不抹灰做成清水墙面时，组砌还应考虑墙面图案美观。

采用烧结普通砖砌墙时错缝的基本方法是将丁砖（指砖的宽度滑墙面）和顺砖（指砖的长度滑墙面）交替砌筑。常用的实体墙组砌方式有一顺一丁式、多顺一丁式、梅花丁式、三三一式、全顺式和两平一侧式（即 18mm 墙），如图 3-17 所示。

（三）砖墙的厚度

砖墙厚度的确定应满足承载能力，保温、隔热，隔声以及防火的要求，并应考虑到砖

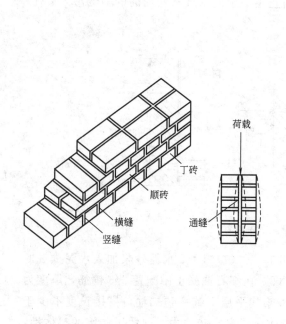

图 3-16 砖砌体的错缝

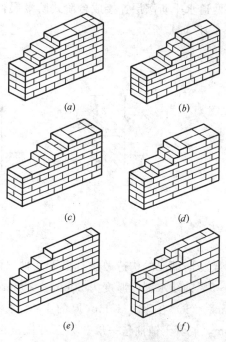

图 3-17 砖墙的组砌方式

(a) 一顺一丁式；(b) 多顺一丁式；(c) 十字式（梅花丁式）；
(d) 三三一式；(e) 全顺式；(f) 18墙砌法

47

的规格。烧结普通砖墙的厚度是按半砖的倍数来确定的，即以 115＋10＝125mm 为基础确定的。常见的墙体厚度有以下几种，见表 3-3。

墙厚名称　　　　　　　　　　　　　　　　　　　表 3-3

墙厚名称	习惯称呼	实际尺寸(mm)	墙厚名称	习惯称呼	实际尺寸(mm)
半砖墙	12 墙	115	一砖半墙	37 墙	365
3/4 砖墙	18 墙	178	二砖墙	49 墙	495
一砖墙	24 墙	240	二砖半墙	62 墙	615

（四）砖墙的细部构造

砖墙的细部构造包括墙脚、窗台、门窗过梁、圈梁等。

1. 墙脚构造

墙脚通常是指基础以上，室内地面以下的那部分墙身。对砖墙墙脚应着重处理好墙身防潮。增强勒脚耐久性和房屋四周地面排水等细部构造。

（1）墙身防潮。墙身防潮的目的是阻止土壤水分渗入墙体内部。防潮的方法是在墙脚适当部位铺设水平防潮层。水平防潮层的位置一般应在室内地面混凝土垫层高度范围内，约在室内地面标高下一皮位。同时还应在雨水可能飞溅到墙面的高度以上。通常在不低于室外地面 150mm 的地方设置水平防潮层，如图 3-18（a）所示，当垫层采用松散的透水性材料时，水平防潮层位置应与室内地面标高齐平，或高于室内地面一皮砖的地方，如图 3-18（b）所示。

当室内地面在墙身两侧出现高差时，则应在墙身内设两道水平防潮层，并用垂直防潮层将两道水平防潮层连接成台阶式防潮层，防止土壤中的水气从地面高的一侧渗入墙体，如图 3-18（c）所示。

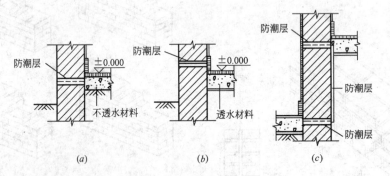

图 3-18　墙身防潮层位置

墙身防潮层的构造做法有以下几种（图 3-19）。（1）1：2 水泥砂浆加入水泥重量的 3％～5％的防水剂，厚度为 20mm～25mm；（2）在细石混凝土中配置 3φ6 钢筋，厚度为 60mm；（3）在 10～15mm 厚的 1：3 水泥砂浆找平层上铺一毡二油，搭接长度不少于 70mm，或者干铺油毡一层。第三种做法由于油毡层夹在砖墙内，削弱了砖墙的整体性，在有强烈振动的建筑物和刚度要求较高的建筑中，以及地震区均不宜采用。

水平防潮层标高处如为钢筋混凝土圈梁或为吸水性小的毛石砌体时，也可不设水平防潮层。

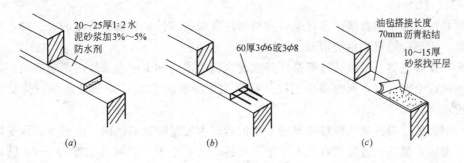

图 3-19　墙身水平防潮层
(a) 防水砂浆防潮层；(b) 细石混凝土防潮层；(c) 油毡防潮层

（2）勒脚。建筑物四周与室外地面接近的那部分墙体称为勒脚。它不但受到地基土壤水气的侵袭，而且飞溅的雨水、地面积雪和外界机械作用力也对它产生危害作用，所以除要求设置墙身防潮层外，还应特别加强勒脚的坚固耐久性。通常的做法有三种（图 3-20）。

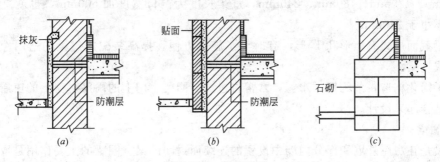

图 3-20　勒脚做法
(a) 抹灰；(b) 贴面；(c) 石材

勒脚的高低、形式、质地、色彩等，可结合建筑的造型要求进行设计。

（3）散水和明沟。为了防止雨水对墙基的侵蚀，常在外墙四周将地面做成向外倾斜的坡面，以便将雨水排至远处。这一坡面称散水或护坡。散水宽度一般为 1m 左右，并要求比屋顶挑檐宽 200mm。散水应向外设 5％左右的排水坡度。散水做法通常有砖铺散水、块石散水、三合土散水、混凝土散水等。

为了排除屋面雨水，可在建筑物外墙四周或散水外缘设置明沟。明沟断面根据所用材料的不同作成矩形、梯形和半圆形。明沟底面应有不小于 1％的纵向排水坡度，使雨水顺畅的流至窨井。明沟有多种构造做法，如砖砌明沟、石砌明沟、混凝土明沟等。

2. 窗台

窗台的作用是将窗面上流下的雨水排除，防止污染墙面。窗台的长度根据立面设计而定。

窗台的构造做法通常有砖砌窗台和预制混凝土窗台两种。砖砌窗台有平砌式和侧砌式，一般向外挑 1/4 砖。窗台表面宜用 1∶3 水泥砂浆抹面，表面作流水坡度，挑砖下缘做滴水槽。预制混凝土窗台具有施工安装迅速的优点，同时易于工业化施工。在内墙上的窗户，窗户上没有雨水流下，不必要将窗台挑出，在走廊、楼梯间交通频繁的地方，窗台外挑还会占据有效空间，妨碍家具搬运和行人交通。

3. 门窗过梁

过梁是用来支承门窗洞上部砖砌体和楼板层荷载的构件。其做法常用的有三种：即平砖拱过梁、钢筋砖过梁和钢筋混凝土过梁。

（1）平拱砖过梁。平拱砖过梁是用砖立砌或倒砌成对称于中心而倾向两边的拱。砌筑时将灰缝做成上宽下窄，同时将中部砖块提高约为跨度的 1/50，即所谓起拱，待受力下陷后使成水平。

（2）钢筋砖过梁。钢筋砖过梁是在平砌的砖缝中配置适量的钢筋，形成可以承受弯矩的加筋砖砌体。钢筋砖过梁的高度不小于 5 皮砖，且不小于门窗洞口宽度的 1/4。砌体砂浆不小于 M2.5 级，钢筋不小于 $\Phi6$，间距不大于 120mm，钢筋伸入两端墙加弯钩内不小于 240mm，且钢筋砖过梁的外观与墙体其他部位相同，当采用清水墙面时，可以取得整齐统一的效果，钢筋砖过梁适用于不大于 2m 的门窗洞口。

（3）钢筋混凝土过梁。钢筋混凝土过梁坚固耐久，并可预制装配，加快施工进度，所以目前应用很普遍。过梁高度为 60mm 的倍数，过梁宽度应同砖墙厚度相等，常用高度为：60mm、120mm、180mm、240mm，过梁长度为洞口宽度加 500mm，也就是每端伸入侧墙不小于 240mm。

过梁截面形式有矩形和 L 形，有时为了施工方便。提高装配式过梁的适用性，可采用组合式过梁。

为了简化构造，节约钢材水泥，常常将过梁与圈梁、门上的雨篷、窗上的窗眉板或遮阳板等结合起来设计。

4. 圈梁

圈梁是在房屋外墙和部分内墙中设置的连续而封闭的梁。圈梁的主要作用是增强房屋的整体刚度，减少地基不均匀沉降引起的墙体开裂，提高房屋的抗震能力。

圈梁的构造做法有两种：即钢筋混凝土圈梁和钢筋砖圈梁。钢筋混凝土圈梁的截面高度不小于 120mm，宽度可与砖墙厚度相同，寒冷地区可比墙厚略小一些，但不宜小于墙厚的 2/3。钢筋砖圈梁的高度一般为 4～6 皮砖，宽度与墙厚相同，用不低于 M5 级的砂浆砌筑。

当圈梁为门窗洞口切断而不能交圈时，应在洞口上部砌体中设置一道截面不小于圈梁的附加圈梁。附加圈梁的搭接长度 L 应不小于 $2h$，且不小于 1.0m（图 3-21）。

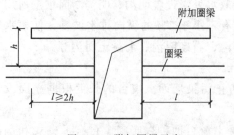

图 3-21 附加圈梁示意

三、隔墙与墙面装修

（一）隔墙

隔墙是用来分隔建筑物室内空间的非承重构件。它不承受任何外来荷载，其本身的重量由楼板或小梁承担。设计时应尽可能使其自重轻、厚度薄，并具有一定的隔声能力、为能灵活地分隔空间，隔墙应设计成易于拆装且不损坏其他构件的构造形式。对于有特殊要求的房间，隔墙防潮、防火等性能可视具体情况予以满足。常见的隔墙有块材砌筑隔墙、轻骨架隔墙和条板隔墙几种。

1. 砌筑隔墙

砌筑隔墙包括砖墙和砌块隔墙等。

砖隔墙有半砖隔墙和1/4隔墙之分，对于半砖墙，当采用M2.5级砂浆砌筑时，高度不宜超过4m，长度不宜超过6m，在构造上除砌筑时应与承重墙牢固搭接外，还应在墙身每隔1.2m高加2Φ6拉结钢筋予以加固。对1/4砖墙，高度不应超过3m，宜用M5级砂浆砌筑。一般多用于厨房与卫生间之间的隔墙，由于墙体较薄，除墙身必须加固外，一般不宜用于有门窗的部位。

砌块隔墙常采用粉煤灰硅酸盐、加气混凝土、混凝土或水泥煤碴空心砌块等砌筑。墙厚由砌块尺寸而定。一般为90～120mm。由于墙体稳定性较差，亦需对墙身进行加固处理通常把墙身竖向和横向配以钢筋。

2. 轻骨架隔墙

轻骨架隔墙有木筋骨架隔墙和轻钢骨架隔墙两类。

（1）木筋骨架隔墙。木筋骨架隔墙常见的有灰板条隔墙、装饰板隔墙和镶板隔墙等。由于它们自重轻、构造简单，故应用较广。隔墙构造包括骨架和饰面两部分。

木骨架由上槛、下槛、墙筋、斜撑或横挡等构成，墙筋靠上、下槛固定。上、下槛及墙筋截面为50mm×75mm或50mm×100mm。墙筋之间沿高度方向每隔1.2m左右设一道斜撑或横挡，其截面与墙筋相同，也可略小于墙筋。墙筋与横挡的间距视饰面材料而定，即要求与饰面材料规格相适应。通常取400～600mm。隔墙饰面是在木骨架上铺饰各种饰面材料，包括灰板条抹灰、装饰吸声板、钙塑板、纸面石膏板、水泥刨花板、水泥石膏板以及各种胶合板、纤维板等。

（2）轻钢骨架隔墙。轻钢骨架隔墙是在金属骨架外铺钉面板而制成的隔墙。骨架由各种形式的薄壁型铜加工而成。钢板厚0.6～1.0mm，经冷压成型为槽钢截面，其尺寸为100mm×50mm×（0.6～1.0）。骨架包括上槛、下槛、墙筋和横挡。

面板多为胶合板、纤维板、石膏板和石棉水泥板等难燃烧或不燃材料，面板借镀锌螺钉、自攻螺钉、膨胀铆钉或金属夹子固牢在骨架上。

3. 板材隔墙

板材隔墙是指采用各种轻质材料制成的各种预制薄型板材而安装成的隔墙。常见的板材有加气混凝土条板、石膏条板、碳化石灰板、石膏珍珠岩板以及各种复合板等。在固定、安装条板时，在板的下面用木楔将条板楔紧，而条板左右主要靠各种粘结砂浆或胶粘剂进行粘结；待安装完毕，再在表面上进行装修。

（二）隔断

隔断是指分隔室内空间的装饰构件。隔断的形式很多，常见的有屏风式隔断、漏空式隔断、玻璃隔断等。

1. 屏风式隔断

屏风式隔断通常是不隔到顶，使空间通透性强。隔断与顶棚保持一段距离，起到分隔空间和遮挡视线的作用。常用于办公室、餐厅、展览馆以及门诊部的诊室等公共建筑中。厕所、淋浴间等也多采用这种形式。隔断高一般为1050～1800mm。从构造上，屏风式隔断有固定式和活动式两种。固定式构造又可有立筋骨架式和预制板式之分。预制板式隔断借预埋铁件与周围墙体、地面固定。而立筋骨架式屏风隔断则与隔墙相似，它可在骨架两侧铺设面板，亦可镶嵌玻璃。玻璃可以是磨砂玻璃、彩色玻璃、棱花玻璃等。

2. 漏空式隔断

漏空花格式隔断是公共建筑门厅、客厅等处分隔空间常用的一种形式。有竹、木制的，也有混凝土预制构件的，形式多样。

隔断与地面、顶棚的固定也依材料不同而变化，可以钉、焊等方式连接。

3. 玻璃隔断

玻璃隔断有玻璃砖隔断和空透式隔断两种。玻璃砖隔断系采用玻璃砖砌筑而成。既分隔空间，又透光。常用于公共建筑的接待室、会议室等处。玻璃砖有凹形和空心两类。凹形玻璃砖规格为 220mm×220mm×50mm、203mm×203mm×50mm、148mm×148mm×42mm；空心玻璃砖的规格为 220mm×220mm×90mm、200mm×200mm×90mm。玻璃砖的侧面有三角形斜槽，以便砌筑时嵌入砂浆。当砌筑面积较大时，在拼接的纵向斜槽内均拉结通长钢筋，以增加墙身稳定性。其钢筋必须与隔断周围的墙或柱连接在一起。

（三）墙面装修

墙面装修包括外墙面装修和内墙面装修两大类型。

外墙面装修的作用主要是保护墙体不受外界的影响，弥补和改善墙体在功能方面的不足，提高墙体防潮、防风化、保温、隔热以及耐大气污染能力。使之坚固耐久延长使用寿命，同时通过饰面的质感、线型及色彩以增强建筑物的艺术效果。内墙面装修的主要作用在于保护墙体，改善室内卫生条件，提高墙身的保温、隔热和隔声性能以及房间的采光效率，且增加室内美观。对于一些有特殊要求的房间如浴厕、实验室等，还应根据其需要，选用不同的饰面材料来满足防潮、防水、防尘、防腐蚀、防辐射等方面的要求。

由于材料和施工方式的不同，常见的墙面装修可分为抹灰类、贴面类、涂料类、裱糊类和铺钉类等五类，见表3-4所示。另外，随着国民经济和建筑事业的发展，对建筑装饰工程的要求越来越高，一些特种装饰已逐渐被人们所接受，如玻璃幕墙。在这里，我们对墙面装修也要做一些介绍。

墙面装修分类　　　　　　　　　　　　　　　表 3-4

类　　别	外墙面装修	内墙面装修
抹灰类	水泥砂浆、混合砂浆、聚合物水泥砂浆、拉毛、水刷石、干粘石、斩假石、拉假石、假面砖、喷涂、滚涂等	纸筋灰、麻刀灰粉面、石膏粉面、膨胀珍珠岩灰浆、混合砂浆、拉毛、拉条
贴面类	外墙面砖、陶瓷锦砖（马赛克）、玻璃锦砖、人造水磨石板、天然石板等	釉面砖、人造石板、天然石板等
涂料类	石灰浆、水泥浆、溶剂型涂料、乳液涂料、彩色胶砂涂料、彩色弹涂等	大白浆、石灰浆、油漆、乳胶漆、水溶性涂料、彩色弹涂等
裱糊类		塑料墙纸、金属面墙纸、木纹壁纸、花纹玻璃纤维布、纺织面墙纸及锦缎等
铺钉类	各种金属饰面板、石棉水泥板、玻璃等	各种木夹板、木纤维板、石膏板及各种装饰面板等

1. 抹灰类墙面装修

抹灰又称粉刷，是由水泥、石灰膏等胶结材料加入砂或石渣，再与水拌和成砂浆或石渣浆抹到墙面上的一种操作工艺。属湿作业范畴，是一种传统的墙面装修。

墙面抹灰有一定的厚度，外墙一般为 20～
25mm；内墙为 15～20mm。为保证抹灰牢固，平
整，颜色均匀和面层不开裂、脱落，施工时须分层
操作，且每层不宜抹得太厚。常见外墙抹灰分三层
（图 3-22），即底层（又叫刮糙）、中层和面层（又叫
罩面）。底层主要起粘结和初步找平作用；中层主要
起进一步找平作用；面层的主要作用使表面光洁、
美观，以取得良好的装饰效果。抹灰按质量要求有
三种标准，即：

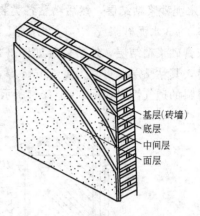

基层(砖墙)
底层
中间层
面层

图 3-22　外墙抹灰的分层构造

普通抹灰：一层底灰，一层面灰。中级抹灰：
一层底灰，一层中灰，一层面灰。高级抹灰：一层
底灰，数层中灰，一层面灰。

根据面层材料的不同，常见的抹灰装修构造，包括分层厚度、用料比例以及适用范
围，见表 3-5 所示。

常用抹灰做法举例（mm）　　　　　　　　　　　表 3-5

抹灰名称	构造及材料配合比	适用范围
纸筋(麻刀)灰	12～17 厚 1:2～1:2.5 石灰砂浆(加草筋)打底，2～3 厚纸筋(麻刀)灰粉面	普通内墙抹灰
混合砂浆	12～15 厚 1:1:6 水泥、石灰膏、砂、混合砂浆打底，5～10 厚 1:1:6 水泥、石灰膏、砂、混合砂浆粉面	外墙、内墙均可
水泥砂浆	15 厚 1:3 水泥砂浆打底 10 厚 1:2～1:2.5 水泥砂浆粉面	多用于外墙或内墙受潮侵蚀部位
水刷石	15 厚水泥砂浆打底 10 厚 1:1.2～1.4 水泥石渣抹面后水刷	用于外墙
干粘石	10～12 厚 1:3 水泥砂浆打底，7～8 厚 1:0.5:2 加 5%108 胶得混合砂浆粘结层，3～5 厚彩色石渣面层(用喷或甩得方式进行)	用于外墙
斩假石	15 厚 1:3 水泥砂浆打底，刷素水泥一道，8～10 厚水泥石渣粉面，用剁斧斩去表面层水泥浆或石尖部分使其显出凿纹	用于外墙或局部内墙
水磨石	15 厚 1:3 水泥砂浆打底，10 厚 1:1.5 水泥石渣粉面、磨光、打腊	多用于室内潮湿部位

2. 贴面类墙面装修

贴面类装修主要指采用各种人造板和天然石板粘贴于墙面的一种饰面装修。常见的贴
面材料有陶瓷砖、陶瓷锦砖及玻璃钢砖等制品；水刷石、水磨石等预制板以及花岗石、大
理石等天然石板。其中质感细腻的瓷砖、大理石板等常用作室内装修；而质感粗放的外墙
面砖、花岗石板等多用于室外装修。现以瓷砖和面砖贴面构造为例说明。

瓷砖是一种表面挂釉的薄板状的精瓷制品，俗称瓷片。釉面有白色和其他各种颜色，
也有各种花纹图案的。多用于内墙面装修。

面砖有釉面砖（俗称彩釉砖）和无釉面砖两种。彩釉面砖色彩艳丽，装饰性强，有
白、棕、咖啡、黑、天蓝、绿和黄等颜色。无釉砖有棕色、天蓝色、绿色和黄色。

面砖作为外墙面装修，其构造多采用 10～15mm 厚 1:3 水泥砂浆打底，5mm 厚 1：

3 水泥砂浆粘结层，然后粘贴各类装饰材料。作为内墙面装修，其构造多采用 10～15mm 厚 1∶3 水泥砂浆或 1∶3∶9 水泥、石灰膏、砂浆打底，8～10mm 厚 1∶0.3∶3 水泥、石灰膏砂浆粘结层，外贴瓷砖如图 3-23 (a) 所示，如果粘结层内掺入 10% 以下的 108 胶时，其粘贴层厚可减为 2～3mm 厚，在外墙面砖之间粘贴时留出约 13mm 缝隙，以增加材料的透气性，如图 3-23 (b) 所示。

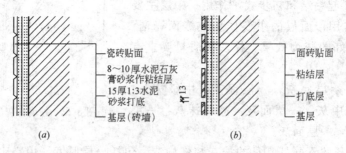

图 3-23　瓷砖、面砖贴砖
(a) 瓷砖贴面；(b) 面砖贴面

3. 涂料类墙面装修

涂料是指涂敷于物体表面后能与基层有很好粘结，从而形成完整牢固的保护膜的面层物质。这种物质对被涂物体有保护、装饰作用。

涂料按其主要成分的不同，可分为无机涂料和有机涂料两大类。

无机涂料包括石灰浆涂料、大白浆涂料（又称胶白）等。随着高分子材料在建筑上的广泛应用，近年来无机高分子涂料也在不断发展，常见的有用 JH80-1 型、JH80-2 型无机高分子涂料以及 JHN841 型、F832 型、LH-82、HTI 型等建筑涂料。有机涂料依其主要成膜物质和稀释剂的不同可分为溶剂型涂料（如外墙涂料）、水溶性涂料（如 106 内墙涂料）和乳胶涂料（如氯—偏乳胶涂料）三种类型。

此外，利用合成树脂乳液为胶粘剂，加入填料、颜料以及骨料等配制而成的彩色胶砂涂料，是近年来发展的一种外墙饰面材料，用以取代水刷石、干粘石之类的装修。

墙面涂料装修多以抹灰为基层，在其表面进行涂饰。内墙基层有纸筋灰粉面和混合砂浆抹面两种；墙基层主要是混合砂浆抹面和水泥砂浆抹面两种。涂料涂饰可分为粉刷和喷涂两类。使用时应根据涂料的特点以及装修要求不同予以考虑。

4. 裱糊类墙面装修

裱糊类装修是将各种装饰性的墙纸、墙布、织锦等卷材类的装饰材料裱糊在墙面上的一种装修饰面。目前国内使用最广的有塑料墙纸、玻璃纤维花纹布等。

(1) PVC（聚氯乙烯）塑料墙纸。塑料墙纸又称壁纸，由面层和衬底层所组成。面层和底层可以剥离，面层以聚氯乙烯塑料薄膜或发泡塑料为原料，经配色、喷花等工序与衬底复合制成。

墙纸的衬底层大体分纸底与布底两类，纸底成型简单，价格低廉，但抗拉性能较差；布底则具有较好的抗拉能力，较适宜于可能出现微小裂隙的基层上，在受到撞击时不易破损，但其价格较高。

(2) 纺织物面墙纸与墙布。常用的纺织物类墙纸有复合墙纸和无衬底的玻璃纤维墙布。

墙纸的裱贴主要是在抹灰基层上进行的。因而要求基底平整、致密，对不平的基层需用腻子刮平。墙纸一般采用108胶与羟甲基纤维素配制的胶粘剂来粘贴。亦有采用8504的和8505粉末墙纸胶的。而粘贴玻璃纤维布可采用801墙布粘合剂，它属于醋酸乙烯树脂类胶粘剂，系配套专用产品。在粘贴具有对花要求墙纸时，在裁剪尺寸上，其长度需放出100～150mm，以适应对花粘贴的要求。

5. 钉铺类墙面装修

钉铺类装修亦称镶板类装修，是指采用各种人造薄板或金属薄板借助镶钉对墙面进行的装饰处理，可节省劳动力，提高施工工效。

6. 玻璃幕墙

玻璃幕墙是一种现代的建筑墙体装饰方法，它轻巧、晶莹，具有透射和反射性质，可以创造出明亮的室内光环境，内外空间交融的效果，还可反映出周围各种动和静的物体形态，具有十分诱人的魅力，它同时还承担着墙体的功能。玻璃幕墙从大的方面说包括两部分，一是饰面的玻璃，二是固定玻璃的框架。目前用于玻璃幕墙的玻璃，主要有热反射玻璃（俗称镜面玻璃）、吸热玻璃（亦称染色玻璃）、双层中空玻璃及夹层玻璃等品种。另外，各种无色或着色的浮法玻璃也常被采用。玻璃幕墙的框架多采用经特殊挤压成型工艺而制成的各种铝合金型材以及用于连接与固定的各种规格的连接件和紧固件，如图3-24所示。

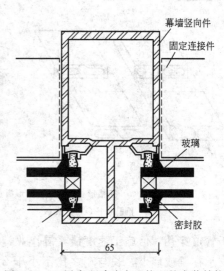

图3-24 双层中空玻璃在立柱上的安装结构

幕墙装配时，先把骨架通过连接件安装在主体结构上，然后将玻璃镶嵌在骨架的凹槽内，周边缝隙用密封材料处理。为排除因密封不严而流入槽内的雨水，骨架横档支承玻璃的部位做成倾斜状，外侧用一条铝合金盖板封住。下面介绍几种常见的幕墙结构类型。

（1）型钢框架体系。这种结构体系是以型钢做幕墙的骨架，将铝合金框与骨架固定，然后再将玻璃镶嵌在铝合金框内；但也可不用铝合金框，而完全用型钢组成玻璃幕墙的框架，如以钢窗料为框架做成的幕墙即属此类。

（2）铝合金型材框架体系。这种结构体系是以特殊截面的铝合金型材作为玻璃幕墙的框架，玻璃镶嵌在框架的凹槽内。

（3）不露骨架结构体系。这种结构体系是玻璃直接与骨架连接，外面不露骨架。这种类型的幕墙，最大特点在于立面既不见骨架，也不见窗框。因此，在造价方面占有优势，这种结构将是幕墙结构形式的一个发展方向。

（4）有骨架的玻璃幕墙体系。这种体系，玻璃本身既是饰面构件，又是承重构件。所使用的玻璃，多为钢化玻璃和夹层钢化玻璃。

第四节 楼板层与首层地面

楼板层和首层地面都是分隔建筑空间的水平承重构件。

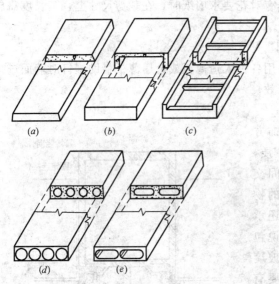

图 3-25 预制板的类型

(a) 实心板；(b) 正槽形板；(c) 反槽形板；

(d) 圆孔板；(e) 方孔板

一、楼板层

楼板层又称楼层、楼盖。它是由面层、结构层和顶棚层三部分组成的。楼板层具有足够的强度、刚度和一定的隔声能力。另外还具有经济、防火的要求。

楼板层按材料的来源划分为木楼层、砖拱楼层、钢楼层和钢筋混凝土楼层。我们主要介绍钢筋混凝土楼层。

（一）钢筋混凝土楼层

钢筋混凝土楼层具有强度大、刚度好，既防火又耐久，也有利于工业化生产。按其施工方法不同分为：现浇整体式、预制装配式和装配整体式三种类型。

1. 现浇整体式钢筋混凝土楼板

这种楼板在施工现场进行，经过支模→绑扎钢筋→浇筑混凝土→养护→拆模等过程。它的特点是：整体性好，有

利于管道穿孔，但施工速度慢，湿作业，受气候条件的影响。从受力类型分单向板（四边均支承在梁或墙上，长与宽之比不小于 2，受载时短边为 7/8，长边为 1/8，故长边受力不计，由短边承担，称为单向板）、双向板（四边支承，长与宽之比小于 2，受荷后，受力向两边传递，故称双向板）、悬挑板（多用于阳台、阴台和雨罩部位，采用钢筋混凝土材料，其悬挑长度一般为 1～1.5m 左右）。

从结构形式分板式楼板、梁板式楼板和无梁楼盖之分。

（1）板式楼板。在墙体承重建筑中，当房间尺寸较小，楼板上的荷载直接靠楼板传给墙体，这种楼板称板式楼板。它多用于跨度较小的房间或走廊（如居住建筑中的厨房，卫生间及公共建筑的走廊）。

（2）梁板式楼板。当房间跨度较大，为使楼板结构的受力与传力更加合理，常在楼板下设梁，以减小板的跨度，使荷载传递过程为：板→次梁→主梁→墙（柱）→基础。这样的楼板结构称梁板式楼板（图 3-26）。

梁板式楼板常用的经济尺寸如下：

主梁跨度一般为 5～8m，主梁高是跨度的 1/14～1/8，主梁宽与高之比为 1/3～1/2；次梁跨度正好是主梁的间距，一般为 4～6m，次梁高是次梁跨度的

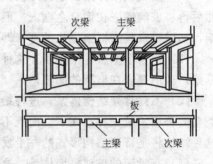

图 3-26 梁板式楼板

1/18～1/12，次梁宽与高之比为 1/3～1/2；板的跨度即为次梁的间距，一般为 1.7～2.5m，板厚不应小于 60mm，荷载大时应相应增加板的厚度。

（3）"井"字梁楼板。"井"字梁楼板是肋梁的一种特殊形式，其特点是两个方向的梁等截面、等间距、且同位相交。一般应用于方形或近于方形的平面形状的地方（图 3-27）。

（4）无梁楼板。无梁楼板是将楼板直接支承在柱子和墙上的楼板（图 3-28）。为了增大柱的支承面积和减小板的跨度，须在柱的顶部设柱帽和托板。无梁楼板多用于楼板上荷载较大的商店、仓库、展览馆等建筑中。

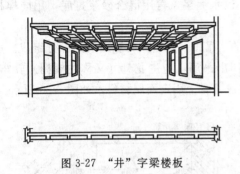

图 3-27 "井"字梁楼板　　　　　　　　图 3-28 无梁楼板

（5）压型钢板组合楼板。压型钢板组合楼板实质上是一种钢与混凝土组合的楼板。系利用压型钢板作组合楼板（简称钢衬板）与现浇混凝土浇筑在一起，搁置在钢梁上构成整体型的楼板支承结构。适用于有较大空间的高、多层民用建筑及大跨度工业厂房中。压型钢板两面镀锌，冷压成梯形截面。截面的翼缘和腹板常压成肋形或肢形，来加劲以提高与混凝土的粘结力并保证其共同工作。

钢衬板有单层钢衬板和双层孔格式钢衬板之分。

2. 预制装配式钢筋混凝土楼板

预制钢筋混凝土楼板是把楼板分成若干构件，在预制厂或施工现场预先制作，然后有骨架的玻璃幕墙体系在施工现场进行安装。这样可以节约模板，改善制作时的施工条件，加快施工速度，但整体性差。

预制构件分为预应力和非预应力两种。采用预应力构件，推迟了裂缝的出现和限制裂缝的开展，从而提高了构件的抗裂度和刚度。与非预应力构件比较，可省钢材和混凝土，降低造价。

预制装配式混凝土楼板安装时，要注意以下情况。

（1）楼板的两端搁置在墙和梁上，搭接长度应大于 75mm，为避免支座处板端被压坏，应将预应力短向圆孔板的端头孔内添满混凝土。

（2）预制混凝土楼板在梁上搭接一般采用花篮梁为好，可提高净空高度。

（3）预制混凝土楼板的排板，当最后排板不足一块板的缝隙时应采取以下处理办法。当缝差在 60mm 以内，应调整板缝宽度；当缝差在 60～120mm 时，用砖出挑；当缝差在 120～200mm 时，用局部增加现浇混凝土的办法处理；当缝差大于 200mm 时，应重新选择混凝土楼板种类。

3. 装配整体式钢筋混凝土楼板

这种楼板，是将楼板的部分构件预制好，然后运到现场安装后，再以整体浇筑其余部分的办法连接而成的楼板。它的特点是整体性强，隔声性能好，节约模板等。

（二）顶棚层

顶棚层又称棚顶或天花板，是室内饰面之一。作为顶棚则要求表面光洁、美观。且能起反射作用，以改善室内亮度。对某些特殊要求的房间，还要求顶棚具有隔声、保湿、隔热等方面的功能。

顶棚层的做法，按照房间使用的要求不同分板下直接抹灰和吊顶棚两种。

板下直接抹灰顶棚，就是在钢筋混凝土楼板地面下抹灰或喷涂或贴面，如图 3-29 所示。具体做法是在钢筋混凝土楼板底面下先刷一道水泥浆，再用混合砂浆打底，用同样材料或纸筋灰抹面。这种顶棚做法简单、造价低。

吊顶棚就是重量全部由屋顶或楼板结构支承的。吊顶一般由龙骨和面层两部分组成。吊顶棚的构造做法是：在楼板下（或屋顶结构层）伸出吊筋，与主龙骨（又称主搁栅）扎牢，然后在主龙骨上固定次龙骨（又称次搁栅），再在次龙骨上固定面层材料，如图 3-30 所示。

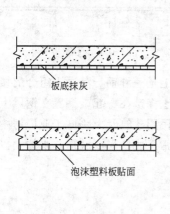

图 3-29　直接抹灰顶棚

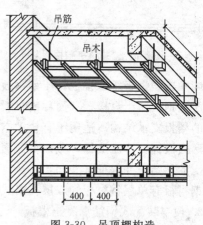

图 3-30　吊顶棚构造

二、首层地面

首层地面是建筑物底层的地坪，它承受着上面的荷载并传给地基。

1. 地面的组成

常见的地面由基层、结构层、垫层和面层组成，对有特殊要求的地坪，常在面层和结构层之间填设一些附加层。如图 3-31 所示。

地面的名称是以组成面层的材料而命名的。如面层为水泥砂浆则称水泥砂浆地面；面层为水磨石则称水磨石地面等。

2. 常用地面构造

常按施工方式不同，将地面分为以下几类。

（1）整体类地面。包括水泥砂浆地面，细石混凝土地面和水磨石地面等。

1）水泥砂浆地面和细石混凝土地面。水泥砂浆地面简称水泥地面，它坚固耐磨，防潮，防水，构造简单，施工方便，而且造价低廉，是目前最普遍的一种低档地面（图 3-31）。水泥砂浆地面有单层和双层做法。单层做法的构造是在结构层上抹水泥砂浆结合层一道，再抹 15～20mm 厚 1：3 水泥砂浆打底，找平，再以 5～10mm 厚 1：2 或 1：1.5 的水泥砂浆抹面。当前以双层做法居多。细石混凝土地面是在结构层上浇 30mm 细石混凝

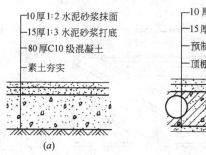
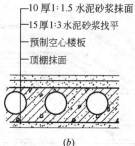

图 3-31 水泥砂浆地面

（*a*）底层地面；（*b*）楼板层地面

土，浇好后随即用木板拍浆，待水泥浆淤到表面时，撒少量干水泥，最后用铁抹子赶光压平。它的优点是经济、不起砂，而且强度高，整体性好。

2）水磨石地面。水磨石地面又称磨石子地面，是分层制作的。它的构造是：底层用 10～15mm 厚 1：3 水泥砂浆打底，面层用 1：1.5～1：2 水泥、石渣粉面，操作时，先把找平层做好，然后在找平层上按设计的图案嵌固玻璃分格条（可用铜条或铝条），玻璃条高 10mm，用 1：1 水泥砂浆嵌固（图 3-32）。当玻璃条嵌好后，便将拌好的水泥石渣浆浇入，然后再均匀撒上一层石渣（颜色鲜艳的，棱角分明的），并用滚筒压实。待养护满足强度后，用打磨机磨光。一般磨三遍，并用草酸水溶液擦洗，最后打蜡保护。

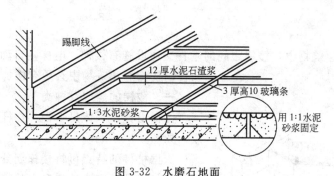

图 3-32 水磨石地面

（2）块材类地面。凡利用各种人造的或天然的预制块材，板材镶铺在基层上的地面称块材地面。包括普通黏土砖、大阶砖、水泥花砖、缸砖、陶瓷地砖、陶瓷锦砖、人造石板、天然石板以及木地面，木地面构造如图 3-33 所示。

（3）卷材类地面

卷材类地面主要是粘贴各种卷材、半硬质块材的地面。常见的有塑料地面、橡胶毯地面以及无纺织地毯地面等。

（4）涂料类地面

涂料类地面是水泥砂浆或混凝土地面的表面处理形式。它对解决水泥地面易起灰和美观的问题起了重要作用。常见的涂料有水乳型、水溶型和溶剂型三种。

3. 踢脚板构造

地面与墙面交接处的重要部位，在结构上，通常按地面的延伸部分来处理，这一部分被称为踢脚线，也称踢脚板。它的作用是保护墙面，防止机械性碰撞而损坏或在清洗地面

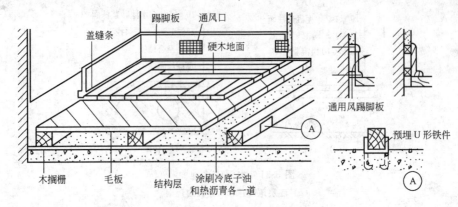

图 3-33 木地面的构造

时，脏污墙面。踢脚板的材料一般与地面面层相同，踢脚板的高度为 100～200mm。

三、楼板层与管道

上下水管道穿过钢筋混凝土楼板时，以现浇板上预留空洞最为方便，若穿过预制板时，空洞位置应避开板肋，或在管道穿过处做局部现浇板。

管道水平布置在楼板底下时，应排列整齐，贴近板或梁，以节约空间增加室内净空高度。必要时管道可穿梁而过，但管径不能过大。管道穿梁位置以靠近梁断面的中和轴为宜。

第五节 楼 梯

两层以上的建筑物中，楼层之间的垂直交通设施有楼梯，电梯，自动扶梯等。有电梯和自动扶梯的建筑物中必须有楼梯。

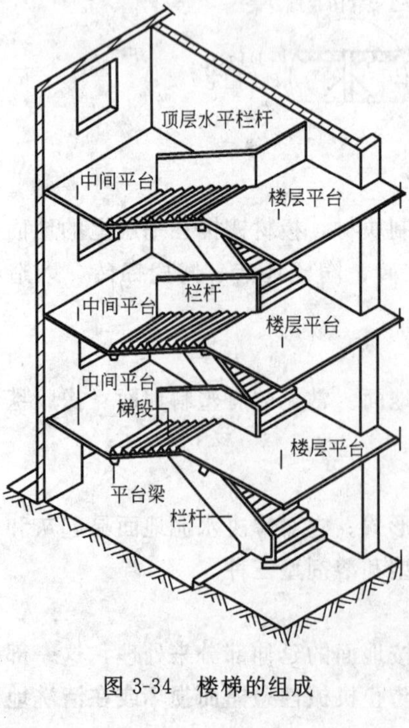

一、楼梯的组成及种类

楼梯由梯段、休息平台、栏杆和扶手三部分组成，如图 3-34 所示。

依据楼梯的特点可将楼梯划分以下种类。

按位置分：室内楼梯和室外楼梯。

按使用性质分：主要楼梯、辅助楼梯和防火楼梯。

按材料分：木楼梯、钢筋混凝土楼梯和钢楼梯。

按数量及形式不同分：单跑、双跑、三跑、螺旋、弧形和剪刀形等楼梯，如图 3-35 所示。

二、楼梯的一般尺寸

（一）楼梯段的宽度和休息平台宽度

1. 梯宽

梯宽指楼梯间墙表面至楼梯扶手的内侧或两扶手的水平距离，如图 3-36 所示。

2. 平台

图 3-34 楼梯的组成

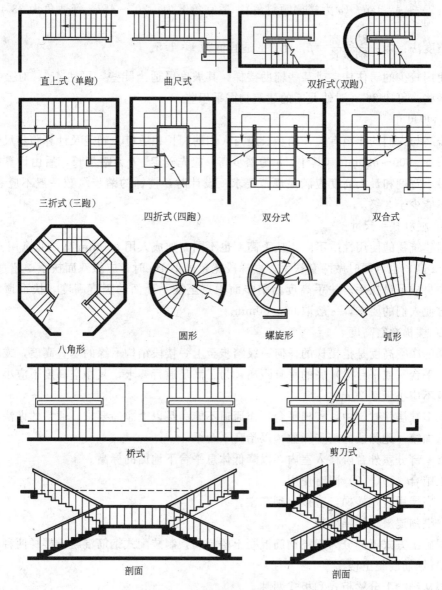

直上式（单跑）　　　曲尺式　　　双折式（双跑）

三折式（三跑）

四折式（四跑）　　双分式　　双合式

八角形　　　圆形　　螺旋形　　弧形

桥式　　　剪刀式

剖面　　　剖面

图 3-35　楼梯的形式

平台是联系两个倾斜梯段之间的水平构件，其主要作用是供人行走时缓冲疲劳和转换梯段方向。标高与楼层标高相同者，称楼层平台。反之称中间平台。平台的宽度一般应大于或等于梯段的净宽度。

（二）楼梯的坡度和踏步尺寸

1. 楼梯的坡度

楼梯的坡度应根据建筑物的使用性质和层高来确定。一般有两种表示方法，一种是角度

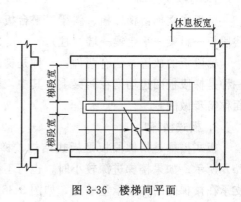

图 3-36　楼梯间平面

61

法：即 $\dfrac{踏步高}{踏步长} = \tan\alpha$ （α 为楼梯倾斜角）。适宜角度为：$20° \sim 45°$，舒适角为 $33°42'$；另

一种是坡度法：即 $\dfrac{踏步高}{踏步长} = \beta$，此 β 的适宜值为 $1:1.5$。

对使用较少的居住住宅或某些辅助楼梯，其坡度可适当陡些，可达 $45°$；对公共建筑适当平缓些，可达 $26°$；对幼儿园的建筑物需平坦些。

2. 踏步尺寸

踏步高与人们的步距有关，踏步长应与人们的脚长相适应。确定及计算踏步尺寸的经验是 $2h+b = 600 \sim 620$mm（其中：h 为踏步高，应先确定。b 为踏步长，后由计算得出），它们的最小宽度和最大高度应满足规范要求。设计时，楼梯的踏步级数一般不应超过 18 级，也不能少于 3 级。

（三）栏杆扶手尺寸

根据建筑物的使用性质不同，扶手高度也不同。如成人用 900mm 高，儿童用 600mm 或 700mm 高，也可同时做两套扶手。楼梯段宽超过 1.4m 时，应做双面扶手，超过 2.4m 时，则中央应另设扶手。扶手高度为踏步面中点至扶手顶面的竖直高度。扶手顶面的宽度，为方便人们的要求，一般取 $60 \sim 80$mm。

（四）楼梯净空高度

楼梯的净空高度是指楼梯的任何一级踏步至上一楼段结构下缘的垂直高度，或底层地面至底层平台（或平台梁）底的垂直距离。为了满足通行要求，其净空高度不应小于 2m，公共建筑不应小于 2.20m。

在大多数居住建筑中，楼梯平台下作通道不能满足以上净高要求。通常的做法是：

（1）加第一跑梯段的踏步级数，以抬高平台梁。

（2）一部分室外台阶移入室内，以降低休息平台下地面的标高。

（3）结合（1）、（2）同时使用。

（4）底层用直跑楼梯，直接上到二楼。

三、钢筋混凝土楼梯构造

根据施工方式不同分为现浇钢筋混凝土楼梯和预制装配式钢筋混凝土楼梯两种。

（一）钢筋混凝土楼梯

一般从结构上分梁板式和板式两种。

1. 梁板式楼梯

梁板式楼梯由梯段板、斜梁、平台板和平台梁组成，如图 3-37 所示。载荷传递过程：楼段板→斜梁→平台梁→墙（柱）。

梯段板的放置方法有两种：一种是梯段板靠墙一边可搭在墙上，靠墙的重量支承。另一种是梯段板两边均搭在斜梁上。其中，斜梁在梯段板下面称明步做法，斜梁在梯段板上面称暗步做法。

2. 板式楼梯

板式楼梯是指梯段板是板式结构，梯段板上、下两端均支承在平台梁上，如图 3-38 (a) 所示。如果楼梯进深较小时，也可不设平台梁，将梯段板与休息平台连成一块整板，支承在楼梯间的纵向承重墙上，如图 3-38 (b) 所示。

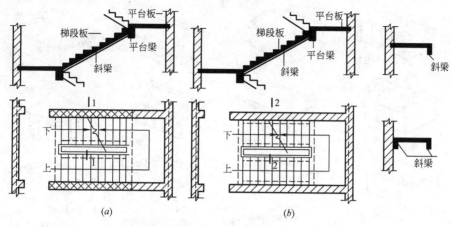

图 3-37　双跑梁板式楼梯

(a) 单斜梁；(b) 双斜梁

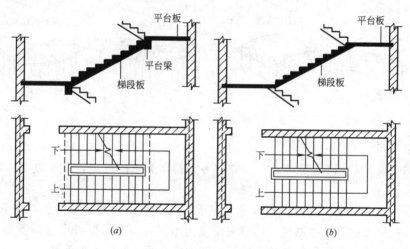

图 3-38　双跑板式楼梯

（二）装配式钢筋混凝土楼梯

这种楼梯的构造形式很多，按构造尺寸大小分小型、中型和大型钢筋混凝土楼梯。我们在施工中选用哪一种构造形式，主要根据构件生产、运输、吊装设备能力等条件决定。

第六节　屋　顶

屋顶是房屋最上层覆盖的外围护结构，其主要作用是用以抵御自然界的风霜雨雪以及太阳辐射、气温变化和其他外界的不利因素，以使屋顶覆盖下的空间达到使用要求。因此，屋顶在设计时应满足：防水、保温、隔热、美观、承重和防火等要求。

一、屋顶的类型

屋顶的类型很多，常见的有平屋顶、坡屋顶和其他形式的屋顶，如图3-39所示。

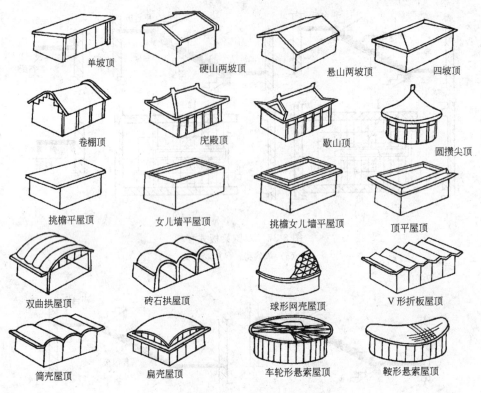

单坡顶　　　　硬山两坡顶　　　　悬山两坡顶　　　四坡顶

卷棚顶　　　　庑殿顶　　　　　歇山顶　　　　　圆攒尖顶

挑檐平屋顶　　女儿墙平屋顶　　挑檐女儿墙平屋顶　顶平屋顶

双曲拱屋顶　　砖石拱屋顶　　　球形网壳屋顶　　V形折板屋顶

筒壳屋顶　　　扁壳屋顶　　　　车轮形悬索屋顶　　鞍形悬索屋顶

图 3-39　屋顶形式

二、平屋顶

所谓的平屋顶，并不是水平的，而是有一定排水要求的坡度，通常坡度 $i \leqslant 10\%$ 的屋顶称平屋顶。

平屋顶主要由承重层、面层和顶棚层组成。承重层是承受屋顶荷载并将其传递给墙（柱），应具有足够的强度和刚度。面层主要是防水层，根据需要可设置保温层、隔热层、隔汽层、保护层等。顶棚层的构造在楼板一节中已介绍，在此不再重复。

（一）平屋顶的排水

1. 屋面坡度的形成

要屋面排水通畅，应选择合适的屋面坡度。从排水角度考虑，要求排水坡度越大越好，但从结构上和使用要求上考虑，又要求坡度越小越好。一般根据经验，上人屋面采用 1%～2% 的坡度，不上人屋面采用 2%～3% 的坡度。

平屋顶坡度的形成分为材料找坡和结构找坡两种形式。所谓材料找坡就是在水平的屋面板上，利用材料厚薄不同形成一定坡度。找坡材料大多用炉渣等轻质材料加水泥或石灰形成，一般设在承重屋面板与防水层或保温层之间。所谓结构找坡就是把支承屋面板的墙或梁做成一定的坡度，屋面板铺设在其上后形成了相应的坡度。结构找坡省工省料，较为经济，适用于平面形状较为简单的建筑物。

2. 排水方式的选择

屋顶排水方式可分为无组织排水和有组织排水两大类。

（1）无组织排水。无组织排水又称自由落水，是屋面雨水自由落到地面，这种做法简单、经济。一般适用于低层和雨水较少的地区。

(2) 有组织排水。有组织排水是将屋面划分为若干排水区，按一定要求把屋面雨水有组织地排到檐沟或雨水口，通过雨水管排泄到散水或阴沟中，再经过排水系统流到洪渠（洪沟），如图 3-40 所示。

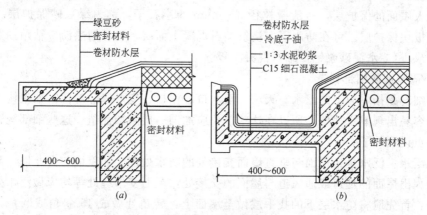

图 3-40　屋顶排水

(a) 无组织排水的檐沟的构造；(b) 有组织排水的外挑檐沟的构造

有组织排水视使用性质决定，又分外排水和内排水两种。一般民用建筑采用外排水。大型公共建筑或多跨工业厂房等采用内排水。

雨水口的最大间距：檐沟外排水 24m，女儿墙外排水 18m；雨水管径常用 100mm。

（二）卷材防水屋面

卷材防水屋面就是将柔性的防水材料等用胶结材料粘贴在屋面上，这种防水层具有一定的延性，有利于直接暴露于大气环境中，通常称柔性防水屋面。

我国过去一直沿用沥青、油毡作屋面防水材料，这种防水屋面的优点是造价低，有一定的防水能力，但须热施工、污染环境、低温脆裂、高温流淌、维护时间短和易伤人等不足。如今，随着科学技术的发展，已出现了一批新的卷材或片材防水材料，如三元乙丙橡胶、氯化聚乙烯、聚氯乙烯等混合高分子化合物。它们的优点是冷加工、弹性好、寿命长，不足是价格高，是推广应用材料。

1. 沥青油毡防水屋面

其构造是在屋面板上做水泥砂浆找平层，再在其上刷一道冷底子油或两道热沥青。目的是使油毡与水泥砂浆紧密粘结，最后在上面做油毡防水层。为防止油毡直接暴露在外，一般在其油毡防水层上洒上绿豆砂（小石豆）或块材作为保护层。

(1) 油毡防水层。油毡防水屋面由油毡和沥青胶交替粘合而成，即刷一道热沥青粘贴一层油毡，沥青胶满浇在油毡的上下，它既是粘结层，又起防水作用。两者紧密胶合形成不渗漏的整体防水屋面。油毡防水屋面一般采用二层油毡和三层沥青胶，简称二毡三油。重要部位或寒冷地区须三毡四油。

油毡的铺设方法与屋面坡度有关，一般可由檐口到屋脊一层层向上平行于屋脊铺设；当屋面坡度较大时，油毡可由屋脊到檐口垂直于屋脊铺设。

(2) 找平层。油毡防水层要求铺设在平整的基层面上，否则油毡会断裂。当屋面板表面不平时，即应设找平层。找平层一般用 1：3 水泥砂浆，厚度为 15～20mm。

（3）结合层。热沥青和水泥砂浆找平层是不同材质的两种材料。为了使两者更牢固地结合，须涂一层既能和沥青胶结合又容易渗入水泥砂浆的冷底子油。所谓冷底子油即为用柴油或汽油稀释的沥青溶液。

（4）保护层。保护层是为了延长油毡防水层的使用期限而设置的。

不上人屋面的保护层，一般撒粒径 3～6mm 的小石子，称为绿豆砂保护层。上人屋面一般做板块保护层。可在防水层上浇筑细石混凝土面层，也可用热沥青粘贴预制细石混凝土板，或 1∶3 水泥砂浆铺贴细石混凝土板。

2. 油毡屋面的细部构造

屋面细部是指屋面上的泛水、天沟、雨水口、檐口、变形缝等部位。如果构造上处理不当就很容易出现漏水现象，所以在这些部位应加铺一层附加油毡。这些细部构造的做法和构造要点说明如下：

（1）泛水。泛水是指屋面与垂直墙面交接处的防水处理，如屋面与女儿墙、高低屋面间的立墙、出屋面的烟道或通风道与屋面的交接处，屋面变形缝处等均应做泛水处理。其方法如下：首先应将防水层下的找平层做至墙面上，转角处做成 45°斜角或圆角，使屋面油毡铺至垂直墙面上时能够贴实，且在转折处不易折裂或折断，油毡卷起高度（也称泛水高度）不少于 250mm，以免屋面积水超过油毡而造成渗漏。最后，在垂直墙面上应把油毡上口压住，防止油毡张口，造成渗漏。其做法见图 3-41 所示。

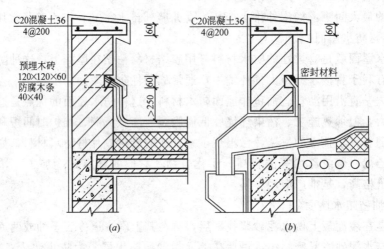

图 3-41　泛水构造

（2）檐口。卷材防水屋面的檐口，包括自由落水檐口、挑檐沟檐口、女儿墙内檐沟檐口和女儿墙外檐沟檐口等类型。

在自由落水檐口中，为了使屋面雨水能迅速排除，在距檐口 0.2～0.5m 范围内的屋面坡度不宜小于 15%。当檐口出挑较小时，可用砖叠砌挑出，当檐口出挑较大时，常采用现浇或预制的钢筋混凝土挑檐板挑出。预制的挑檐板应锚固在墙里或与屋面板焊接在一起。檐口处要做滴水线，并用 1∶3 水泥砂浆抹面。卷材收头处用沥青胶结材料压住。

（3）雨水口。有钢丝罩、铸铁盖雨水口和侧向雨水口之分。前者用于檐沟内，后者用于女儿墙根部。雨水口处应加铺油毡一层，连同防水层一并塞入承水管内（图 3-42）。雨水口周围坡度一般为 2%～3%，当屋面有找坡层或保温层时，可在雨水口周围直径 500mm 范围内减薄，形成漏斗形，以防有水造成渗漏。

3. 橡塑卷材防水屋面

橡塑卷材具有防水性好、有弹性、延伸率高、抗裂性强，适用温度范围广，一般为 30°～85°均可，耐老化、抗腐蚀、施工方便等特点，是一种理想的新型防水材料。它与油毡防水相比较，虽然一次性投资略高，但综合经济效益却大大优于油毡防水。因此，目前应用广泛。橡塑卷材防水做法与油毡防水大体相同，首先在基层上用 1：2.5～1：3 水泥砂浆找平，找平层厚度 20mm 左右，并用铁抹子均匀平滑地抹平、压光。再将粘胶涂抹在基面上，并用刮板将粘胶均匀刮平，其厚度为 1～2mm 为宜，边涂粘胶，边铺卷材，搭接口重叠 4～5cm。整体防水层铺贴后，再用粘胶沿接口线浇灌或涂刷一遍，以确保封口严实和搭接牢固（图 3-43）。

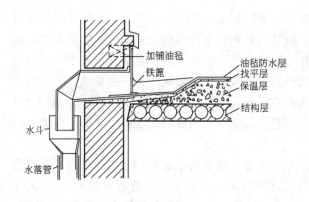

图 3-42　雨水口构造

图 3-43　橡塑卷材防水保温平屋面构造

（三）刚性防水屋面

刚性防水屋面是以刚性材料作为防水层的屋面。如采用防水砂浆抹面或用密实混凝土浇筑成面层的屋面，都属于刚性防水屋面。

防水砂浆防水层是采用 1：2 水泥砂浆加水泥用量的 3%～5% 的防水剂（或粉）拌匀，在钢筋混凝土屋面板上抹 20mm 厚。

细石混凝土防水层，一般是在钢筋混凝土空心板或槽形板等屋面承重结构上，浇筑 30～45mm 厚 C20 细石混凝土。为了防止因结构层变形而引起防水层开裂，要加强防水层的整体性，通常在混凝土中设置 $\phi 3$ 或 $\phi 4@100mm$ 的双向钢筋。钢筋位置应靠近上表面，以防止表面出现裂缝，其构造见图 3-44 所示。

为了防止因温度变化产生的裂缝无规律地开展，通常刚性防水层应设置分仓（格）缝。

分仓缝的位置，一般设在结构层的支座处。矩形平面房屋，进深在 10m 以下时，可在屋脊处设纵向分仓缝；进深大于 10m 时，可在坡面中间某一板缝处（横墙承重时）再设一道纵向分仓缝。分仓缝的位置见图 3-45 所示。

分仓缝的宽度为 20mm 左右，缝的上部一般用油膏填注 20～30mm，为防止油膏下流，缝的下部可用沥青麻丝等材料填塞。

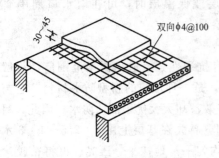

图 3-44 细石混凝土防水层

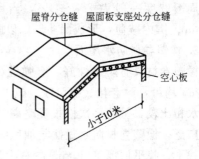

图 3-45 分仓缝位置

（四）平屋顶涂料防水和粉剂防水屋面除了刚性防水和柔性卷材防水屋面外，还有正在发展中的涂料和粉末防水屋面。

1. 涂料防水屋面

涂料防水又称涂膜防水，是可塑性和粘结力较强的高分子防水涂料，直接涂刷在屋面基层上，形成一层满铺的不透水薄膜层，以达到屋面防水的目的。一般有乳化沥青类、氯丁橡胶类、丙烯酸树脂类、聚氨酯类和焦油酸性类等，种类繁多。通常分两大类，一类是用水或溶剂溶解后在基层上涂刷，通过水或溶剂蒸发而干燥硬化；另一类是通过材料的化学反应而硬化。这些材料多数具有：防水性好、粘结力强、延伸性大和耐腐蚀、耐老化、无毒、不易燃、冷作业、施工方便等优点，但涂膜防水价格较贵，成膜后要加以保护，以防硬杂物碰坏。

涂膜的基层为混凝土或水泥砂浆，应平整干燥，涂刷防水材料须分多次进行。乳剂型防水材料，采用网状布织层如玻璃布等可使涂膜均匀，一般手涂 3 遍可做成 1.2mm 的厚度。溶剂型防水材料，手涂一次可涂 0.2～0.3mm 左右，干后重复涂 4～5 次，可达 1.2mm 的厚度。

涂膜的表面一般须撒细砂作保护层，为防太阳辐射影响及色泽需要，可适量加入银粉或颜料作着色保护涂料。上人屋顶和楼地面，一般在防水层上涂抹一层 5～10mm 厚粘结性好的聚合物水泥砂浆，干燥后再抹水泥砂浆面层（图 3-46）。

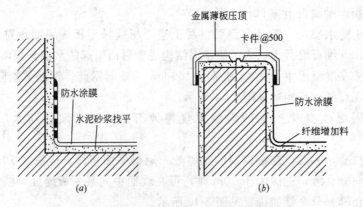

图 3-46 涂料防水屋面节点构造

（a）泛水；（b）女儿墙

68

2. 粉末防水屋面

粉末防水又称拒水粉防水，是以硬酯酸为主要原料的憎水性粉末防水屋面。一般在平屋顶的基层结构上先抹水泥砂浆或细石混凝土找平层，铺上 3～5mm 厚的建筑拒水粉，再覆盖保护层即成（图 3-47）。

（五）平屋顶的保温与隔热

寒冷地区，为阻止冬季时室内热量通过屋顶向外散失，须对屋顶采取保温措施。在我国南方等地区，夏季时为避免屋顶吸收大量辐射热并传至室内，因而，需对屋顶做隔热处理。

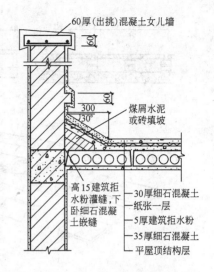

图 3-47　粉末防水屋面

1. 保温层

保温层的保温材料，一般多选用密度小的多孔松散材料，如膨胀珍珠岩、膨胀蛭石、矿渣、炉渣等。但在松散材料上抹水泥砂浆找平层较困难。为了解决这个问题，应在保温层上部掺入少量水泥、白灰等材料，做成 40mm 左右厚的轻混凝土层，再在这一层上抹水泥砂浆找平层。

为了提高施工效率可以采用轻质块材作保温材料，常用的有水泥或沥青胶结的膨胀珍珠岩预制块、加气混凝土块等。块材铺设后的缝隙要用膨胀珍珠岩填实避免形成热桥。

保温层的位置一般有三种处理方式：一种是将保温层放在防水层之下，结构层之上，成为封闭式的保温层；另一种是放置在防水层之上，成为敞露的保温层；再一种是将保温和承重功能结合在一起，即保温层做在承重层范围内。

2. 隔汽层

在采暖地区，冬季室内的湿度比室外大，室内水蒸气将向室外渗透。在屋顶中，当水蒸气透过结构层进入保温层后，会使保温层含水率增加。又由于保温层上面的防水层是不透气的，保温层中的水分不能散失，保温层会逐渐随着水分的增加而失去保温作用。因此在保温层下设置隔汽层，简称隔汽层，以防止室内水蒸气进入保温层内。

隔汽层一般做法是在结构层上先做找平层（1∶3 水泥砂浆厚 20mm 左右），在找平层上涂热沥青两道或用沥青胶结材料粘贴一层或若干层油毡。

3. 隔热层

南方地区夏季太阳辐射热使屋面的表面温度升高，热量传入室内使室温增加，影响生活和工作。为此，对屋顶要进行隔热构造处理。

（1）通风降温屋顶。在屋顶上设置通风的空气间层，利用间层中空气的流动带走热量，从而降低屋顶内表面温度（图 3-48）。

（2）实体材料隔热屋顶。在屋顶上增设实体材料。如大阶砖或混凝土板等，利用材料的热稳定性使屋顶内表面温度有较大的降低。但这种构造做法使屋顶重量增加，故目前使用较少，如图 3-49 （a）、（b）、（c）所示。

（3）蓄水屋面。蓄水屋面是在刚性防水屋面上蓄一层水，其目的是利用水蒸发时，带走大量水层中的热量，从而降低屋面温度，起到隔热效果，如图 3-49 （d）所示。

（4）反射降温屋面。利用屋面材料表面的颜色和光滑程度对辐射热的反射作用，从而

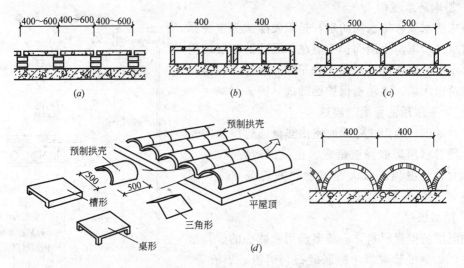

图 3-48　架空通风隔热屋面类型

（a）架空大级砖或预制细石混凝土板；（b）架空 m 形混凝土板；

（c）架空钢丝网水泥折板；（d）架空钢筋混凝土半圆拱

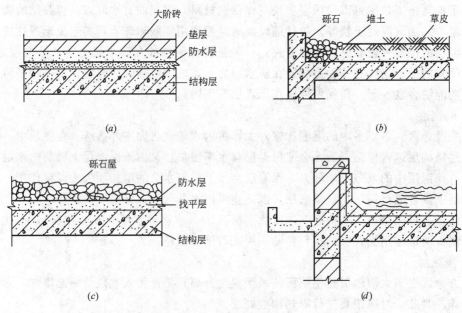

图 3-49　隔热屋面

（a）大阶砖实铺屋面；（b）堆土屋面；（c）砾石屋面；（d）蓄水屋面

降低屋顶底面的温度。例如采用浅色砾石铺面或屋面上涂刷石灰水等。

三、坡屋顶

坡屋顶是由带有坡度的倾斜面相互交错而成。斜面相交的阳角称为脊，相交的阴角称为沟（图 3-50）。坡屋顶常见的形式很多，常见的有单坡顶、双坡顶和四坡顶。

（一）坡屋顶的组成

坡屋顶一般由承重结构和屋面两部分所组成，必要时还有保温层、隔热层及顶棚等

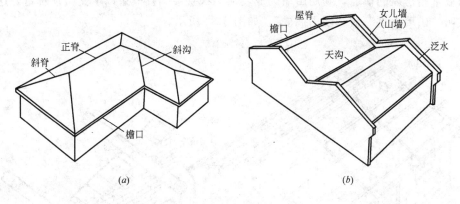

图 3-50 坡屋顶屋面组织名称

(a) 四坡屋顶；(b) 并立双坡屋顶

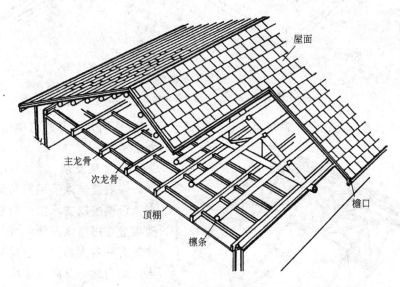

图 3-51 坡屋顶的组成

（图 3-51）。

承重结构：主要是承受屋面荷载并把它传递到墙或柱上，一般有椽子、檩条、屋架或大梁等。

屋面：是屋顶的上覆盖层，直接承受风雨、冰冻和太阳辐射等大自然气候的作用，它包括屋面盖料和基层如挂瓦条、屋面板等。

顶棚：是屋顶下面的遮盖部分，可使室内上部平整，有一定光线反射，起保温隔热和装饰作用。

保温或隔热层：是屋顶对气温变化的围护部分，可设在屋面层或顶棚层，视需要决定。

（二）坡屋顶的承重结构

坡屋顶的承重结构有山墙承重、屋架承重和梁架承重等。

1. 山墙支承

山墙常指房屋的横墙，利用山墙砌成尖顶形状直接搁置檩条以承受屋顶重量。这种结构形式叫"山墙承重"或"硬山搁檩"，如图 3-52 所示。

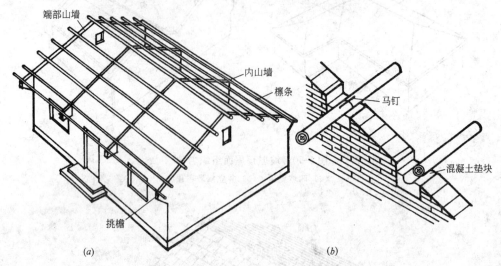

图 3-52　山墙支撑檩条屋面
(a) 山墙支檩屋顶；(b) 檩条在山墙上的搁置形式

山墙到顶直接搁檩的做法简单经济，一般适合于多数相同开间并列的房屋，如宿舍、办公室等。

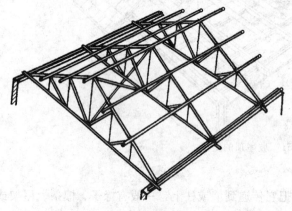

图 3-53　屋架支承

2. 屋架支承

一般建筑常采用三角形屋架，用来架设檩条以支承屋面荷载。通常屋架搁置在房屋纵向外墙或柱墩上，使建筑有一较大的使用空间（图 3-53）。当房屋内部有纵向承重墙或柱可作为屋架支点者，也可利用作内部支承。

3. 梁架支承

是传统屋顶的结构形式，以往和梁形成梁架支承檩条，每隔两根或三根檩条立一柱，并利用檩条及连系梁，把整个房屋形成一个整体的骨架。墙只起围护和分隔作用，不承重。

（三）坡屋顶的屋面盖料

坡屋顶的屋面防水盖料种类较多，我国目前采用的有弧形瓦（或称小青瓦）、平瓦、波形瓦、平板金属皮、构件自防水及革顶、灰土顶等。在这里着重讲述平瓦屋面的构造。

平瓦有水泥瓦与黏土瓦两种，其外形按排水要求设计和制作。每片瓦的尺寸约为 400mm×230mm，互相搭接后有效尺寸约为 330mm×200mm，每平方米屋面约需 15 块。在坡屋顶中，平瓦应用广泛。平瓦屋面的缺点是接缝多，当不设屋面板时容易飘进雨雪造成屋顶漏水。平瓦屋面的坡度通常不宜小于 1/2（或 26°34'）。

常用的平瓦屋面构造有以下三种。

1. 冷摊瓦屋面

冷摊瓦屋面是在屋架上弦或椽子上直接钉挂瓦条，在挂瓦条上挂瓦，其构造如图 3-54 所示。这种做法的缺点是瓦缝容易渗漏，屋顶的保温效果差。

2. 屋面板平瓦屋面

屋面板平瓦屋面是在檩条或椽条上钉屋面板，屋面板上钉顺水条和挂瓦条，然后挂瓦的屋面。

屋面板为 15～25mm 厚的平口毛木板（称望板），板上平行于屋脊方向铺一层卷材，用顺水条将卷材钉在屋面板上，在顺水条上钉挂瓦条挂瓦。这种做法的优点是由瓦缝渗漏的雨水被阻于油毡之上，可以沿顺水条排除，屋顶的保温效果也好。屋面板平瓦屋面的构造如图 3-55 所示。

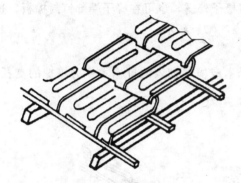
图 3-54 冷摊瓦屋面

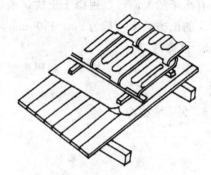
图 3-55 望板瓦屋面

3. 钢筋混凝土挂瓦板平瓦屋面

用钢筋混凝土挂瓦板搁置在横墙或屋架上，可以代替檩条、屋面板和挂瓦条，并能得到平整的底面。这种做法的缺点是瓦缝中渗漏的雨水不易排除，会导致挂瓦板底面渗水。挂瓦板与横墙应连接牢固。一般做法是将挂瓦板套入屋架或横墙混凝土垫块的预埋钢筋中，或预埋铁件焊接。挂瓦板之间的连接是将两块板的预留孔用 8 号钢丝扎牢，再用 1：2 水泥砂浆填嵌密实。挂瓦板平瓦屋面的构造如图 3-56 所示。

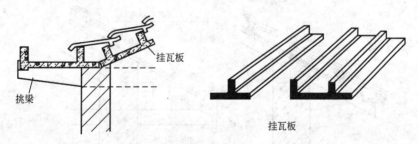
图 3-56 钢筋混凝土挂瓦板平瓦屋面

在坡屋顶中最常用的为平瓦屋面，故节点构造均以平瓦屋面为例。

（四）坡屋顶的檐口构造

平瓦屋面的檐口有两大类，一为挑出檐口，一为女儿墙檐口。挑檐口应注意保持其坡度与屋面坡度一致。

1. 砖挑檐

砖挑檐适用于出挑较小的檐口，用砖叠砌的出挑长度一般为墙厚的1/2，并不大于240mm。檐口第一排瓦伸出50mm，如图3-57（a）所示。

2. 屋面板挑檐

屋面板出挑檐口，由于屋面板较薄，出挑长度不宜大于300mm。若能利用屋架托木或在横墙砌入挑檐木与屋面板及封檐板结合，出挑长度可适当加大，如图3-57（b）所示。

3. 挑檐木挑檐

当房屋承重系统为横墙承重时，可在横墙内伸出挑檐木支承屋檐。挑檐木伸入墙内的长度应不小于伸出长度的两倍，挑檐木挑檐构造，如图3-57（c）所示。

4. 椽木挑檐

有椽子的屋面可以用椽子出挑，檐口处可将椽子外露，也可在椽子端部钉封檐板。这种做法的出檐长度一般为300~500mm，如图3-57（d）所示。

5. 挑檩檐口

在檐口墙外面加一檩条，利用屋架下弦的托木或横墙砌入的挑檐木作为檐檩的支托，如图3-57（e）所示。

6. 女儿墙檐沟

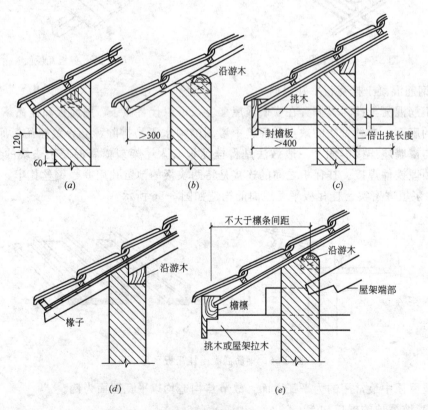

图 3-57　檐口构造

（a）砖挑檐；（b）屋面板挑檐；（c）挑檐木挑檐；（d）椽木挑檐；（e）挑檩檐口

74

有的坡屋顶将檐墙砌出屋面形成女儿墙，屋面与女儿墙之间要做檐沟。女儿墙的构造复杂，容易漏水，应尽量少用。女儿墙檐沟的做法是在檐沟处铺设 20mm 厚的木屋面板，在屋面板上用镀锌铁皮作防水层。

第七节 门　　窗

门和窗是房屋建筑中的维护构件，在不同的情况下，有分割、采光、通风、保温、隔声、防水、防火等不同要求。门的作用是供人出入、家具搬运、采光通风、分隔建筑空间；窗的主要作用是采光、通风、丰富建筑立面。此外，门窗对建筑物的外观及室内造型影响也很大。因此，设计门窗要求坚固耐用、美观大方、开启方便、关闭紧密、便于清洁维修。常用门窗材料有木、钢、铝合金、塑料和玻璃等。

一、门的形式和构造

（一）门的形式

1. 平开门

平开门可以内开或外开，作为安全疏散门时一般应外开。在寒冷地区，为满足保温要求，可以做成内、外开的双层门。需要安装纱门的建筑，纱门内开、玻璃门外开。其构造简单，开启灵活，制作方便，易于维修，是目前常用的形式。

2. 弹簧门

也称自由门。分为单面弹簧门和双面弹簧门两种。这种门主要用于人流出入，家具搬运。但托儿所、幼儿园等儿童经常出入的门，不宜采用弹簧门。另外，弹簧门有较大的缝隙，冬季不利于保温。

3. 推拉门

门扇开启时沿轨道滑行，一般分上滑式和下滑式。上滑式是在门扇上部装滑轮，挂在预埋于门过梁的铁轨上；下滑式是在门扇下部装滑轮，搁在预埋于地面上的轨道上。其特点是不占室内空间，受力合理，不宜变形，但封闭不严。

4. 转门

这种门成十字形，安装于圆形的门框上，人进出时推门缓缓行进。转门的特点是隔绝能力强、保温、卫生条件好，但构造复杂，造价高，只用于大型公共建筑的主要出入口。

5. 折叠门

门关闭时，几个门扇靠拢在一起，少占有效面积。但构造复杂，常用于宽度较大的洞口。

6. 卷帘门

多用于安全保护时的出入口，比如商场门、橱窗门、车库门等。

（二）门的构造

1. 门的各部位名称

门一般由门框和门扇组成，也有的门具有亮子。以木门为例，说明各组成部分的名称和断面形状。如图 3-58 所示。

门框由门上槛、横档、中梃、边梃等部分组成；门扇由上冒头、中冒头、下冒头、门芯板、门梃等部分组成。亮子又称腰头窗，在门的上方，为辅助采光和通风之用，并可用

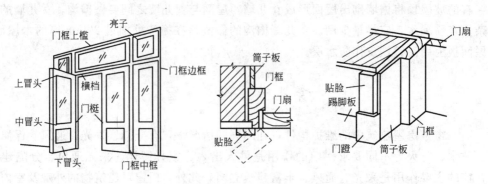

图 3-58 门的组成

来调节门的尺寸和比例。五金配件一般有铰链、门锁、插销、门碰头、铁三角、合页等。

2. 门的安装与尺度

门的安装包括门框与墙的连接和门框与门扇的连接。门的尺度应符合《建筑模数协调统一标准》的规定。一般供人日常生活的门，门扇高度在 1900～2100mm 左右，宽度：单扇门 800～1000mm，辅助房间如浴室、厕所、储藏室的门 600～800mm，双扇门为 1200～1800mm。腰头窗高一般为 300～600mm。

二、窗的形式和构造

（一）窗的形式

窗的类型有很多，如图 3-59 所示。

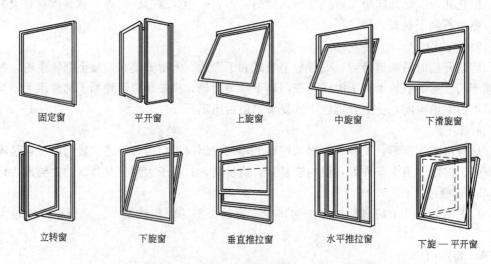

固定窗　　平开窗　　上旋窗　　中旋窗　　下滑旋窗

立转窗　　下旋窗　　垂直推拉窗　　水平推拉窗　　下旋—平开窗

图 3-59　窗的类型

1. 固定窗

这种窗仅供采光，不能通风。

2. 平开窗

是目前广泛使用的一种窗，其窗扇侧边用铰链与窗框相连接，水平开启。平开窗又分内开和外开。其构造简单，开启灵活，维修方便。

3. 推拉窗

推拉窗是窗扇沿导轨或滑槽进行推拉，分左右推拉和上下推拉。其优点是不占空间，但窗缝处密封性不好。

4. 悬窗

是窗扇沿水平轴旋转开启的窗。由于旋转的位置不同分上悬窗、中悬窗、下悬窗，也可以沿垂直轴旋转而成垂直旋转窗。

5. 立式转窗

是窗扇沿垂直轴旋转开启的窗。开启方便，通风好，但防雨和密封性较差，构造复杂。

6. 百叶窗

是一种由斜木片或金属片组成的通风窗。

（二）窗的构造

1. 窗的组成

窗一般由窗框、窗扇、五金部件等组成，如图 3-60 所示。

窗框由上、下框，边框、中横档、中竖梃组成；窗扇由边梃、上、下冒头、窗芯等组成。其构造如图 3-60 所示。

为了准确表达窗子的开启方式，常用开启线来表示。开启线为人站在窗外的位置看窗，实线为窗子外开，虚线为窗子内开。

2. 窗的安装

窗的安装包括窗框与墙的安装和窗扇与窗框的安装。窗框与墙的安装分立口和塞口两种。立口是先立窗口，后砌墙体。为使窗框与墙连接牢靠，应在窗口的上下槛各伸出 120 左右的端头，俗称"羊角头"。这种连接的优点是结合紧密，缺点是影响砖墙的砌筑速度。塞口是先砌墙，预留窗洞口，同时预埋木砖。木砖的尺寸为 120mm×120mm×60mm，木砖表面应做防腐处理。木砖沿窗高每 600mm 预留一块，但不论窗高尺寸大小，每侧至少预留两块；超过 1200mm 递增。为保证窗框与墙洞之间的严密，其缝隙应用沥青侵透的麻丝或水泥砂浆填实。

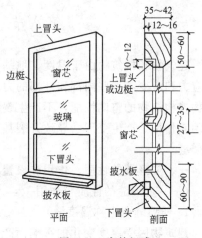

图 3-60　窗的组成

3. 窗的附件

窗扇和窗框的连接是通过铰链和木螺钉来连接的。窗的五金零件有门锁、插销、窗钩、拉手等。窗的组成附件有窗台板、披水条、压缝条、贴脸等。

三、金属门窗

随着新材料、新技术的不断发展，木门窗已远远不能适应大面积、高质量的保温、隔热、隔声、防火、美观等要求。钢门窗尤其是铝合金门窗、塑料门窗和塑钢门窗因其高强轻质、美观漂亮、密闭效果好、经久耐用、透光效果好的特点，已得到了广泛的应用。

（一）钢门窗

钢门窗由于用料不同分空腹钢门窗和实腹钢门窗两种。空腹钢门窗具有节约钢材、自重轻、刚度大、便于运输和安装等优点。但钢料壁厚较薄，耐久性差，不宜用于潮湿环境或有腐蚀的地方。实腹钢门窗的性能优于空腹钢门窗，但用于腐蚀的环境中应采取措施。

钢门窗安装一般可直接选用标准钢门窗，在各标准窗之间用拼料连接。

（二）铝合金门窗

铝合金门窗具有关闭严密、质轻、耐水、美观、不锈蚀等优点，适合于潮湿或有轻腐蚀的环境，但价格贵、塑料型材中要加入型钢或铝材，因此称为塑钢门窗或铝塑门窗。

四、门窗的隔声措施

门窗的隔声处理是房屋使用的重要措施，尤其临街民居和生产车间的泵房、风机房与比邻的控制室之间的观察门窗，对隔声要求较高。提高门窗的隔声性能主要有：（1）在构造上尽量减少缝隙，并对缝隙做密闭处理，比如填塞吸声材料。（2）做双层窗或安装中空玻璃。双层玻璃之间的距离以 80～100mm 为宜。（3）设隔声间或前室也是减少噪声干扰的重要措施。

第八节　变形缝与构造措施

建筑物和构筑物由于温度、地基不均匀沉降和地震等因素的影响，其结构内部产生附加应力和应变，这些内部和外部的力会造成对建筑物的破坏。解决的办法有：一是提高建筑物或构筑物的整体性能，不产生裂缝；二是设置变形缝。变形缝是为防止建筑物在内外界因素作用下产生变形、导致开裂甚至破坏而预留的构造缝。变形缝有伸缩缝、沉降缝和防震缝。

一、变形缝的性质、作用和设置

（一）变形缝的性质与作用

1. 伸缩缝（也称温度缝）

建筑物因受温度变化的影响而产生热胀冷缩，导致建筑物出现不规则破坏，为防止这种情况，通常沿建筑物长度方向每隔一定距离或结构变化较大处预留缝隙，这条缝叫做伸缩缝。

2. 沉降缝

当建筑物建造在土层性质差别较大的地基上，或因建筑物相邻部分的高度、荷载和结构形式差别较大时，建筑物会出现不均匀的沉降，以致建筑物的某些薄弱部位发生错动开裂。为防止墙体开裂，在适当位置设置垂直缝隙，这条缝叫做沉降缝。

3. 防震缝

在地震区为防止地震时建筑物各部分相互撞击造成破坏而设置的缝叫做防震缝。

（二）变形缝的设置要求

根据《民用建筑设计通则》（GB 50352—2005），变形缝应按设缝的性质和条件设计，使其在产生位移或变形时不受阻、不被破坏，并不破坏建筑物；变形缝的构造和材料应根据其部位需要分别采取防排水、防火、保温、防老化、防腐蚀、防虫害和防脱落等措施。

1. 伸缩缝

伸缩缝要求把建筑物的墙体、楼板层、屋顶等地面以上部分全部断开，基础部分因受温度变化较小，不需断开，伸缩缝的最大间距，依据材料不同而定，如附表二十和附表二十一所示。

2. 沉降缝

沉降缝要求从建筑物基础底面至屋顶全部断开。沉降缝的宽度随地基情况和建筑物高度的不同而不同，一般为 50~70mm，如附表二十二所示。

3. 防震缝

防震缝从基础顶面开始，沿房屋全高设置，且缝两侧应布置墙，缝宽与房屋高度、地震设防等级有关。房屋的高度在 15m 以下时，取 70mm。超过 15m 时，缝宽随设计烈度而增加。

二、变形缝的构造措施

变形缝一般通过墙、地面、楼板、屋顶等部位，这些部位均应作好缝隙的构造处理。缝隙的构造与变形缝的性质、结构类型和缝隙位置有关。下面就砌体结构为例，说明变形缝的构造措施。

（一）伸缩缝的构造

1. 墙体内外表面

墙体内表面采用金属板或木板做盖缝处理，外表面采用金属板做盖缝处理，如图 3-61 所示。

2. 地面

地面在缝隙两端用角钢封边作过渡处理，如图 3-62 所示。

3. 楼面

楼板层地面上部在缝隙两端用角钢作封边，再用橡胶板或金属板过渡，楼板层下部用木板或金属板过渡，如图 3-62 所示。

4. 屋顶

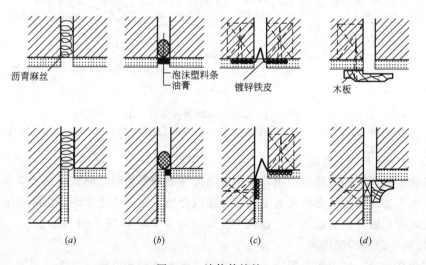

图 3-61 墙体伸缩缝

（a）沥青麻丝塞缝；（b）油膏嵌缝；（c）金属片盖缝；（d）木板盖缝

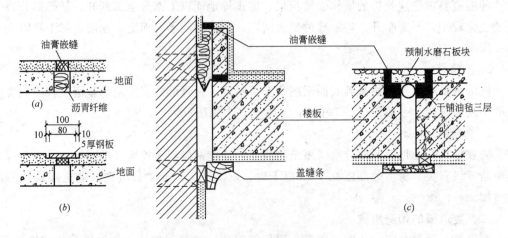

图 3-62 楼地面、顶棚伸缩缝构造

屋顶部分在缝隙两侧砌筑 120mm 厚砖墙，上部用铁皮或钢筋混凝土板覆盖，缝中填沥青麻丝。屋顶板下部与楼板层下部做法一致，如图 3-63 所示。

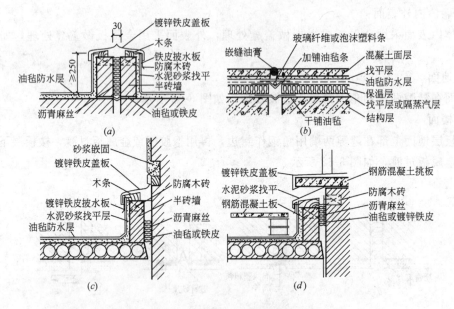

图 3-63　油毡防水屋面伸缩缝构造

(a) 一般平屋面变形缝；(b) 上人屋面变形缝；(c) 高低缝处变形缝；(d) 进出口处变形缝

（二）沉降缝的构造措施

沉降缝一般兼起伸缩缝的作用，其构造与伸缩缝基本相同，但盖缝条及调节片构造必须保证在水平方向和垂直方向自由变形，屋顶沉降缝应充分考虑不均匀沉降对屋面泛水带来的影响，可用镀锌铁皮做调节，以利于沉降，如图 3-64 和图 3-65 所示。

（三）防震缝的构造措施

防震缝在墙身、楼地面及屋顶各部分的构造基本上和伸缩缝、沉降缝相同，但由于缝口较宽，盖缝防护措施要处理好，如图 3-66 所示。

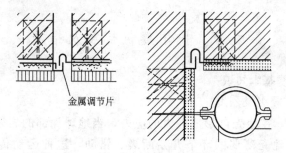

金属调节片

图 3-64 墙体沉降缝构造

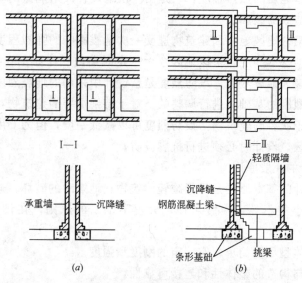

I—I

II—II

轻质隔墙

沉降缝

钢筋混凝土梁

承重墙

沉降缝

条形基础

挑梁

(a)

(b)

图 3-65 基础沉降缝构造

(a) 双墙式；(b) 悬挑式

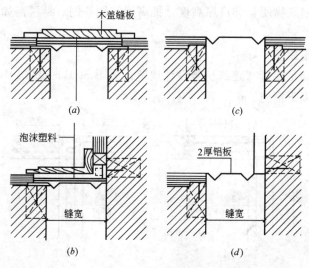

木盖缝板

(a)

(c)

泡沫塑料

2厚铝板

缝宽

缝宽

(b)

(d)

图 3-66 防震缝构造

(a)、(b) 内墙；(c)、(d) 外墙

第九节　民用建筑抗震及措施

一、民用建筑抗震基本知识

（一）地震与地震震级及烈度

由于地球的旋转，在地壳内形成强大的应力，当地球深部的岩浆受压承受不了这种作用力时，岩浆会在地壳薄弱的环节开始断裂、错动，这种运动传至地面，就表现为地震。

地震的震级是指地震的强烈程度，它是由一次地震释放出能量的多少决定的。震级越大，影响也越大，造成的破坏也大。

地震烈度是指某一地区地面和建筑物遭受一次地震影响的强烈程度。地震烈度又分基本烈度和设防烈度。基本烈度是指该地区今后一定时期内（比如 100 年内），一般场地条件下，可能遭受的最大地震烈度。设防烈度是指设计中采用的地震烈度，它是根据建筑物的重要性，在基本烈度的基础上进行调整的。对于特别重要的建筑物，设防烈度应比基本烈度提高一度。对于次要的建筑物，设防烈度可以减低一度，但为 6 度时不降低，基本烈度为 6 度以上的地区，设计时必须进行抗震设防。

（二）抗震设计的一般原则

建筑物防震设计的基本原则是尽量减轻建筑物在地震时的破坏，避免人员伤亡，减少经济损失。贯彻"小震不坏，中震可修，大震不倒"的原则，在设计时一般遵守以下要求。

（1）设计建筑体型尽量简单，有一定的刚度和强度。

（2）保证结构与构造的整体性和连接可靠性。

（3）选择对抗震有利地基和场所。

（4）选择经济合理的抗震结构方案。

（5）尽量减轻建筑物质量和房屋高度，提高建筑物易倒、易脱落如女儿墙、挑檐等装饰构造强度和延性。

二、抗震构造措施

建筑防震必须满足现行《建筑抗震设计规范》（GB 50011—2001）有关规定。对于民用建筑设计，采取以下措施。

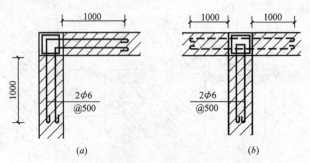

图 3-67　构造柱做法

(a) 转角处构造柱；(b) 内外墙交接处构造柱

（1）设防震缝

其设置条件及构造详见第八节。

（2）设构造柱，如图 3-67 所示。

（3）设圈梁，如图 3-68 所示。

（4）设拉结筋和锚固筋，如图 3-69 所示。

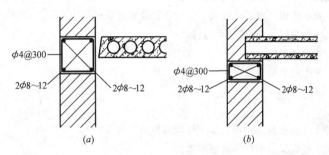

图 3-68　圈梁构造

（a）圈梁同楼板等高；（b）圈梁在楼板下

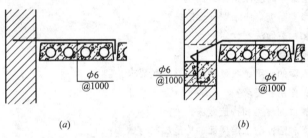

图 3-69　楼板与外墙圈梁拉结

（a）同外墙接结；（b）同圈梁拉结

思考题与习题

1. 工程材料划分为几类？如何划分？

2. 材料的亲水性与憎水性、吸湿性与吸水性、耐水性与抗渗性各有什么不同？

3. 砖的种类？它们的强度标准、尺寸和适用范围？

4. 瓦的种类？它们的强度标准、尺寸和适用范围？

5. 胶凝材料分哪两大类？建筑上常用的有哪几种？

6. 什么是硅酸盐水泥？矿物组成有哪些？水化硬化后哪一生成物对水泥石强度和性质起主导作用？

7. 水泥强度与强度等级是什么？

8. 水泥会受到哪几种介质的腐蚀，应如何防止？

9. 利用网络资料或图书馆资料查阅硅酸盐水泥、矿渣水泥、火山灰水泥、粉煤灰水泥有什么区别，在使用中各有什么特点？

10. 混凝土有哪几类？混凝土拌合物的和易性是用什么衡量的？

11. 请查阅有关资料说明普通混凝土的外加剂有哪几种，各起什么作用？

12. 水玻璃的性质是什么？

13. 混凝土的主要技术性质有哪些？强度指标是什么？

14. 砂浆的种类和主要用途是什么？强度指标有哪些？

15. 石油沥青的组成及基本性质？

16. 防水卷材、防水涂料和保温材料的种类及各自的性质是什么？

17. 地基与基础的概念，什么是刚性基础，什么是柔性基础？

18. 什么是基础埋深？基础埋深的影响因素有哪些？

19. 在什么情况下防水防潮？原因是什么？它们各自的构造做法是什么？

20. 管道穿越基础或地基时，应采取哪些措施？

21. 砖墙的承重方式及作用？

22. 简述砖墙的细部组成及构造做法？

23. 隔墙的类型？

24. 装修的作用？

25. 现浇钢筋混凝土楼板和预制钢筋混凝土楼板的种类及特点？

26. 预制钢筋混凝土楼板安装时注意哪些要求？

27. 顶棚的构造做法？

28. 地面的组成及构造，水磨石地面的构造做法是什么？

29. 管道穿越楼板层或梁时应注意什么？

30. 为提高楼梯的净空高度，应采取什么措施？

31. 踏步口的种类和构造做法？

32. 墙体防潮层的构造做法？

33. 什么是圈梁？圈梁的作用、数量和设置有哪些要求？

34. 平屋顶的组成、作用和要求？

35. 什么是檐口？檐口的种类和构造做法？

36. 油毡防水层屋面和刚性防水层屋面的构造层次与做法？

37. 坡屋顶的承重结构和瓦屋面构造做法是什么？

38. 门窗组成、种类及构造要求？门窗的防隔声、防风沙处理措施有哪些？

39. 什么是变形缝？变形缝的异同点和合并原则？

40. 抗震原则及抗震措施是什么？

41. 到学校附近的施工现场参观建筑的基本组成结构和构造，并写出参观心得（注意安全！）。

第四章　钢筋和混凝土的力学性能

钢筋混凝土的力学性能主要是由钢筋和混凝土的力学性能共同作用的结果，只要充分了解钢筋和混凝土性能，就能正确选择材料。

第一节　钢　　筋

一、钢筋的品种、级别和形式

建筑用的钢筋有很多品种规格，按含元素不同分碳素钢和普通低合金钢两种。

碳素钢除含有铁元素外，还有少量的碳、硅、锰、硫、磷等元素。根据含碳量的多少又分低碳钢（0.25%）、中碳钢（0.25%～0.60%）和高碳钢（0.60%以上）。碳素钢的性质与碳元素含量密切有关，含碳量越少，强度越低，塑性越好，可焊性好；含碳量越高，强度越高，塑性越差，可焊性越差。

普通低合金钢除碳素钢中包含的成分外，再加入少量的合金元素，如锰、硅、钛等，可使钢筋强度提高，塑性和可焊性也提高，如 HPB235、HRB335、HRB400 级钢。

按生产工艺分四类。分别是热轧钢筋、热处理钢筋、冷拉钢筋和钢丝或钢铰线。

按外形不同又分光面钢筋和变形钢筋，具体是以钢筋的直径划分的，直径 d 大于或等于 6mm 且小于 10mm 者为光面钢筋，如直径小于 6mm 为钢丝，直径大于或等于 10mm 为变形钢筋，变形钢筋根据形式不同又分螺纹钢、人字钢和月牙纹钢等。

二、钢筋的力学性能

（一）热轧钢筋

热轧钢筋（比如 HPB235、HRB335、HRB400、RRB400）按强度分Ⅰ、Ⅱ、新Ⅲ、余热处理钢（附表三、附表四），除Ⅰ级为低碳钢外，其余都是普通低合金钢，一般建筑上常用Ⅰ级和Ⅱ级，其强度、延性和货源都充足，经济合适，新Ⅲ级和余热处理钢不常用，造价也高。其力学性能和工艺性能参见"钢筋混凝土用热轧光圆钢筋"（GB 13013—91）和"钢筋混凝土用热轧带肋钢筋"（GB 1499—98）的规定。

热轧钢筋的应力应变曲线是通过拉伸试验得到的，下面先做第一个试验。

把一根含碳量低的钢筋放在应力应变机上，如图 4-1 所示。从施加荷载到破坏的全过程可以发现：

（1）自开始加荷到 A 点称为比例极限，OA 段应力与应变成正比。

（2）越过比例极限后，应力与应变不成正比，

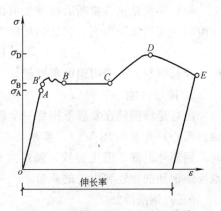

图 4-1　热轧钢筋的应力应变曲线

应变的增加速度比应力快。如果应力到 A 点时，马上卸荷，应变全部恢复。因此我们将对应于点 A 的应力称"弹性极限"。

（3）应力超过弹性极限，在卸荷后应变已不能全部恢复。当应力达 B 点，达到屈服极限，钢筋会在应力不增加的情况下产生相当大的塑性伸长应变，直到应力应变曲线上的 C 点为止，这种现象称为"屈服"。B、C 两点间的应变值称为"屈服台阶"或"流幅"。屈服极限又称"屈服强度"。

（4）超过 C 点后，钢筋应力开始重新增长，钢筋抵抗外力的能力重新提高，应力逐渐增加到最高点 D。这个阶段称钢筋的强化阶段，把 D 点的应力称为极限强度。

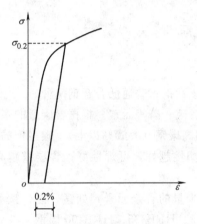

图 4-2 无明显流辐的钢筋应力应变曲线

（5）当应力达到 D 点后钢筋的应力不再增加，应变急剧增加，钢筋的直径开始在某处变细，将会产生"颈缩"现象，直到 E 点，钢筋被拉断。DE 段称为钢筋的颈缩阶段。这就是受拉钢筋的应力应变特性。如果钢筋受压时，其特性与之相同。再做第二个实验：拿一含碳量高的钢筋，同样将它放在应力应变机上，曲线变化如图 4-2 所示。

实验结果发现：钢筋的极限强度提高了，没有明显的屈服阶段，随着 σ 的增加，试件突然断裂。像上述实验，把具有明显的屈服极限和屈服台阶的钢材称软钢，相反，应力应变曲线上没有明显屈服阶段的钢材为硬钢。

国际标准《混凝土结构设计规范》（GB 50010—2002）（以下简称"规范"）规定：对于有流幅的钢筋，取屈服强度作为钢筋的标准强度为设计依据；对于无流幅的钢筋，在实用上取残余应变为 0.2％时的应力作为假定的屈服点即条件屈服点以 $\sigma_{0.2}$ 表示。

（二）热轧钢筋的塑性指标

检验钢筋质量除屈服强度和极限强度不低于《规范》规定值外，还有两项衡量钢筋塑性性能的指标，即伸长率和冷弯试验指标。

1. 伸长率

伸长率就是试件拉断后的伸长值比原长的比值。通常用百分率表示。若取钢筋试件拉伸前的应变量测距为 l_1，拉断后标距增大为 l_2，则伸长率为

$$\delta = [(l_2 - l_1)/l_1] \times 100\% \tag{4-1}$$

伸长率越大，表明钢筋塑性越好，反之越差。

2. 冷弯性能

冷弯是将钢筋在常温下围绕一个固定的直径为 D 的辊轴（弯心）弯转（图 4-3）。要求在达到规定的冷弯角度时，钢筋外侧部不发生裂纹、鳞落或断裂。冷弯性能间接地反映钢筋的塑性和内在的质量。

（三）钢筋冷加工

对钢筋进行机械冷加工，它可以使钢筋内部结构发生

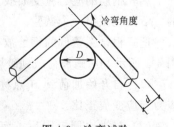

图 4-3 冷弯试验

变化，提高钢筋的强度，达到节约钢材目的。冷加工分冷拉和冷拔。

冷拉就是将热轧钢筋在常温下进行强力拉伸，使其拉伸超过屈服点而进入强化阶段，迫使钢筋内部晶体组织发生改变，从而提高钢筋屈服强度的一种方法。钢筋的冷拉性能在应力应变机上进行试验，如图4-4所示。

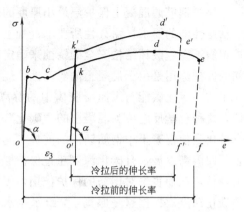

图 4-4　冷拉钢筋应力应变曲线

（1）比如钢筋一次拉伸的应力应变曲线为 obcde，如果第一次将钢筋拉到对应 k 点的应力，然后卸荷，则卸荷应力曲线将为直线 ko′，若立即再次使钢筋受拉，则应力应变曲线将变为 o′kde。其特点是屈服强度由原来的 b 点提高到 k′ 点，而 k′ 点以后仍遵循第一次拉伸曲线发展，极限抗拉强度仍对应于 d 点而未改变，伸长率则由 of 减少为 o′f。

冷拉钢筋若在常温下放置相当长一段时间后在重新受拉，则应力应变曲线将变为图 4-4 中的 o′k′d′e′ 线，此时屈服强度会比立即重新加载更进一步提高，且重新出现屈服台阶，极限抗拉强度也会提高，伸长率则进一步缩短。冷拉钢筋随时间进一步强化的现象称为"冷拉时效"。在常温条件下自然完成的时效称为"自然时效"。冷拉时效与温度有关，在常温下自然完成大约20d左右，对于一级钢筋，如果人工加温到100℃时，需要2h。冷拉钢筋屈服强度提高了，但钢筋的塑性却降低了，把这种现象称为"冷拉强化"或"变形硬化"。"规范"规定，提高钢筋屈服强度和保持钢筋塑性，常常采用控制应力和控制应变。

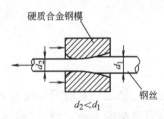

图 4-5　硬质合金拔丝模

冷拔就是用强力迫使钢筋截面缩小，长度增大，结果使钢筋直径变小，成为钢丝（图4-5）。冷拔使钢筋内部组织结构发生变化，从而提高强度，同时塑性也降低了。比如：ϕ6的 HPB235 钢筋，经过三次冷拔直径变为3，且强度从260N/mm² 增加到750N/mm²，伸长率从21.9%到3.3%。它可以提高钢筋的抗拉、抗压强度。

（四）钢筋与混凝土之间的粘结力

粘结力是保证钢筋与混凝土共同工作的重要条件。粘结力产生的原因有：1）混凝土的颗粒表面有一种胶结力，起粘结作用；2）混凝土硬化时，体积收缩，将钢筋紧紧包裹着；3）钢筋表面凸凹不平，产生胶合力；4）钢筋端头有弯钩产生机械锚固力。

钢筋和混凝土共同工作的基本条件必须具备三个条件：

（1）混凝土在硬结过程中能与埋在其中的钢筋粘结在一起。

（2）混凝土与钢筋具有大致相同的线膨胀系数（混凝土平均为 $1.0×10^{-5}$/℃；钢筋为 $1.2×10^{-5}$/℃）。

（3）混凝土包裹着钢筋，由于混凝土具有弱碱性，故可以保护钢筋不锈蚀。

上述第一个条件最重要，第二个条件则是材料本身所固有的，第三个条件对结构构件起到保护和耐久性的作用。

保护钢筋的混凝土保护层最小厚度的取值决定于构件的耐久性要求和前面所述受力钢筋粘结性能的要求。耐久性所要求混凝土保护层的最小厚度是按构件在设计基准期内能保护钢筋不发生破坏结构安全的锈蚀来确定的。钢筋的锈蚀是一个电化学过程。混凝土对钢筋的保护作用是由于混凝土的弱碱性，能使钢筋表面形成钝化层而抑制锈蚀的发生。但空气中的二氧化碳能与水泥凝胶体中的游离氢氧化钙作用后生成碳酸钙而使混凝土失去碱性，这种化学反应称为混凝土的"碳化"。在无侵蚀性介质的环境中，保护层混凝土的完全碳化是使混凝土中钢筋锈蚀的前提。构件在使用过程中，混凝土的碳化将以一定速度由表面向内部发展，且碳化深度超过保护层厚度而达到钢筋表面，混凝土就会由于碳化而失去碱性，从而丧失对钢筋的保护作用，因此，保护层厚度应大于构件的使用期限内混凝土的碳化深度。根据这一原则，《给水排水工程构筑物结构设计规范》（GB 50089—2002）根据给水排水构筑物的特点，设计给水排水构筑物时，保护层最小厚度应取较大值（表4-1）。同时，也满足钢筋粘结锚固性能所要求的保护层最小厚度的规定，保护层相对厚度 c/d（c 为保护层厚度；d 为钢筋直径）不小于 1.0 为前提，所以最小保护层厚度除应满足耐久性所规定的最小厚度外还应满足不小于受力钢筋的直径。

混凝土保护层最小厚度（mm）　　　　　　　　　　　表 4-1

环境条件	板、墙、壳			梁			柱		
	≤C20	C25~C45	≥C50	≤C20	C25~C45	≥C50	≤C20	C25~C45	≥C50
室内正常环境	20	15	15	30	25	25	30	30	30
露天或室内高湿度环境	20	25	20	30	35	30	30	35	30

注：1. 基础中纵向受力钢筋混凝土保护层厚度不应小于 40mm，当无垫层时不应小于 70mm。
　　2. 处于特殊露天或室内高温环境时，其保护层厚度应适当增加（比如环境工程构筑物等）5~10mm。

第二节　混　凝　土

一、混凝土的强度

混凝土是由水泥、砂和水按一定比例配合而成的一种拌合物，经过一定时间硬化的人造石材。混凝土强度的大小不仅与组成材料的质量和配合比有着直接的关系，而且与混凝土的硬化条件、龄期和受力情况有关，还与测定其强度时所采用的试件形状、尺寸和方法有关。在实际工作中，混凝土强度的测定常用立方体抗压强度、轴心抗压强度和轴心抗拉强度等来表示。

1. 立方体抗压强度

混凝土的立方体抗压强度是混凝土强度的主要指标。按照国家标准《普通混凝土力学性能试验方法》（GB/T 50081—2002）规定，我国规定用边长 150mm 的立方体试块，在标准条件（温度 20±3℃、相对湿度不小于 90%）下养护 28d 后进行轴心加压（加压速度为 0.15~0.25N/(mm²·s) 至破坏时所测得抗压强度值（以 N/mm² 计），作为确定强度等级的依据，称为"立方体抗压强度"，简称"立方强度"，用符号 f_{cu} 表示。为满足各种类型结构对混凝土强度的不同要求，我国按立方强度将混凝土划分为 14 个强度等级：C15、C20、C25、C30、C40、C45、C55、C60、C65、C70、C75 和 C80。符号用 C 表示混凝土强度等级，C后数字则表示以单位 N/mm^2 计的立方强度标准值（具有95％保证率的立方强度）。

《规范》还规定，如果改用边长为 200mm 或 100mm 的立方体试件测定，相对于 150mm 标准立方体试件而言，200mm 试验测得的立方强度将相对偏低，而 100mm 时测得的立方强度则偏高，因此，必须对这些非标准试件测得的立方强度乘以换算系数，以消除上述影响。200mm 或 100mm 边长的立方体试块换算系数分别为 1.05 和 0.95。

在实际水工结构和环境工程施工中，应根据结构构件的施工条件，工作条件和强度的要求，分别选用不同的强度等级。比如：承重结构的强度等级不低于 C15；水池、水塔、渠道以及地下和水中结构，应不低于 C20；离心成型输水管不低于 C30，采用 HRB335 级钢筋时，不宜低于 C20，采用 HRB400 和 RRB400 级钢筋以及对受重复荷载的构件，混凝土不得低于 C20。

2. 混凝土轴心抗拉强度

在实际工作中，试件不一定是立方体，有时会是棱柱体。在棱柱体试件上测的抗拉强度称为轴心抗拉强度或棱柱体抗拉强度。因此，我国采用尺寸为 150mm×150mm×450mm 或 150mm×150mm×600mm 的标准试块在标准条件下养护 28d 后测的轴心抗拉强度作为混凝土的轴心抗拉强度指标，并用符号 f_t 表示。

混凝土轴心抗拉强度是确定混凝土抗裂的重要指标。我国规范对混凝土的轴心抗拉强度是根据棱柱体试件的轴心受拉试验确定的。在标准条件下养护 28d 后，通过试件两端埋置的短钢筋对试件施加轴向拉力至破坏时测的抗拉强度（以 N/mm^2 计），即为混凝土的轴心抗拉强度，简称"抗拉强度"，以符号 f_t 表示。

二、混凝土的变形

混凝土的变形性能比较复杂，试验研究表明：在荷载作用下，混凝土将产生一般为非线性的弹塑性变形，而且变形性能与混凝土的组成、龄期、荷载的大小和持续时间、加荷速度以及荷载循环次数等因素有关；另一方面，混凝土还将产生与荷载无关的体积收缩和膨胀变形。混凝土的这些变形性能对结构构件的工作具有很重要的影响，因此，对混凝土的变形性能应有足够的认识。这里主要研究混凝土在荷载作用下的变形。

1. 混凝土在短期一次加荷时的应力应变关系

混凝土是以受压为主的材料，故对受力时的应力应变曲线，混凝土结构构件的截面应力分析、承载力计算和变形计算提供依据。

混凝土的应力应变曲线一般用 $h/b=3\sim4$ 的棱柱受压试件测定，典型的应力应变曲线如图 4-6 所示。当压应力很小，不超过 $0.3f_c$ 时，混凝土基本处于弹性阶段，即 $\sigma-\varepsilon$ 曲线中 OA 段接近于直线，当压应力提高到约为 $(0.3\sim0.8)f_c$ 范围内时（图 4-6 中的 AB 段），随应力增大，混凝土表现出明显的塑性性质，即应变增长速度大于应力增长速度，且随应力的增大，此速度差也愈大，$\sigma-\varepsilon$ 曲线偏离直线而弯向 ε 轴。这时混凝土的应变已包括了可恢复的弹性应变 ε_{ce} 和不可恢复的塑性应变 ε_{cp}，即 $\sigma-\varepsilon$ 曲线上任一点所对应的应变为 $\varepsilon_c=\varepsilon_{ce}+\varepsilon_{cp}$。混凝土的这种弹塑性性质也可从卸荷试验中得到验证，若将混凝土加压到某一应力值 σ，然后逐级卸荷，直到应力为零，可得到图 4-7 所示的卸荷曲线。可恢复的应变中包括立即恢复的弹性应变和需经一定时间方可恢复的"弹性后效" ε_{ae}，余下第三部分应变则是永远不能恢复的塑性应变 ε_{cp}。

图 4-6 中的应力应变曲线当压应力超过 B 点后，应变的增长速度将更为加快，试件中部将出现肉眼可见的基本平行于压力方向的裂缝，塑性应变占总应变的比例也更大，应力将很快达到混凝土的抗压强度 f_c，即形成 $\sigma\varepsilon$ 曲线上的峰值点 C。如果所采用的试验设备具有精确的卸荷能力，则在应力达到 f_c 值后逐级卸荷，混凝土应变将不是减小而是继续增长，这就是图 4-6 中 $\sigma\varepsilon$ 曲线超过 C 点以后的下降段。当应变增长到一定程度时，试块将被压碎而破坏，此时所对应的应变称为混凝土的"极限压应变"，通常用符号表示 ε_{cu} 表示。

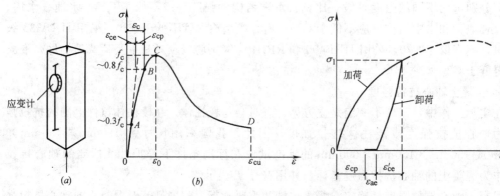

图 4-6　混凝土棱柱体应力应变曲线　　　图 4-7　混凝土棱柱体加荷与卸荷应力应变曲线

在混凝土结构理论中，与 f_c 值相对应的混凝土压应变 ε_0 和混凝土的极限压应变 ε_{cu} 是两个重要的材料性能指标。ε_0 可以看做是混凝土受压开始进入破坏阶段的界限应变值。试验表明，不同强度等级的混凝土，其 f_c 值虽然不同，但 ε_0 值则变化不大，通常为 $1.6\times10^{-3}\sim$ 2.0×10^{-3} 左右，我国"规范"对混凝土轴心受压时统一取 $\varepsilon_0\approx2.0\times10^{-3}$。$\varepsilon_{cu}$ 随混凝土等级的不同而变化较大，试验表明：混凝土强度等级愈高，ε_{cu} 愈小。ε_{cu} 还与截面的压应力分布状态及横向变形受约束的程度有关，非均匀受压时的 ε_{cu} 值高于均匀受压时，ε_{cu} 随横向约束程度的增加而增大。在无明显横向约束的受弯和偏心受压构件试验中所测得的混凝土受压边缘极限压应变 ε_{cu} 为 $\varepsilon_{cu}=2.0\times10^{-3}\sim6.0\times10^{-3}$ 甚至更大。故我国"规范"规定，对非均匀受压构件，则统一取最大受压边缘混凝土的极限压应变为 $\varepsilon_{cu}=3.3\times10^{-3}$。

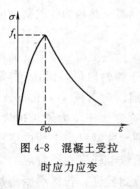

图 4-8　混凝土受拉
时应力应变

混凝土受拉与受压类似，也表现出随拉应力增大而愈加明显的弹塑性性质，其受拉应力应变曲线如图 4-8 所示。对应于轴心抗拉强度 f_t 的应变 ε_{t0} 很小，仅有 $0.15\times10^{-3}\sim0.2\times10^{-3}$ 左右。

2. 混凝土的徐变

混凝土在长期不变荷载作用下，随时间而增长的应变称为"徐变"。混凝土在长期不变荷载作用下将产生两部分应变：一部分是荷载刚作用就立即产生的瞬时应变；另一部分则是随时间的增长而额外增大的应变变形。后一部分应变就是混凝土的徐变，如图 4-9 所示。在不变应力作用下，徐变变形的速度先快后慢，随时间增长而逐渐趋近于某一数值。通常前四个月徐变增长较快，六个月即可达最终徐变值。完成最终徐变的时间可长达 1～4 年，甚至更久，最终徐变值可达初始瞬时应变时的 1～4 倍。

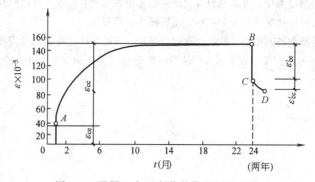

图 4-9　混凝土在不变荷载作用下的变形

试验表明，混凝土的徐变具有以下规律：

(1) 混凝土的应力越大，徐变变形也越大。当应力较小时（比如 $\sigma \leqslant 0.5 f_c$），徐变变形与初始应力成正比，称为线性徐变；当混凝土的应力较大时（$\sigma > 0.5 f_c$），徐变变形的增长比应力的增长快，称为非线性徐变。

(2) 加载时混凝土的龄期越早，受荷后所处环境的温度越高、湿度越低，徐变越大。

(3) 水泥用量多，水灰比大，构件体表比小，则徐变大。

(4) 骨料越坚硬，混凝土的徐变越小。

混凝土徐变对构件受力性能有重要影响，其中不利影响是主要的，表现在下述几方面：受弯构件在荷载长期作用下，由于压区混凝土产生徐变，可使长期挠度增大为短期挠度的两倍或更大；长细比较大的偏心受压构件，由于压区混凝土徐变引起侧向挠度增加而使偏心距加大，从而使构件承载力降低；在预应力混凝土构件中，由于混凝土徐变引起的预应力损失是预应力总损失的主要部分。因此，一般应尽量减少混凝土的徐变以避免其不利影响。混凝土徐变也有有利影响，如引起构件截面应力重分布或结构内力重分布，使构件截面应力分布或结构内力分布趋向均匀。例如钢筋混凝土轴心受压构件由于混凝土的徐变，使截面中混凝土的应力逐渐减小，而纵向受力钢筋的应力则逐渐增大，这种截面应力重分布使两种材料的强度都能得到充分利用。又如徐变可使结构因温差或变形引起的内力降低等。

思考题与习题

1. 试绘制有明显流幅钢筋的应力—应变曲线，并分析其特点。
2. 什么是屈服强度？什么是徐变？
3. 检验钢筋质量有哪几项指标？
4. 热轧钢筋分几级？
5. 钢筋冷拉与冷拔的目的是什么？
6. 如何确定混凝土的立方强度？与试块尺寸有何关系？
7. 混凝土抗拉强度是如何测试的？
8. 试绘制混凝土棱柱体在一次加荷下的应力—应变曲线，并说明各特征值。
9. 钢筋与混凝土之间的粘结力是如何产生的？

10. 对有屈服点的钢筋为什么取其屈服强度作为强度极限？没有屈服点的钢筋其强度怎么确定？

11. 混凝土的收缩和徐变对结构有何影响？怎样减小收缩和徐变？

12. 到实际现场进行钢筋的拉直、截断、弯钩、焊接、布筋和绑扎等实践或实习；进行一次混凝土配料、搅拌、运输、浇筑和养护基本程序训练；从事一次钢筋混凝土的支模、绑扎钢筋、浇筑混凝土、养护和拆模等工序的锻炼。

第五章 钢筋混凝土受弯构件正截面承载力计算

给水排水和环境工程结构中广泛应用的钢筋混凝土梁、板大都属于受弯构件，在荷载作用下，受弯构件的截面将承受弯矩 M 和剪力 V 的作用，因此，对受弯构件进行承载力极限状态计算时，一般应满足两方面要求：（1）受弯构件抗弯承载力计算；（2）弯剪作用共同存在时，还必须对受弯构件进行斜截面抗剪能力计算。

本章主要结合给水排水和环境工程专业特点，讨论最常见的单筋矩形截面和双筋矩形截面受弯构件的正截面受弯承载力计算。同时，介绍钢筋混凝土梁、板结构及承载力设计中有关构造要求。关于抗剪承载力的计算和构造在下一章中叙述。

第一节 单筋矩形梁正截面承载力计算

单筋矩形截面是受弯构件最基本的截面形式。所谓"单筋"，是指仅在截面的受拉区配置有按计算确定的纵向受拉钢筋。本节所述的"单筋矩形梁"正截面受弯承载力计算的各项原则，适用于所有的单筋矩形截面受弯构件。

在一般工业与民用建筑（即安全等级为二级）的结构构件，取结构重要性系数 $\gamma = 1.0$，这样对于钢筋混凝土受弯构件正截面受弯承载力计算，具体简化为：

$$M \leqslant M_u \tag{5-1}$$

式中　M——由外荷载在受弯构件正截面上产生的荷载效应设计值——弯矩设计值；

M_u——构件正截面抗力——受弯承载力，亦称截面的破坏弯矩。

如何确定正截面的受弯承载力，即破坏弯矩 M_u，是正截面承载力计算中所要讨论的关键问题。由于钢筋混凝土是由两种材料组成的，其中混凝土是一种非匀质、非弹性材料，所以钢筋混凝土受弯构件的受力性能不同于匀质弹性体受弯构件。在这种情况下，为了确定 M_u 的计算原则，就需要通过试验来掌握钢筋混凝土梁在荷载作用下的截面应力——应变分布规律和破坏特征。

一、钢筋混凝土梁正截面受弯性能的试验研究

为了研究受弯构件正截面的受弯性能，常采用图 5-1 所示的试验方案，即在一根简支梁上对称施加两个集中荷载 P。如果不考虑梁自重的影响，则在两个集中荷载之间的 CD 区段内梁的剪力为零，弯矩为一常量，即 $M = Pa$，CD 区段称为纯弯区段。采用这种荷载布置方案是为了在研究 CD 区段受弯性能时排除剪力的干扰。

在梁的纯弯区段两侧布置测点，用应变仪量测沿截面高度混凝土各纤维层的平均应变，在梁跨中的钢筋表面用电阻应变片量测钢筋应变；同时，在梁底设百（千）分表测量梁的挠度。试验常采用分级加载，每级加载后观察梁的裂缝出现和发展情况，读测应变和挠度值，直到梁破坏为止。

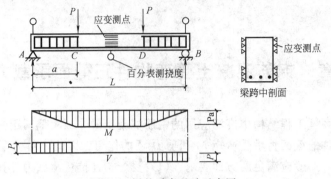

图 5-1　梁的受弯试验示意图

通过试验，我们可以观察梁的整个受力过程和变形发展情况，测定正截面的应变分布，并在此基础上分析确定截面的应力分布规律，以此作为建立计算公式的依据。现将试验分析结果介绍如下：

（一）钢筋混凝土梁正截面受力过程的三个阶段

大量试验研究表明，当配筋量适当时，钢筋混凝土梁从开始加荷直至破坏，其正截面的受力过程可以分为如下三个阶段（图 5-2）。

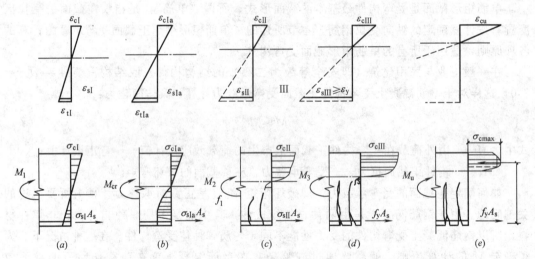

图 5-2　钢筋混凝土梁各受力阶段的截面应力、应变分布规律

（a）第 I 阶段；（b）第 I_a 阶段；（c）第 II 阶段；（d）第 III 阶段；（e）第 III_a 阶段

第 I 阶段：

当荷载很小，梁内尚未出现裂缝时，正截面的受力过程处于第 I 阶段。此时，截面受压区的压力由混凝土承担，而受拉区的拉力则由混凝土和钢筋共同承担。由于截面上的拉、压应力较小，钢筋和混凝土都处于弹性工作阶段，梁的工作性能与匀质弹性材料梁相似。因此，梁的挠度与荷载成正比，应变沿截面高度呈直线分布（即符合平截面假定），相应地受压区和受拉区混凝土的应力图形均为三角形。

随着荷载的增加，截面上的应力和应变逐渐增大。由于混凝土的抗拉强度较低，受拉区混凝土首先表现出塑性特征，应变比应力增长得快，因此应力分布由三角形逐渐变为曲

94

线形。当截面受拉边缘纤维的应变达到混凝土的极限拉应变时，相应的拉应力也达到其抗拉强度，受拉区混凝土即将开裂，截面的受力状态便达到第Ⅰ阶段末，或称为Ⅰ$_a$阶段。此时，在截面的受压区，由于压应变还远远小于混凝土弯曲受压时的极限压应变，混凝土基本上仍处于弹性状态，故其压应力分布仍接近于三角形。

第Ⅱ阶段：

受拉区混凝土一旦开裂，正截面的受力过程便进入第Ⅱ阶段。梁的第一根垂直裂缝一般出现在纯弯区段（弯矩最大的区段）受拉边缘混凝土强度最弱的部位。只要荷载稍有增加，在整个纯弯区段内将陆续出现多根垂直裂缝。在裂缝截面中，已经开裂的受拉区混凝土退出工作，拉力转由钢筋承担，致使钢筋应力突然增大。随着荷载继续增加，钢筋的应力和应变不断增长，裂缝逐渐开展，中和轴随之上升；同时受压区混凝土的应力和应变也不断加大，受压区混凝土的塑性性质越来越明显，应变的增长速度较应力快，故受压区混凝土的应力图形由三角形逐渐变为较平缓的曲线形。

在这一阶段，由于裂缝的出现和开展以及受压区混凝土弹塑性性能的影响，梁的刚度逐渐降低，挠度与荷载不再成正比，而是挠度比荷载增加得更快。

还应指出，当截面的受力过程进入第Ⅱ阶段后，受压区的应变仍保持直线分布。但在受拉区，由于已经出现裂缝，就裂缝所在的截面而言，原来的同一平面现已部分分裂成两个平面，钢筋与混凝土之间产生了相对滑移。显然，这与平截面假定发生了矛盾。但是试验表明，如果采用间距大于10～12.5cm，并大于裂缝间距的应变仪来量测受拉区应变时，就其所测得的平均应变来说，截面的应变分布大体上仍符合平截面假定。这个近似假定可以一直适用到第Ⅲ阶段。因此，图5-2（a）中各受力阶段的截面应变均假定呈三角形分布。

第Ⅲ阶段：

随着荷载进一步增加，受拉区钢筋和受压区混凝土的应力、应变也不断增大。当截面裂缝中的钢筋应力达到屈服强度时，正截面的受力过程就进入第Ⅲ阶段。这时，截面裂缝处的钢筋在应力保持不变的情况下将产生明显的塑性伸长，从而使裂缝急剧开展，中和轴进一步上升，受压区高度迅速减小，压应力不断增大，直到受压区边缘纤维的压应变达到混凝土弯曲受压的极限压应变时，受压区出现纵向水平裂缝，混凝土在一个不太长的范围内被压碎，从而导致截面最终破坏。我们把截面临破坏前（即第Ⅲ阶段末）的受力状态称为Ⅲ$_a$阶段。

在第Ⅲ阶段，由于受压区混凝土已充分显示出塑性特性，故应力图形呈更丰满的曲线形。在截面临近破坏的Ⅲ阶段，受压区的最大压应力不在压应变最大的受压区边缘，而在离开受压区边缘一定距离的某一纤维层上，这和混凝土轴心受压在临近破坏时应力应变曲线具有"下降段"的性质是类似的。至于受拉钢筋，当采用具有明显流幅的普通热轧钢筋时，在整个第Ⅲ阶段，其应力均等于屈服强度。

从上述分析可以看出，由于混凝土是一种弹塑性材料，应力应变不呈直线关系，因此钢筋混凝土梁从加荷到破坏，虽然截面的平均应变始终接近于直线分布，但截面上的应力图形在各个受力阶段却不断变化。应着重指出：Ⅰ$_a$阶段的截面应力分布图形是计算开裂弯矩M_{cr}的依据；第Ⅱ阶段的截面应力分布图形是受弯构件在使用阶段的情况，是受弯构件计算挠度和裂缝宽度的依据；Ⅲ$_a$阶段的截面应力分布图形则是受弯构件正截面受弯承载力计算的依据。

以上正截面受力的三个阶段只是对裂缝处的截面而言，而相邻裂缝间未开裂各截面的混凝土应力分布：在受拉区始终处于第Ⅰ阶段；在受压区则与裂缝截面类似。承载力计算问题只涉及到裂缝截面。

（二）配筋率对梁破坏性质的影响

上述正截面三个受力阶段的应力应变分布规律和破坏特征是根据具有正常配筋率的"适筋梁"的试验结果得出的；反过来说，凡具有上述三个受力阶段的钢筋混凝土梁，均属于适筋梁。

配筋率 ρ 是指受拉钢筋截面面积 A_s 与梁截面有效面积 bh_0 之比（图 5-3），即

$$\rho = \frac{A_s}{bh_0} \qquad\qquad (5\text{-}2)$$

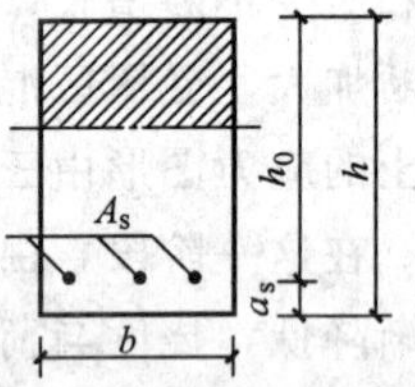

式中　A_s——受拉钢筋截面面积，mm^2；

　　　b——梁截面宽度，mm；

　　　h_0——梁截面有效高度，$h_0 = h - a_s$，mm；

　　　h——梁截面高度，mm；

图 5-3　配筋率示意图

　　　a_s——纵向受拉钢筋合力点至截面受拉边缘的距离，mm。

试验表明，当梁的配筋率超过或低于适筋梁的正常配筋率范围时，梁正截面的受力性能和破坏特征将发生显著变化。因此，随着配筋率的不同，钢筋混凝土梁可能出现下面三种不同的破坏形式：

1. 适筋破坏

适筋梁从开始加荷直至破坏，截面的受力过程符合前面所述的三个阶段。这种适筋梁的破坏特点是：受拉钢筋首先达到屈服强度，维持应力不变而发生显著的塑性变形，直到受压区边缘纤维应变到达混凝土弯曲受压的极限压应变时，受压区混凝土被压碎，截面即告破坏，其破坏类型属延性破坏。试验表明，适筋梁在从受拉钢筋开始屈服到截面完全破坏的这个过程中，虽然截面所能承担的弯矩增加甚微，但承受变形的能力却较强，截面的塑性转动较大，即具有较好的延性，使梁在破坏时裂缝开展较宽，挠度较大，而具有明显的破坏预兆（图 5-4a）。除此以外，钢筋和混凝土这两种材料的强度都能得到充分利用，符合安全、经济的要求，故在实际工程中，受弯构件都应设计成适筋梁。

2. 超筋破坏

配筋率过大的梁称为"超筋梁"。试验表明，由于超筋梁内钢筋配置过多，抗拉能力过强，当荷载加到一定程度后，在钢筋的拉应力

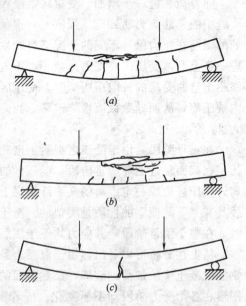

图 5-4　梁正截面的三种破坏性时

（a）适筋梁；（b）超筋梁；（c）少筋梁

尚未达到屈服强度之前，受压区混凝土已先被压碎，致使构件破坏（图 5-4b）。由于超筋梁在破坏前钢筋尚未屈服而仍处于弹性工作阶段，其延伸较小，因此梁的裂缝较细，挠度较小，破坏突然，其破坏类型属脆性破坏。超筋梁虽然配置有很多受拉钢筋，但其强度不能充分利用，这是不经济的，同时破坏前又无明显预兆，所以在实际工程中应避免设计成超筋梁。

3. 少筋破坏

配筋率过低的梁称为"少筋梁"。这种梁在开裂以前受拉区的拉力主要由混凝土承担，钢筋承担的拉力占很少一部分。到了第 I 阶段本，受拉区一旦开裂，拉力就几乎全部转由钢筋承担。由于钢筋数量太少，使裂缝截面的钢筋拉应力突然剧增至超过屈服强度而进入强化阶段，此时钢筋塑性伸长已很大，裂缝开展过宽，梁将严重下垂，即使受压区混凝土暂未压碎，但过大的变形及裂缝已经不适于继续承载，从而标志着梁的破坏（图 5-4c）。上述破坏过程一般是在梁出现第一条裂缝后突然发生，所以也属脆性破坏。因此，少筋梁也是不安全的。少筋梁虽然配了钢筋，但不能起到提高纯混凝土梁承载能力的作用，同时混凝土的抗压强度也不能充分利用，因此在实际工程设计中也应避免。

由此可见，当截面配筋率变化到一定程度时，将引起梁破坏性质的改变。既然在实际工程中不允许设计成超筋梁或少筋梁，就必须在设计中对适筋梁的配筋率范围做出规定。

二、单筋矩形梁的基本计算公式

（一）正截面承载力计算的基本假定

根据近年来所作的大量试验研究，我国规范对混凝土结构构件（包括受弯、轴心受压、偏心受压、轴心受拉、偏心受拉等不同受力类型的构件）的正截面承载力计算统一采用下列三项基本假定：

（1）平截面假定——截面应变保持平面。对有弯曲变形的构件，弯曲变形后截面上任一点的应变与该点到中和轴的距离成正比。

（2）不考虑混凝土的抗拉强度。对处于承载能力极限状态下的正截面，其受拉区混凝土的绝大部分因开裂已经退出工作，而中和轴以下可能残留很小的未开裂部分，作用相对很小，为简化计算，完全可以忽略其抗拉强度的影响。

（3）混凝土轴心受压时的应力应变关系曲线为抛物线，其极限压应变取 0.002，相应的最大压应力取为混凝土轴心抗压强度设计值 f_c；对非均匀受压构件（包括受弯、偏心受压及大偏心受拉构件），当压应变 $\varepsilon_c \leqslant 0.002$ 时，应力应变关系曲线为抛物线；当压应变 $\varepsilon_c > 0.002$ 时，应力应变关系曲线呈水平线，其极限 ε_{cu} 压应变取 0.0033，相应的最大压应力取为混凝土的抗压强度设计值 f_c。

上述假定对混凝土应力应变关系曲线采用了理想化的 σ_c-ε_c 曲线，如图 5-5 所示。曲线分两段组成。

第一段，当 $0 \leqslant \varepsilon_c < \varepsilon_0 = 0.002$ 时，σ_c 曲线为二次抛物线，其数学表达式为：

$$\sigma_c = 1000 \cdot \varepsilon_c \cdot (1 - 250\varepsilon_c)\sigma_0 \tag{5-3}$$

第二段，当 $\varepsilon_0 = 0.002 < \varepsilon_c \leqslant \varepsilon_{cu} = 0.0033$ 时，σ_c-ε_c 的曲线为一平行于 ε_c 轴的直线，即

$$\sigma_c = \sigma_0 \tag{5-4}$$

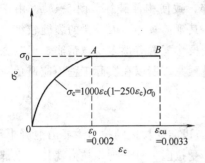

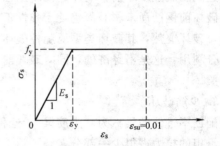

图 5-5 理想化的混凝土应力应变关系曲线　　　图 5-6　理想化的钢筋应力应变关系曲线

这一假定用于短形截面时，与试验值符合较好，但用于三角形、圆形等截面的受压区时，会有一定误差。

（4）钢筋应力取钢筋应变与其弹性模量的乘积，但不大于其强度设计值。受拉钢筋的极限应变取 0.01。

这一假定对钢筋的应力应变曲线采用了简化的理想化曲线，如图 5-6 所示。曲线亦分两段组成。

第一段，当 $0 \leqslant \varepsilon_s \leqslant \varepsilon_y$，时

$$\sigma_s = \varepsilon_s \times E_s \tag{5-5}$$

第二段，当 $\varepsilon_s > \varepsilon_y$，时

$$\sigma_s = f_y \tag{5-6}$$

（二）受压区应力图形的简化和混凝土的抗压强度（f_c）

在承载能力极限状态下，受弯构件压区混凝土的实际应力图形如图 5-2 中Ⅲ$_a$ 阶段的应力图所示。为了便于进行理论分析，通过上述基本假定已对其作了理想化处理。根据平截面假定，构件截面应变如图 5-7 （a）所示。破坏时，压区边缘达到极限压应变 $\varepsilon_c =$ 0.0033，中和轴处 $\varepsilon_0 = 0$，这之间成直线变化。而应力分布则根据第 3 项基本假定，在 $0 \leqslant \varepsilon_c \leqslant 0.002$ 时，为按式（5-3）的二次抛物线分布；在 $0.002 < \varepsilon_c \leqslant 0.0033$ 时，应力为常数，即按平行于截面高度方向的直线分布。于是得到图 5-7 （b）所示的理论曲线应力分布图形。

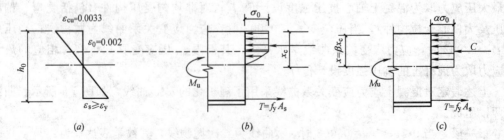

图 5-7　受压区应力图形的简化

因图 5-7 （b）的曲线应力图形的曲线函数式为已知，故可用积分法求得压区合力 c 及其作用点位置。但计算过于复杂，不便于设计应用，故需对压区混凝土曲线应力分布图形作进一步简化。通常是用一等效矩形应力图形图 5-7 （c）来代替曲线应力分布图形，等效

98

矩形应力分布图必须符合下面两个条件，才不致影响正截面受弯承载力的计算结果，而与图 5-7 (b) 所示的曲线应力分布图形等效。

（1）等效矩形应力图的合力应等于曲线应力图的合力；

（2）等效矩形应力图的合力作用点应与曲线应力图的合力作用点重合。

设曲线应力图形的高度为 x_c，等效矩形应力图形的高度为 $x=\beta x_c$。设曲线应力图形的峰值应力为 σ_0，等效矩形应力图形的应力为 $\alpha\sigma_0$。β 和 α 称为等效矩形应力图形的特征值。根据前面所述等效条件可以导得 β 和 α 值。在曲线应力图形的曲线函数式及受压区边缘极限应变 ε_{cu} 已确定的前提下，β 和 α 值将随受压区几何形状的不同而不同，对于矩形截面，$\beta=0.824$，$\alpha=0.968$。设受压区混凝土压应力的合力 C 到截面受压区边缘的距离为 D，则 $D=\gamma x_c$，由等效矩形应力图形理论求得 $\gamma=0.412$。为了简便，不论受压区为何种几何形状，规范统一取

$$x=\beta_1 x_c$$

$\beta_1=0.8$（当混凝土强度等级不超过 C50 时），$\beta_1=0.74$（当混凝土强度等级为 C80 时），其间按线形插入法确定。

$$\sigma_c=\alpha_1 f_c$$

$\alpha_1=1.0$（当混凝土强度等级不超过 C50 时），$\alpha_1=0.94$（当混凝土强度等级为 C80 时），其间按线形插入法确定。

由以上所述可知，f_c 与混凝土的其他强度指标 f_{cu}、f_c、f_t 等不同，f_{cu}、f_c、f_t 都是用一定的标准试块直接测定的实际强度，而弯曲抗压强度则只是一种通过构件试验结果推算出来的折算强度。

f_c 的标准值及设计值分别见附表一和附表二。

在以后的计算公式中，我们将等效矩形应力图形的高度 x 直接称为混凝土受压区高度。

（三）基本计算公式

根据前述基本假定及简化的受压区等效矩形应力图形，单筋矩形截面梁受弯承载力的计算图式如图 5-8 所示。

计算图式确定后，根据截面上力的平衡条件，即可建立梁的正截面受弯承载力计算公式。

由截面上各力在水平方向的投影之和为零（即 $\sum X=0$）的条件可得：

$$\alpha_1 f_c bx=f_y A_s \qquad (5-7)$$

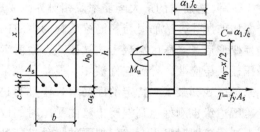

图 5-8　单筋矩形梁正截面强度计算图

由截面上各力对受拉钢筋合力作用点或对混凝土受压区合力作用点的力矩之和为零（即对 $\sum M=0$）的条件可得：

$$M_u=\alpha_1 f_c b\chi\left(h_0-\frac{\chi}{2}\right) \qquad (5-8)$$

或

$$M_u = f_y A_s \left(h_0 - \frac{\chi}{2} \right) \qquad (5-9)$$

在设计中，根据式（5-1）的要求，式（5-8）和式（5-9）应满足

$$M \leqslant M_u = \alpha_1 f_c b\chi \left(h_0 - \frac{\chi}{2} \right) \qquad (5-10)$$

或

$$M \leqslant M_u = f_y A_s \left(h_0 - \frac{\chi}{2} \right) \qquad (5-11)$$

式中　M——弯矩设计值，$N \cdot mm$ 或 $kN \cdot m$；

　　M_u——受弯承载力设计值，即破坏弯矩设计值，$N \cdot mm$ 或 $kN \cdot m$；

　　f_c——混凝土弯曲抗压强度设计值，N/mm^2；

　　f_y——钢筋抗拉强度设计值，N/mm^2；

　　A_s——受拉钢筋截面面积，mm^2；

　　b——梁截面宽度，mm；

　　χ——混凝土受压区高度，mm；

　　h_0——截面有效高度，即截面受压边缘到受拉钢筋合力点的距离，$h_0 = h - a_s$；

　　a_s——受拉钢筋合力点到梁受力边缘的距离，当受拉钢筋为一排时，$a_s = c + d/2$；

　　c——混凝土保护层厚度，mm；

　　d——受拉钢筋直径，mm；

　　α_1——系数。

式（5-7）、式（5-10）及式（5-11）即为单筋矩形梁正截面受弯承载力计算的三个基本公式。

三、基本公式的适用条件

基本公式（5-7）、（5-10）和（5-11）是根据适筋梁 III_a 阶段的应力状态推导而得的，故它们不适用于超筋梁和少筋梁。因此，必须确定适筋梁的最大配筋率和最小配筋率限值，并据此建立基本公式的适用条件。

（一）适筋梁的最大配筋率及相对界限受压区高度

如前所述，适筋梁与超筋梁破坏的本质区别在于，前者受拉钢筋首先屈服，经过一段塑性变形后，受压区混凝土才被压碎；而后者在钢筋屈服前，受压区混凝土首先达到弯曲受压极限压应变，导致构件破坏。显然，当梁的钢筋等级和混凝土强度等级确定以后，我们总可以找到某一个特定的配筋率，使具有这个配筋率的梁，当其受拉钢筋开始屈服时，受压区边缘也刚好达到混凝土弯曲受压时的极限压应变。也就是说，钢筋屈服与受压区混凝土被压碎同时发生。我们把梁的这种破坏特征称为"界限破坏"。不难看出，这个特定的配筋率就是适筋梁的最大配筋率 ρ_{max}，即当梁的配筋率 $\rho \leqslant \rho_{max}$ 时，而当 $\rho > \rho_{max}$ 时，则属于超筋梁。

我们还可以利用图 5-9 来说明这一点。在图 5-9 中，ab 线表示梁处于界限破坏时对截面的应变分布，当钢筋的应变 ε_s 等于它开始屈服时的应变值 ε_y 时（即 $\varepsilon_s = \varepsilon_y$），受压区上边缘的应变也刚好达到混凝土弯曲受压的极限应变值 ε_{cu}，此时，梁的配筋率为 ρ_{max}，相

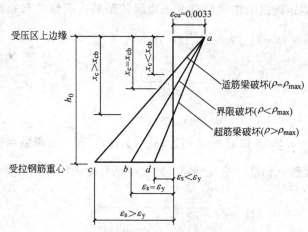

图 5-9　单筋矩形梁正截面强度计算图

应的受压区高度为 x_b，x_b 称为界限受压区高度，图 5-9 中的 x_{cb}。则是压区为曲线应力图时的界限受压区高度。

由截面破坏时的内力平衡条件式（5-7）$\alpha_1 f_c b x = f_y A_s$ 可得：

$$\rho = \frac{A_s}{bh_0} = \frac{x}{h_0} \cdot \frac{\alpha_1 f_c}{f_y} \tag{5-12}$$

式（5-12）表明，当材料强度一定时，配筋率 ρ 与相对受压区高度 $\frac{x}{h_0}$ 成正比。如果梁的实际配筋率 $\rho < \rho_{max}$，则相应的 $x < x_b$。根据平截面假定，此时的钢筋应变 ε_s 必然大于 ε_y，即 $\varepsilon_s > \varepsilon_y$，截面应变分布如图 5-9 中 ac 线所示。这说明在混凝土被压碎前，钢筋已经屈服，即属于适筋梁的破坏情况；反之，如果 $\rho > \rho_{max}$，则相应的 $\chi > x_b$。按平截面假定，此时钢筋应变：$\varepsilon_s < \varepsilon_y$，截面应变分布如图 5-9 中 ad 线所示。这说明受压区混凝土破坏时钢筋尚未屈服，即属于超筋梁的破坏情况。

通过上述分析可以看出，梁的破坏特征直接与截面破坏时的相对受压区高度 $\xi = \frac{x}{h_0}$ 有关。

令相对受压区高度为 $\xi = \frac{x}{h_0}$，则式（5-12）可以改写成：

$$\rho = \xi \frac{\alpha_1 f_c}{f_y} \tag{5-13}$$

或

$$\xi = \frac{x}{h_0} = \rho \frac{f_y}{\alpha_1 f_c} = \frac{A_s}{bh_0} \frac{f_y}{\alpha_1 f_c} \tag{5-14}$$

ξ 也称为截面配筋特征值或配筋指标，是一个反映梁基本性能的重要设计参数。

由图 5-9 的几何关系可得：

$$\frac{x_c}{h_0} = \frac{\varepsilon_{cu}}{\varepsilon_{cu} + \varepsilon_s}$$

式中 x_c 是由平截面假定确定的中和轴到受压边缘的距离，简称中和轴高度，而等效矩形应力图的压区高度为 $x=0.8$，即 $x_c=\dfrac{x}{0.8}$，代入式（5-14）得：

$$\xi=\frac{x}{h_0}=\frac{0.8\varepsilon_{cu}}{\varepsilon_{cu}+\varepsilon_s}=\frac{0.8}{1+\dfrac{\varepsilon_s}{\varepsilon_{cu}}} \tag{5-15}$$

将界限破坏时的 $\varepsilon_{cu}=0.0033$ 和 $\varepsilon_s=\varepsilon_y$，代入式（5-15），有明显屈服点的钢筋 $\varepsilon_y=\dfrac{f_y}{E_s}$。因此，可求得配置有屈服点钢筋（热轧钢筋及冷拉钢筋）时的相对界限受压区高度 ξ_b 为：

$$\xi_b=\frac{x_b}{h_0}=\frac{\beta_1}{1+\dfrac{f_y}{0.0033E_s}} \tag{5-16}$$

在普通钢筋混凝土结构中，通常只采用热轧钢筋作为纵向受拉钢筋，故式（5-16）已足够应用。

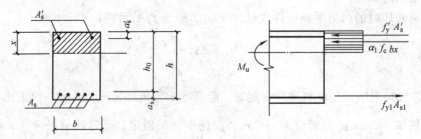

图 5-10　单筋矩形梁正截面承载力基本计算示意图

将不同强度等级钢筋的 f_s 和 E_s 代入式（5-16），即可求得配置各级钢筋时钢筋混凝土构件的相对界限受压区高度 ξ_b，现列于表 5-1 中，可供查用。

当 $\xi=\xi_b$ 时，相应的 ρ 即为 ρ_{max}。由式（5-13）有：

$$\rho_{max}=\xi_b\frac{\alpha_1 f_c}{f_y} \tag{5-17}$$

设计时，为使所设计的梁保持在适筋范围内而不致成为超筋梁，基本公式（5-7）（5-10）和（5-11）的适用条件为：

$$\left.\begin{array}{ll}
& \xi\leqslant\xi_b \\
\text{或} & x\leqslant x_b=\xi_b h_0 \\
\text{或} & \rho\leqslant\rho_{max}=\xi_b\dfrac{\alpha_1 f_c}{f_y} \\
\text{或} & M\leqslant M_{umax}=\alpha_1 f_c b x_b\left(h_0+\dfrac{x_b}{2}\right)
\end{array}\right\} \tag{5-18}$$

式（5-18）中的第四个表达式意味着超过最大配筋率的用钢量并不能提高梁的承载力；M_{umax} 为单筋矩形截面受弯承载力的上限值，这表明超筋梁是不经济的。

将 $x_b=\xi_b h_0$ 代入式（5-18）中的 M_{umax} 表达式，可得 M_{umax} 的另一种有用的表达式：

$$M_{umax} = \alpha_1 f_c b h_0^2 \xi_b (1 - 0.5\xi_b) \tag{5-19}$$

钢筋混凝土构件的相对界限受压区高度 ξ_b 表 5-1

钢筋级别	屈服强度 f_y/N·mm^{-2}	ξ_b值	钢筋级别	屈服强度 f_y/N·mm^{-2}	ξ_b值
HPB235	210	0.614	HRB400	360	0.518
HRB335	300	0.550	RRB400	360	0.418

(二) 适筋梁的最小配筋率

限制受弯构件的配筋率不低于最小配筋率是为了使构件不出现少筋梁的破坏现象。我们知道，梁在即将出现裂缝前（即在 I$_a$ 阶段），截面受拉区的拉力由混凝土和钢筋共同承担，此时截面所能抵抗的弯矩为 M_{cr}。如果梁内钢筋配置过少，钢筋所承担的那部分拉力也就很小，M_{cr} 就接近于纯混凝土梁的破坏弯矩 M_{cu}，即 $M_{cr} \approx M_{cu}$。裂缝出现后，在裂纹截面处，受拉区混凝土原承担的拉力转交给钢筋承担，由于钢筋数量过少，即使全部钢筋立即达到屈服强度，也承担不了由混凝土转交来的拉力，致使构件迅速破坏，这时，如按基本公式（III$_a$ 阶段）计算梁的破坏弯矩 M，必将小于 M_{cr} 或者说小于 M_{cu}。这说明梁内虽然配了钢筋，但由于数量太少，既不能改善纯混凝土梁的脆性破坏性质，又不能起到提高纯混凝土梁承载能力的作用，为了避免出现这种情况，原则上可以用 $M_u = M_{cu}$ 的条件来确定适筋梁的最小配筋率 ρ_{min}，即按最小配筋率配筋的梁，用基本公式所算得的破坏弯矩不应小于同截面、同强度等级的纯混凝土梁所能承担的弯矩。但确定 ρ_{min} 值是一个较复杂的问题，除上述原则外，它还涉及其他诸多因素，如裂缝控制，抗抵温、湿度变化以及收缩、徐变等引起的次应力等等。规范根据国内外的经验，各种构件的最小配筋率作了规定。

实心板　$\rho = 0.4\% \sim 0.8\%$

矩形梁　$\rho = 0.6\% \sim 1.5\%$

T 形梁　$\rho = 0.9\% \sim 1.8\%$

设计时，为避免设计成少筋梁，基本公式（5-7）、（5-10）和（5-11）的适用条件为：

$$\rho \geqslant \rho_{min} \tag{5-20}$$

当 $\rho < \rho_{min}$ 时，应按 $\rho = \rho_{min}$ 配筋。

四、基本公式的应用

在实际设计中，基本公式的应用主要有两种情况，即截面设计及截面复核。下面举例说明其设计计算步骤。

(一) 截面设计

截面设计是在已知弯矩设计值 M 的条件下，要求确定截面的尺寸及配筋。在这种情况下应先选择混凝土及钢筋的强度等级，然后假定截面尺寸 b、h，再利用基本公式（5-7）和（5-10）或（5-11）计算受拉钢筋面积 A_s，最后利用附表十四的钢筋表选出应配钢筋的直径和根数。

【例 5-1】　图 5-11 (a) 所示的钢筋混凝土简支梁的计算跨度 $l = 5.7\text{m}$，承受均布荷载设计值 22kN/m（包括梁自重）。试确定梁截面尺寸和配筋。

【解】

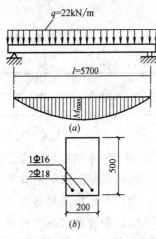

图 5-11　例 5-1 附图

1. 选择材料

梁、板混凝土及钢筋的强度等级应根据构件的使用要求、受力特点、施工方法和材料供应情况确定。本例采用 C20 混凝土及 HRB335 钢筋。查附录附表二和附表七得：

$$f_c = 9.6 \text{N/mm}^2，f_y = 300 \text{N/mm}^2。$$

2. 假定截面尺寸

梁、板截面高度 h 一般可根据以往设计经验和梁的刚度要求按高跨比 h/l 来确定（见本章第四节截面构造要求）。

本例采用

$$h = \frac{l}{12} = \frac{5700}{12} = 475 \text{mm}$$

取 $h = 500 \text{mm}$

$$b = \left(\frac{1}{3.5} - \frac{1}{2}\right)h = 143 - 250 \text{mm}$$

取 $b = 200 \text{mm}$

3. 内力计算

梁的跨中最大弯矩设计值为：

$$M_{max} = \frac{1}{8}(g+q)l^2 = \frac{1}{8} \times 22 \times 5.7^2 = 89.35 \text{kN} \cdot \text{m} = 89.35 \times 10^6 \text{N} \cdot \text{mm}$$

4. 配筋计算

在钢筋未选定之前必须知道 h_0 值，h_0 可预先估计。在一般情况下梁的混凝土保护层厚度为 20mm（见第四章），钢筋直径可假定为 20mm 左右，故当梁内布置一排受拉钢筋时，取 $h_0 = h - 35 \text{mm}$，布置两排钢筋时，取 $h_0 = h - (50 \sim 60) \text{mm}$。最后选定的钢筋直径可能大于或小于 20mm，只要差别不是过大，均不必再确定 h_0 重新计算。本例取：

$$h_0 = 500 - 35 = 465 \text{mm}$$

将各已知值代入式（5-10），得：

$$89.35 \times 10^6 = 1 \times 9.6 \times 200x\left(465 - \frac{x}{2}\right)$$

解得 $x = 114 \text{mm}$。通常由式（5-10）所得 x 的二次方程可解得两个正根，应取其中较小者作为受压区高度。

在 x 确定之后，最好立即验算是否满足不成为超筋梁的适用条件。当采用 HRB335 钢筋时，由表 5-1 查得 $\xi_b = 0.550$，则：

$x = 114 \text{mm} < \xi_b h_0 = 0.550 \times 465 = 253 \text{mm}$，满足要求。

将所得 x 代入式（5-7），可解得 A_s：

$$A_s = \frac{\alpha_1 f_c b x}{f_y} = \frac{1 \times 9.6 \times 200 \times 114}{300} = 729.6 \text{mm}^2$$

配筋率 $\rho = A_s/bh_0 = 729.6/(200 \times 465) = 0.78\% > \rho_{min} = 0.2\%$，满足最小配筋率要求，以上计算结果成立。

由附录十四选用 2Φ18+1Φ18，实际的 $A_s = 509 + 254.5 = 763.5\text{mm}^2$。从本例可见，截面设计并非单一解，当 M、f_c 和 f_y 已定时，可选择不同的截面尺寸，并得出相应的不同配筋量。截面尺寸越大（尤其是 h 越大），所需的钢筋就越少；反之就越多。根据实际工程经验，在满足适筋梁要求的条件下，截面选择过大或过小都会提高造价。为了获得较好经济效果，在梁的高宽比适宜的情况下，应尽可能控制梁的配筋率在经济配筋率范围之内。

本例 $\rho = 0.78\%$，在 $0.6\% \sim 1.5\%$ 范围内，可认为截面设计是合适的。

如果按初选的截面尺寸算出的 $x > x_b$ 或 $\rho > \rho_{max}$，则说明所选尺寸过小，这时应加大截面尺寸重新计算。若因其他原因不可能增大截面尺寸时，则可提高混凝土强度等级重新计算，或采用本章第二节所述的双筋矩形梁。如初选截面算得的 $\rho < \rho_{min}$，而又因其他原因不能减小截面尺寸时，则应按 $\rho = \rho_{min}$ 来配置钢筋。

（二）截面复核

实际工程中往往要求对设计图纸上的或已建成的结构构件作承载力复核，这时一般是已知材料强度等级（f_c、f_y）、截面尺寸（b、h）及配筋量 A_s。若设计弯矩 M 为未知，则可理解为求构件的抗力 M_u；若设计弯矩 M 也为已知，则可理解为求出 M_u 后与 M 比较，看是否能满足式（5-1）。

【例 5-2】 一块预制钢筋混凝土平板，截面尺寸及配筋如图 5-12 所示。混凝土 C20（$f_c = 9.6\text{N/mm}^2$），纵向受力钢筋为 HPB235 钢筋 5Φ6

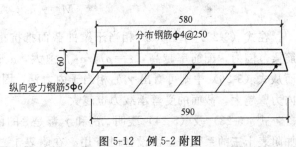

图 5-12 例 5-2 附图

（$f_y = 210\text{N/mm}^2$，$A_s = 142\text{mm}^2$），钢筋净保护层厚 $c = 10\text{mm}$。问此平板能否承担弯矩设计值 $M = 1.2\text{kN·m}$。

【解】

1. 确定截面有效高度 h_0

$$h_0 = h - a_s = h - \left(c + \frac{d}{2}\right) = 60 - \left(10 + \frac{6}{2}\right) = 60 - 13 = 47\text{mm}$$

2. 验算适用条件

$$\rho = \frac{A_s}{bh_0} = \frac{142}{580 \times 47} = 0.52\% \geqslant \rho_{min} = 0.2\%，由表 5-1 查得 \xi_b = 0.614，则 \rho_{max} = \xi_b \alpha_1 f_c /$$

$f_y = 0.614 \times 1 \times 9.6/210 = 2.8\% > \rho$

故截面配筋率满足适筋条件。

3. 由式（5-7）计算 $x = 5.4\text{mm}$

4. 由式（5-8）计算 M_u 并判断是否安全

$$M_u = \alpha_1 f_c bx\left(h_0 - \frac{x}{2}\right) = 1 \times 9.6 \times 580 \times 5.4 \times \left(47 - \frac{5.4}{2}\right) = 1.33 \times 10^6 \text{N·mm}$$

$$=1.33 \text{kN} \cdot \text{m} > M = 1.2 \text{kN} \cdot \text{m}$$

所以：截面安全。

五、计算系数表的编制和应用

从以上例题说明，设计截面必须求解二次方程，这虽无困难，但毕竟麻烦费时，为了简化计算，可根据基本公式制成计算系数表供设计时查用。计算系数表的形式很多，下面仅介绍其中一种可用于任意混凝土强度等级的常用系数表的编制及其应用。将式（5-10）改写成：

$$M = \alpha_1 f_c b h_0^2 \times \xi(1 - 0.5\xi) \tag{5-21}$$

而式（5-11）则可改写成：

$$M = f_y A_s h_0 (1 - 0.5\xi) \tag{5-22}$$

设

$$\alpha_s = \xi(1 - 0.5\xi) \tag{5-23}$$

$$\gamma_s = 1 - 0.5\xi \tag{5-24}$$

则式（5-21）和（5-22）即化为：

$$M = \alpha_s b h_0^2 \alpha_1 f_c \tag{5-25}$$

$$M = \gamma_s h_0 f_y A_s \tag{5-26}$$

在式（3-25）中，$\alpha_s b h_0$ 相当于梁的截面抵抗拒，因此 α_s 称为截面抵抗矩系数。在适筋梁范围内，配筋率越高，$\xi = \rho f_y / \alpha_1 f_c$ 愈大，α_s 也就愈大，截面的受弯承载力也愈大。而从式（5-26）中则可看出 $\gamma_s h_0$ 相当于内力臂，因此 γ_s 称为内力臂系数。γ_s 越大，意味着内力臂越大，截面的受弯承载力也越大。

式（5-23）及（5-24）表明，α_s 和 γ_s 都是 ξ 的函数，故可将它们之间的函数关系制成如附表十三的系数表，供设计时查用。在附表十三中，与各常用钢筋等级对应的 ξ_b 值已用粗黑线标出，当计算出的相应系数值未超出粗黑线时，就自然满足不成为超筋的条件，而不再需专门验算，但最小配筋率仍应验算。

在我们设计时，可由式（5-25）先算出 α_s，然后根据 α_s 由附表十三查得 ξ 或 γ_s，即可由式（5-14）或式（5-26）算出 A_s，但由 α_s 查取 ξ 或 γ_s 常需使用插值法，也不总是很方便的。另一种办法是将 ξ 和 γ_s 视为未知量，利用式（5-23）和式（5-24）联立求解，得到求 γ_s 和 ξ 的计算式如下，利用它们可直接计算 γ_s 和 ξ 而无需再查附表十三。

$$\xi = 1 - \sqrt{1 - 2\alpha_s} \tag{5-27}$$

$$\gamma_s = \frac{1 + \sqrt{1 - 2\alpha_s}}{2} \tag{5-28}$$

【例 5-3】 用系数表计算例题 5-1。

【解】 按例 5-1 的步骤确定 f_c、f_y、b、h 和 M，然后由式（5-25）得

$$a_s = \frac{M}{\alpha_1 f_c b h_0^2} = \frac{89.35 \times 10^6}{9.6 \times 200 \times 465^2} = 0.215$$

根据 $\alpha_s = 0.215$ 由附表十三查得 $\gamma_s = 0.877$，代入式（5-26）得

$$A_s = \frac{M}{\gamma_s h_0 f_y} = \frac{89.35 \times 10^6}{0.877 \times 465 \times 300} = 730.3 \text{mm}^2$$

计算结果与例 5-1 基本一致。

也可以根据 $\alpha_s = 0.215$ 由附表十三查得 $\xi = 0.245$，代入式（5-14）得

$$A_s = \xi b h_0 \frac{\alpha_1 f_c}{f_y} = 0.245 \times 200 \times 465 \times 9.6/300 = 729.2 \text{mm}^2$$

计算结果与例 5-1 基本一致。

【例 5-4】 用系数表计算例题 5-2

【解】 由式（5-14）得

$$\xi = \frac{A_s}{b h_0} \frac{f_y}{\alpha_1 f_c} = \frac{142 \times 210}{580 \times 47 \times 9.6} = 0.114$$

根据 $\xi = 0.114$ 由附表十三查出或由式（5-23）算出 $\alpha_s = 0.108$，代入式（5-25）得

$$M_u = \alpha_s b h_0^2 \alpha_1 f_c = 0.108 \times 580 \times 47^2 \times 9.6 = 1.33 \times 10^6 \text{N} \cdot \text{mm} = 1.33 \text{kN} \cdot \text{m}$$

计算结果与例题 5-2 相同。

第二节 双筋矩形梁正截面承载力计算

截面的受拉区和受压区都配有纵向受力钢筋的梁称为双筋梁。在梁内利用钢筋来帮助混凝土承担压力，虽然可以进一步提高截面的抗弯能力，但是并不经济，一般不宜采用。因此，只有在某些特殊情况下方采用双筋梁，例如，当构件承担的弯矩过大，而截面尺寸受建筑净空限制不能增大，混凝土强度等级也不宜再提高，采用单筋截面将无法满足 $x \leqslant \xi_b h_0$ 的条件时，则可考虑采用双筋梁。此外，当梁需要承担正负弯矩或在截面受压区由于其他原因配置有纵向钢筋时，亦可按双筋截面计算。

一、基本计算公式和适用条件

单筋矩形截面正截面受弯承载力计算的基本理论同样适用于双筋矩形截面，在此不再赘述。在双筋截面中必须注意的是受压钢筋的受力工作状态，受压钢筋所用的钢筋种类和受拉钢筋一样，通常也是 HPB235、HRB335、HRB400 级钢筋。这些钢筋的抗压强度设计值和抗拉强度设计值是相等的。在双筋矩形截面的基本公式中，受压钢筋的应力取值是一个关键问题，根据基本假定，受压钢筋的应力可以利用平截面假定和应力应变关系确定，钢筋抗压强度的上限值是根据均匀受压时混凝土的极限压应变为 0.002 确定的，由于受压钢筋和其周围的受压混凝土的应变应该一致，当混凝土达到破坏时，钢筋的应力最多只能到达 $0.002 E_s = 0.002 \times 2.0 \times 10^5 = 400 \text{N/mm}^2$，即当钢筋屈服点低于 400N/mm^2 时，其抗压强度应取屈服强度；当屈服强度高于 400N/mm^2 时，则钢筋抗压强度只能取 400N/mm^2，这就是附表一中钢筋抗压强度最多只取到 400N/mm^2 的道理。由此可知，在双筋矩形截面中，只要破坏时受压钢筋的应变不小于 0.002，其应力即可取抗压强度设计值。根据边缘极限压应变为 0.0033 及平截面假定，可以导得中和轴高度 $x_c \geqslant 2.5 a_s'$，即等效矩形应力图受压区高度 $x \geqslant 2.0 a_s'$ 时，受压钢筋的应变将不小于 0.002，即受压钢筋

的应力可取其抗压强度设计值。以上 a_s' 为受压钢筋截面重心至混凝土受压边缘的距离。在双筋矩形截面中，大部分情况均能满足 $x > 2a_s'$，故在基本公式中假定受压钢筋应力为抗压强度设计值，但应注意到必须保证受压钢筋不会在其应力到达抗压强度以前即被压屈而失效。由试验可知，当梁内布置有适当的封闭箍筋时（箍筋直径不小于受压钢筋直径 d 的四分之一，而间距 s 不应大于 $15d$ 或 $400\mathrm{mm}$，如图 5-13 所示），可以防止受压钢筋被压屈而向外凸出，从而使受压钢筋和混凝土能够共同变形。

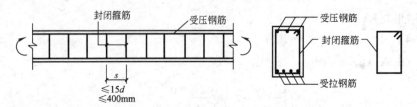

图 5-13 双筋截面梁中布置封闭箍筋的构造要求

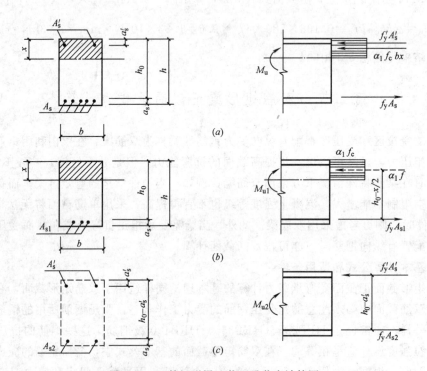

图 5-14 双筋矩形梁正截面承载力计算图

根据以上所述，双筋矩形梁正截面受弯承载力的计算图式可取如图 5-14（a）所示。由平衡条件可写出以下两个基本计算公式：

由 $\sum x = 0$ 得：

$$\alpha_1 f_c bx + f_y' A_s' = f_y A_s \tag{5-29}$$

式中　f_y'——钢筋的抗压强度设计值，$\mathrm{N/mm^2}$；

　　　A_s'——受压钢筋截面面积，$\mathrm{mm^2}$；

　　　a_s'——受压钢筋合力点到截面受压边缘的距离，mm。

其他符号意义同前。

$$\sum M = 0$$

$$M \leqslant M_u = \alpha_1 f_c bx \left(h_0 - \frac{x}{2}\right) + f_y' A_s' (h_0 - a_s') \tag{5-30}$$

为了便于利用单筋矩形梁的 ξ、γ、α_s，可用系数表来计算双筋矩形梁正截面受弯承载力，在实际计算中通常将双筋截面的抵抗弯矩 M_u 分为 M_{u1} 和 M_{u2} 两部分，$M_u = M_{u1} + M_{u2}$。其中：

(1) M_{u1} 计算。是由受压区混凝土的合力 $\alpha_1 f_c$ 和与其相对应的那部分受拉钢筋 A_{s1} 的合力 $A_{s1} f_y$ 所组成的抵抗弯矩（图 5-14b），此时相当于一单筋截面。由图 5-14 (b) 可写出：

$$\alpha_1 f_c bx = f_y A_{s1} \tag{5-31}$$

$$M_{u1} = \alpha_1 f_c bx \left(h_0 - \frac{x}{2}\right) = f_y A_{s1} \left(h_0 - \frac{x}{2}\right) \tag{5-32}$$

(2) M_{u2} 计算。则是由全部受压钢筋 A_s' 的合力 $f_y' A_s'$ 及与其相对应的那部分受拉钢筋 A_{s2} 的合力 $f_y A_{s2}$ 所组成的抵抗弯矩（图 5-14c），于是可写出：

$$f_y' A_s' = f_y A_{s2} \tag{5-33}$$

及

$$M_{u2} = f_y' A_s' (h_0 - a_s') = f_y A_{s2} (h_0 - a_s') \tag{5-34}$$

于是，正截面受弯承载力的设计表达式即为：

$$M \leqslant M_u = M_{u1} + M_{u2} \tag{5-35}$$

受拉钢筋总面积即为：

$$A_s = A_{s1} + A_{s2} \tag{5-36}$$

上述基本公式应满足下面两个适用条件：

(1) 为了防止构件发生超筋破坏，应满足：

$$x \leqslant \xi_b h_0$$

或

$$\rho = \frac{A_s}{bh_0} \leqslant \xi_b \frac{\alpha_1 f_c}{f_y}$$

或

$$M_{u1} \leqslant \alpha_1 f_c bh_0^2 \xi_b (1 - 0.5\xi_b)$$

(2) 为了保证受压钢筋在截面破坏时能达到抗压强度设计值，应满足：

$$x \geqslant 2a_s' \tag{5-37}$$

$$z \leqslant h_0 - a_s' \tag{5-38}$$

式中　z——内力臂，即受压区混凝土和受压钢筋的合力作用点至受拉钢筋合力作用点的距离。

双筋矩形梁不会成为少筋梁，故可不必验算最小配筋率。

如果不能满足式（5-38）的要求，即 $x<2a'_s$ 时，可近似取 $x=2a'_s$（即 $z=h_0-a'_s$），这时受压钢筋的合力将与受压区混凝土压应力的合力相重合（图 5-15），如对受压钢筋合力点取矩，即可得到正截面受弯承载力的计算公式为：

$$M\leqslant f_y A_s(h_0-a'_s) \tag{5-39}$$

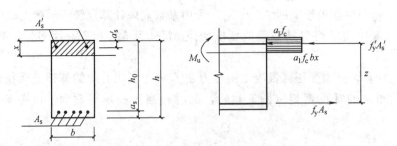

图 5-15 当 $x\leqslant 2a'_s$ 时的双筋梁计算示意图

这种简化计算方法回避了受压钢筋应力 $\sigma'_s(<f'_y)$ 为未知量的问题，且偏于安全。

当 $\xi\leqslant\xi_b$ 的条件未能满足时，原则上仍以增大截面尺寸或提高混凝土强度等级为好。只有在这两种措施都受到限制时，才可考虑用增大受压钢筋用量的办法来减小 ξ。在设计中必须注意到过多地配置受压钢筋将使总的用钢量过大，钢筋排列过密。而使施工质量难以保证且不经济。

二、截面设计和截面复核

（一）截面设计

设计双筋矩形截面时，A_s 总是未知量，而 A'_s 则可能遇到为未知或已知这两种不同情况。下面分别介绍这两种情况下的截面设计方法。

1. 已知 M、b、h 和材料强度等级，计算所需 A_s 和 A'_s

在两个基本公式（5-29）和（5-30）中共有三个未知数，即 A_s、A'_s 和 x，因而需再补充一个条件方能求解。在实际工作设计中，为了减少受压钢筋面积，使总用钢量 $A_s+A'_s$ 最省，应充分利用压区混凝土承担压力，因此，可先假设受压区高度 $x=x_b=\xi_b h_0$ 或 $\xi=\xi_b$，就使 x 或 ξ 成为已知，而只需求算 A_s 和 A'_s。具体计算步骤详见例题 5-5。

2. 已知 M、b、h 和材料强度以及 A'_s，计算所需 A_s

此时，A'_s 既然已知，即可按式（5-34）求出 M_{u2}，而 $M_{u1}=M_u-M_{u2}$。M_{u1} 确定后，即可按单筋矩形截面求解 x 或 ξ，并可利用 ξ、γ、a_s 系数表。ξ 确定以后，即不难求出 A_{s1}，或直接求出 A_s。具体计算步骤详见例题 3-6。

（二）截面复核

已知截面尺寸 b、h、材料强度等级以及 A'_s 和 A_s，需复核构件正截面的受弯承载力，即求截面所能承担的弯矩。

此时可首先由式（5-29）求得 x。当符合 $2a'_s\leqslant x\leqslant\xi_b h_b$ 时，可将 x 值代入式（5-30），便可求得正截面承载力 M_u。

若 $x<2a'_s$ 则近似地按式（5-38）计算 M_u，$M_u=f_y A_s(h_0-a'_s)$；

若 $x>\xi_b h_b$，则说明已为超筋截面。对于已建成的结构构件，其承载力只能按 $x=\xi_b h_0$ 计算，此时，将 $x=\xi_b h_0$ 代入式（5-30），所得 M_u 即为此梁的极限承载力。如果所复核的梁尚处于设计阶段，则应重新设计使之不成为超筋梁。

【例 5-5】 已知梁截面尺寸 $b=200\text{mm}$，$h=450\text{mm}$，混凝土 C20，钢筋 HRB335。梁承担的弯矩设计值 $M=157.8\text{kN}\cdot\text{m}$。试计算所需的纵向受力钢筋。

【解】

1. 查附表二和附表七得：$f_c=9.6\text{N/mm}^2$，$f_y=f_y'=300\text{N/mm}^2$。

2. 验算是否需用双筋截面

由于梁承担的弯矩相对较大，截面相对较小，估计受拉钢筋较多，需布置两排，故取 $h_0=450-60=390\text{mm}$。查表 5-1，$\xi_b=0.550$，则单筋矩形截面所能承担的最大弯矩为：

$$M_{u1max}=\alpha_1 f_c b h_0^2 \xi_b(1-0.5\xi_b)=1\times 9.6\times 200\times 390^2\times 0.550\times(1-0.5\times 0.550)$$

$$=116.5\times 10^6\text{N}\cdot\text{mm}=116.5\text{kN}\cdot\text{m}<M=157.8\text{KN}\cdot\text{m}$$

说明需用双筋截面。

3. 为使总用钢量最小，取 $x=\xi_b\cdot h_0$，则 $M_{u1}=M_{u1max}=116.5$

4. 由 (5-35) 和式 (5-34) 得：

$$M_{u2}=M-M_{u1}=157.8-116.5=41.3\text{kN}\cdot\text{m}$$

$$A_s'=\frac{M_{u2}}{f_y'(h_0-a_s')}=\frac{41.3\times 10^6}{300\times(390-35)}=387.8\text{mm}^2$$

从构造角度来说，A_s' 的最小用量一般不宜小于 $2\phi 10$，即 $A_{smin}'=157\text{mm}^2$。现 $A_s'=387.8\text{mm}^2>157\text{mm}^2$，故满足构造要求。

5. 由式 (5-29) 求得受拉钢筋总面积为：

$$A_s=\frac{\alpha_1 f_c \xi_b h_0+f_y'A_s'}{f_y}=\frac{9.6\times 200\times 0.550\times 390+300\times 387.8}{300}=1760.6\text{mm}^2$$

6. 实选钢筋

受压钢筋选用 $2\phi 16$，$A_s'=402\text{mm}^2$。

受拉钢筋选用 $3\phi 22+3\phi 16$，$A_s=1140+603=1743\text{mm}^2$ 或 $3\phi 22+2\phi 20$，$A_s=1140+628=1768\text{mm}^2$ 截面配筋如图 5-16 所示。

需要指出：如果按上述步骤算得的 A_s' 小于按构造要求的压筋面积时，则压筋应按构造选配置，此时便属于已知受压钢筋 A_s' 求受拉钢筋 A_s 的情况，应改用下面例题 5-6 的步骤计算。

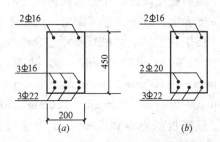

图 5-16　例 5-5 可供选用的两种截面配筋方案

【例 5-6】 已知数据同例 5-5，但梁的受压区已配置 $3\phi 18$ 受压钢筋，试求受拉钢筋 A_s。

【解】

1. 充分发挥已配 A_s' 的作用。查附表十四，得 $3\phi 18$ 的 $A_s'=763\text{mm}^2$。按式 (5-33) 和 (5-34) 有：$A_{s2}=A_s'\dfrac{f_y'}{f_y}=A_s'=763\text{mm}^2$

$$M_{u2}=f_y'A_s'(h_0-a_s')=300\times 763\times(390-35)=81.26\text{kN}\cdot\text{m}$$

2. 求 M_{u1}，并由 M_{u1} 按单筋矩形截面求 A_s

$$M_{u1}=M-M_{u2}=157.8-81.26=76.54\text{kN}\cdot\text{m}$$

$$a_s=\frac{M_{u1}}{\alpha_1 f_c b h_0^2}=76.54\times10^6/(1\times9.6\times200\times390^2)=0.262$$

根据 $a_s=0.262$，由附录表十三查得 $\gamma_s=0.845$ 及 $\xi=0.31$。

$$x=\xi h_0=0.31\times390=120.9\text{mm}>2a_s'=2\times35=70\text{mm}$$

$$A_{s1}=\frac{M_{u1}}{f_y\gamma_s h_0}=\frac{76.54\times10^6}{300\times0.845\times390}=774.2\text{mm}^2$$

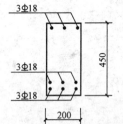

图 5-17 例 5-6 截面配筋

3. 受拉钢筋总面积：

$$A_s=A_{s1}+A_{s2}=774.2+763=1537.2\text{mm}^2$$

截面配筋如图 5-17 所示。

比较例 5-5 和例 5-6 可以看出，例 5-5 充分利用了混凝土的抗压能力，其总用钢量

$$A_s=A_{s1}+A_{s2}=1761+308=2069\text{mm}^2$$

或 $A_s+A_s'=1768+308=2076\text{mm}^2$，比例 5-6 的总用钢量 $A_s+A_s'=1537+763=2300\text{mm}^2$ 要省。

第三节 截面构造规定

设计钢筋混凝土结构构件，除了需要通过计算确定主要截面尺寸和配筋数量之外，还必须满足必要的构造规定。结构构件的构造规定，是根据长期生产实践经验和科学试验结果总结出来的。它主要考虑那些不需要或不可能通过计算来确定的问题。构造措施是否合理，对工程质量影响很大，对此决不应忽视。本节仅就与受弯构件正截面受弯承载力设计有关的一些构造问题说明如下：

一、梁、板的截面尺寸

梁的截面高度，在初选截面尺寸时，可参考表 5-2 估算。梁的宽度可根据截面的高宽比 h/b 确定。对于矩形截面梁一般取 $h/b=2.0\sim3.5$；T 形截面梁一般取 $h/b=2.5\sim4.0$，为了便于施工，梁的截面尺寸宜取整数。一般以 50mm 作为级差（较小的梁可用 20mm，较大的梁可用 100mm），故梁高 h 常采用 200mm、250mm、300mm、350mm、400mm……750mm、800mm、900mm、1000mm 等。梁宽 b 常采用 120mm、150mm、180mm、200mm、220mm、250mm、300mm、350mm 等。

现浇板的厚度以 10mm 作为级差，常用的厚度有 60mm、70mm、80mm、90mm、100mm 等。

随着生产的发展和各种新型构件的使用，构件的截面形状和尺寸也必然有所变化，上面提到的数字并非严格规定，设计时可根据施工条件和使用要求灵活掌握。

二、混凝土保护层

混凝土保护层是指钢筋外边缘到构件混凝土外边缘的距离，是用来保护钢筋不致锈蚀并使钢筋与混凝土之间具有足够粘结力的必要措施，如图 5-18 所示。梁、板受力钢筋的混凝土保护层厚度应遵守第四章第一节中所介绍的有关规定（参见表 4-1 等），一般情况下，梁的最小保护层厚度为 25mm，板的最小保护层厚度为 15mm。

估算梁截面用的高跨比 h/l　　　　　　　　表 5-2

构　件　种　类		h/l
整体肋形梁	次梁	1/18～1/12
	主梁	1/14～1/8
矩形截面独立梁	简支梁	≥1/14
	连续梁	≥1/18

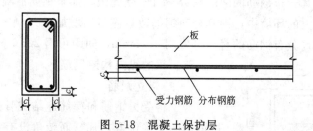

图 5-18　混凝土保护层

三、受力钢筋

梁、板受力钢筋的面积由计算确定，但其直径、间距、根数和排数应符合下述规定：

（一）梁

梁内纵向受力钢筋的直径 d：当梁高 $h \geq 300mm$ 时，d 不小于 10mm；当梁高 $h < 300mm$ 时，d 不宜小于 6mm。在同一根梁中，钢筋直径的种类不宜太多，且两种直径的差别应大于或等于 2mm，以使肉眼辨别。

为了保证混凝土的浇筑质量和便于绑扎钢筋，梁内下部纵向钢筋的净距不应小于钢筋的直径 d，也不得小于 25mm；构件上部钢筋的净距不得小于 $1.5d$ 及 30mm，如图 5-19 所示。

梁受拉区和受压区纵向受力钢筋的数目当 $b \geq 150mm$ 时应不少于两根，当梁宽 $b < 150mm$ 时可为一根。钢筋应沿梁宽均匀排列，一般排成一排。当根数较多，按一排布置不能满足保护层和钢筋净距要求时，可排成两排。在一般梁内最好不要布置成三排，以免内力臂减小太多，影响经济效果。对纵向受拉钢筋必须排成三排的大型梁，第三排钢筋的净距应比下面两排扩大一倍。

梁的纵向受力钢筋伸入支座内的数量：当梁宽 $b > 150mm$ 时，不应少于两根；当梁宽 $b < 150mm$ 时可为一根。

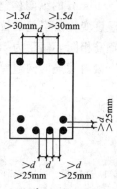

图 5-19　梁内受力钢筋间距的构造规定

（二）板

板中受力钢筋的直径通常采用 6mm、8mm、10mm 等。当预制板的厚度 $h \leq 40mm$ 时，可采用直径为 3mm、4mm、5mm 的冷拔低碳钢丝。

当采用绑扎网时，板中受力钢筋的间距不宜小于 70mm。同时，为了分散集中荷载，使板受力均匀，钢筋间距又不宜过大。当板厚 $h \leq 150mm$ 时，不应大于 200mm；当板厚 $h > 150mm$ 时，不应大于 $1.5h$，且不应大于 300mm。

板中伸入支座的钢筋，其间距不应大于 400mm，其截面面积不应小于跨中受力钢筋截面面积的 1/3。

四、板的分布钢筋

板内在垂直于受力钢筋的方向还应按构造要求配置分布钢筋，如图 5-18 所示。分布钢筋的作用是将板面上的集中荷载（或局部荷载）更均匀地传递给受力钢筋，并在施工时固定受力钢筋的位置，此外，分布钢筋还可承担由于混凝土的收缩和外界温度变化在结构中所引起的附加应力。

规范规定：单向板中垂直于受力方向单位宽度内的分布钢筋的截面面积不应小于单位宽度内受力钢筋截面面积的 10%，其间距不应大于 300mm。但对于预制板，当有实践经验或可靠措施时，其分布钢筋的间距和数量可不受此限。如果钢筋混凝土板处于温度变化频繁且变化幅度较大的环境中，则其分布钢筋数量应适当增加。

对于一般构件，分布钢筋的直径可采用 4～6mm，间距可用 200～300mm。

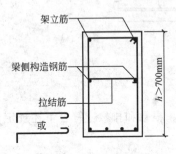

图 5-20　梁内纵向构造钢筋

五、梁的纵向构造钢筋

（一）架立钢筋

为了将受力钢筋和箍筋连结成骨架，并在施工中保持钢筋的正确位置，凡箍筋转角没有纵向受力钢筋的地方都应沿梁长方向设置架立钢筋，如图 5-20 所示。架立钢筋的直径，梁的跨度小于 4m 时，不宜小于 6mm；当梁的跨度为 4～6m 时，不宜小于 8mm；当梁的跨度大于 6m 时，不宜小于 10mm。

（二）梁侧构造钢筋及拉结筋

当梁高 $h>700$mm 时，在梁的两个侧面应沿高度每隔 300～400mm 设置一根直径不小于 10mm 的纵向构造钢筋，用以加强钢筋骨架的刚度，承受构件中部由于混凝土收缩及温度变化所引起的拉应力。梁侧构造钢筋应以拉结筋相连（图 5-20）。拉结筋直径一般与箍筋相同，间距为 500～700mm，常取为箍筋间距的整数倍。

梁内箍筋的构造要求详见第六章第三节。

思考题与习题

1. 试述板、梁中各钢筋的作用？
2. 试述"三种筋"破坏的特征？在设计中如何防止少筋梁和超筋梁？
3. 试述适筋梁破坏的三个阶段？
4. ξ_b 的意义？
5. 简述单筋截面受弯构件承载力设计和截面复核的步骤？
6. 简述双筋截面受弯构件承载力设计和截面复核的步骤？
7. 配筋率的意义？
8. f_c 值是根据什么确定的？它是否是混凝土的力学指标？
9. 说明公式法中 α_1、β_1 的物理意义？图表法中 α_s、γ_s、ξ 的物理意义？
10. 试就题 10 图所示回答下列问题？
   (1) 它们破坏的原因和性质有何不同？

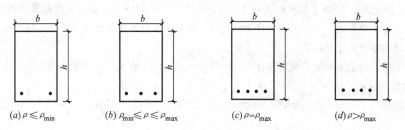

$(a)\rho\leqslant\rho_{min}$　　　$(b)\rho_{min}\leqslant\rho\leqslant\rho_{max}$　　　$(c)\rho=\rho_{max}$　　　$(d)\rho>\rho_{max}$

题 10 图

(2) 破坏时钢筋和混凝土是否充分利用?

(3) 破坏时钢筋的应力情况如何?

(4) 破坏时截面的极限弯矩 M_u 多大?

11. 泵站大梁跨度为 6.2m, 承受均布荷载设计值 26.5 (包括自重), 弯矩设计值 $M=127$kN·m, 试计算下面表格五种情况下的 A_s, 并讨论。

	梁高 mm	混凝土等级	梁宽 mm	钢筋级别	A_s
1	550	C20	200	Ⅰ	
2	550	C25	200	Ⅰ	
3	550	C20	200	Ⅱ	
4	650	C20	200	Ⅰ	
5	550	C20	250	Ⅰ	

(1) 提高混凝土的强度等级, 对配筋量的影响?

(2) 提高钢筋级别, 对配筋量的影响?

(3) 加大截面高度, 对配筋量的影响?

(4) 加大截面宽度, 对配筋量的影响?

12. 如题 12 图示, 钢筋混凝土梁, 结构安全等级 2 级, 承受恒载 $g_k=6$kN/m, 承受活载标准值 $P_k=15$kN/m, 采用的混凝土为 C20, 钢筋 HRB335, 梁的截面尺寸 $b\times h=250$mm×500mm, 试计算受拉钢筋数量。

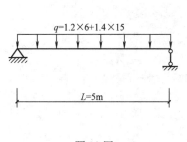

$q=1.2\times6+1.4\times15$

$L=5$m

题 12 图

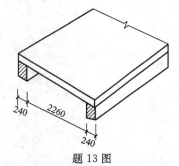

240　2260　240

题 13 图

13. 某净水池钢筋混凝土走道板如题 13 图示, 板厚 $h=80$mm, 板的重力标准值 $g_k=2$kN/m, 活荷载标准值 $p_K=2$kN/m, 混凝土采用 C15, 钢筋采用 HPB235, 计算板的受力钢筋面积。

14. 已知截面尺寸 $b\times h=250$mm×250mm, C20, 钢筋 HRB335, 受拉钢筋 4Φ18 ($A_s=1017$mm²), 设计弯矩 $M=100$kN·m。试验算梁是否安全?

15. 已知梁截面尺寸 $b\times h=200$mm×500mm, C20, 钢筋 HRB335 ($f_y=f'_y=300$N/mm²), 设计弯矩 $M=208$kN·m。试计算截面配筋。

16. 已知: 同上 15 题, 但已知梁的受压钢筋 ($A_s=603$mm²), 求受拉钢筋 A_s。

17. 已知污水池梁的截面尺寸 $b\times h=200$mm×400mm, C15, 受拉钢筋 HPB235 且为 3Φ25 ($A_s=$

1473mm²），受压钢筋为 2Φ16（$A'_s=402$mm²），设计弯矩 $M=92$kN·m，试验算此截面是否安全？

18. 钢筋混凝土简支梁，已知设计跨度 $l=5.6$m，梁上作用有均布载荷设计值 $g=3$kN/m，$q=22$kN/m，试确定该梁的截面尺寸及配筋。

19. 已知钢筋混凝土矩形梁，截面尺寸 $b×h=200$mm×450mm，C20，钢筋 HRB335，$A_s=804$mm²，试求该梁能承受的极限弯矩 M_u。

20. 已知截面尺寸 $b×h=200$mm×450mm，C20，钢筋 HRB335，设计弯矩 $M=174$kN·m，试计算截面配筋。

第六章　钢筋混凝土受弯构件斜截面承载力计算

在外荷载作用下，钢筋混凝土梁除产生弯矩外，还伴随有剪力作用。剪力和弯矩作用的区段称为梁的"剪弯区段"。试验表明，梁不仅在纯弯区段和剪力较小的剪弯区段内产生垂直裂缝，而且还在剪力较大的剪弯区段内产生斜裂缝（图6-1）。

一根由匀质弹性材料做成的梁，受外荷载作用后，剪弯区段的截面上都作用有正应力和剪应力，在正应力和剪应力共同作用下，梁截面上各点将产生方向和大小各不相同的主拉应力 σ_{tp} 和主压应力 σ_{cp}。梁的主应力轨迹线表示了梁内各点主应力作用方向的变化情况。混凝土在未开裂前，其受力情况接近于匀质弹性材料。由于混凝土的抗拉强度很低，因此，只要主拉应力超过了混凝土的抗拉强度，就将在垂直于主拉应力轨迹线的方向产生斜向裂缝。钢筋混凝土梁的破坏试验结果表明，如果梁的正截面已具有足够的受弯承载力，但其斜截面承载力不足时，梁就可能沿某条斜裂缝破坏。斜截面既可能是受剪破坏，也可能是受弯破坏。本章讨论的内容就是如何保证梁的斜截面具有足够的受剪和受弯承载力。

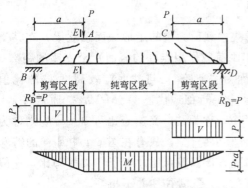

图6-1　对称加载的简支梁

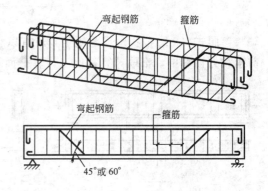

图6-2　钢筋骨架结构

为了避免沿斜截面破坏，除了要求梁具有合理的截面尺寸外，通常还需要在梁内配置一定数量的箍筋和弯起钢筋，这些钢筋统称为"腹筋"。箍筋一般均与梁轴线垂直，弯起钢筋则与梁轴线斜交，一般在梁高 $h<800\text{mm}$ 时，弯筋角度用 $45°$；$h>800\text{mm}$ 时，宜用 $60°$。弯筋通常由纵向受拉钢筋弯起而成，由于箍筋和弯起钢筋均与斜裂缝相交，因而能够有效地承担斜截面中的拉力，提高斜截面承载力。同时，箍筋、弯起钢筋还与梁内纵向受力钢筋和架立钢筋等绑扎或点焊在一起，构成了梁的钢筋骨架，如图6-2所示。

第一节　斜截面受剪破坏形态及受力特点

影响斜截面受剪破坏形态和受力特点的因素比较复杂。但试验表明，如果在剪切破坏的同时不至于发生纵筋屈服（斜截面受弯破坏）和粘结锚固破坏。则影响斜截面受剪破坏形态的主要因素是剪跨比和箍筋配筋率（以下简称配箍率）。对无腹筋梁主要是剪跨比，对有腹筋梁，剪跨比的影响减弱，而配箍率成为主要影响因素之一。因此，在介绍受剪破坏之前，先介绍剪跨比和配箍率的概念。

剪跨比 λ 是指如图 6-1 所示的剪弯区段中某一计算垂直截面的弯矩 M 与同一截面的剪力 V 和有效高度 h_0 乘积之比，即：

$$\lambda = \frac{M}{Vh_0} \tag{6-1}$$

从本质上说，剪跨比是代表同一计算截面上正应力与剪应力之比。从材料力学可知，对于矩形截面的弹性匀质材料梁，边缘正应力为 $\sigma = M/W = 6M/(bh^2)$；中和轴处的最大剪应力为 $\tau = 1.5V/(bh)$，则正应力与剪应力的比值为 $\sigma/\tau = 4M/Vh_0 = 4\lambda$。对于钢筋混凝土梁，在出现斜裂缝以前，可能产生剪切破坏的剪弯区段的受力状态接近于弹性匀质材料梁的受力状态。斜裂缝的出现及其特征与主应力状态有密切关系，而 σ/τ 是反映主应力状态的一个特征值，这也说明了剪跨比 λ 的物理意义。

对于图 6-1 所示的对称集中荷载作用下的简支梁，弯矩和剪力都达到最大值的截面为集中荷载作用点靠剪弯区段一侧的截面（图 6-1 中的 E—E 截面），该截面的弯矩为 $M = p \cdot a$，剪力为 $V = P$，故根据式（6-1），剪跨比可表达为：

$$\lambda = \frac{M}{Vh_0} = \frac{P \cdot a}{ph_0} = \frac{a}{h_0} \tag{6-2}$$

参照式（6-2），我国规范规定，所有以承受集中载荷为主的矩形截面独立梁，在其受剪承载力计算中，都取计算截面（计算截面取集中荷载作用点处的截面）至支座的距离 a

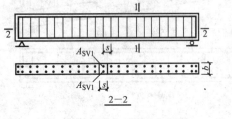

图 6-3 箍筋示意图

（称为"剪跨"）与截面有效高度 h_0 的比值 $\lambda = a/h_0$ 近似地代替 $\lambda = M/Vh_0$。通常将 $\lambda = M/Vh_0$ 称为"广义剪跨比"，$\lambda = a/h_0$ 则称为"计算剪跨比"，只有在图 6-1 中那样的特殊情况，计算剪跨比才等于广义剪跨比，一般情况下，二者往往并不相等。

梁的配箍率是指梁的纵向水平截面（图 6-3 中的 2—2 截面）中单位面积的箍筋含量，通常用百分率表示，即

$$\rho_{sv} = \frac{nA_{SV1}}{b \cdot s} \times 100\% \tag{6-3}$$

式中　ρ_{sv}——配箍率；

A_{SV1}——箍筋单肢的截面积，mm^2；

n——箍筋的肢数；

b——梁的截面宽度，对于 T 形、工字形截面，应取肋宽，mm；

s——箍筋间距，mm。

通过梁的斜截面受剪承载力试验可以发现，由于梁的受力情况和配筋情况不同，主要是剪跨比和配箍率的不同，斜截面的受剪破坏可能出现三种不同的形态：剪压破坏、斜拉

破坏和斜压破坏。现将三种破坏形态的受力特点分述如下：

一、剪压破坏

剪压破坏主要发生在剪跨比适中，腹筋配置适当时钢筋混凝土梁的剪弯区段，发生剪压破坏的梁，在荷载较小且尚未出现斜裂缝之前，箍筋中的拉应力很小，剪弯区段内的应力几乎全部由混凝土承担。随着荷载的增加，剪弯区段内的主应力不断增大。当主应力达到了混凝土抗拉强度时，就将在剪弯区段出现第一条斜裂缝。斜裂缝的形成有两种方式。一种是斜裂缝首先在梁腹板中部出现，然后向斜上方和斜下方发展。这种方式常发生在薄腹梁的支座附近和连续梁反弯点处以及预应力混凝土梁中；另一种形成方式是最常见的，首先由剪压区段受拉边缘出现垂直裂缝，随即向斜上方发展而成为第一条斜裂缝。在第一条斜裂缝出现后，随着荷载的增加，又会有若干条斜裂缝相继出现。当荷载增加到一定程度后，在多条斜裂缝中将

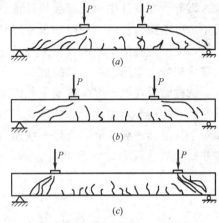

图 6-4　斜截面破坏的三种形态
(a) 斜拉；(b) 剪压；(c) 斜压

有一条明显加宽而形成所谓的"临界斜裂缝"，梁最终将沿这条斜裂缝发生剪切破坏（图 6-4b）。

临界斜裂缝出现后，梁内产生了明显的应力重分布现象，这种现象表现为：在斜裂缝中混凝土退出受拉工作，从而使箍筋的拉应力显著增大。剪压破坏的一个重要特点是临界斜裂缝并不会贯通整个截面高度，而在临界斜裂缝末端存在一个混凝土剪压区。这一剪压区混凝土既负担弯矩引起的压应力 σ_1，又承担剪应力 $\tau_{1\tau}$，有时还存在荷载直接作用引起的压应力 σ_τ，从而处于既受压又受剪的复合应力状态。

当荷载继续增加时，与斜裂缝相交的箍筋和纵向钢筋的应力迅速增大，斜裂缝不断开展，剪压区进一步缩小，最后，与斜裂缝相交的大部分箍筋的应力达到了屈服极限，剪压区混凝土在剪应力和压应力共同作用下也达到极限强度而破坏。

综上所述，斜截面剪压破坏发生在临界斜裂缝形成之后，破坏开始于箍筋的屈服，随后剪压区混凝土被压坏。剪压破坏时的受剪承载力主要取决于剪压区混凝土与临界斜裂缝相交的箍筋和纵筋的抗剪能力。

二、斜拉破坏

当梁的剪跨比较大，且配箍率过低时，斜截面受剪将发生斜拉破坏。

这种梁一旦出现斜裂缝，就会很快形成临界斜裂缝，并迅速伸展到受压边缘，使构件沿临界斜裂缝拉成两部分而破坏（图 6-4a）。出现斜裂缝时的荷载与破坏荷载之间的差距很小，临界斜裂缝的坡度较缓，伸展的范围较长，基本上不存在剪压区。由于这种破坏带有突然性，且混凝土的抗压强度得不到利用，故在设计中应避免设计成可能产生这种破坏的梁。

三、斜压破坏

这种破坏主要发生在剪跨比很小或剪跨比虽然适中但箍筋配置过多的情况，这种破坏是由主压应力超过混凝土的抗压强度而引起，它的破坏特点是：随着荷载的增加和梁腹中

主压应力的增大，梁腹被一系列平行的斜裂缝分割成许多倾斜的受压柱体，最后由于柱体中的混凝土被压碎而造成梁的破坏（图6-4c）。破坏时腹筋中的应力一般均未达到屈服强度，故腹筋未能充分利用。同时，这种破坏没有明显的临界斜裂缝，破坏的发生带有突然性。因此，在设计中也应避免设计成这种可能发生斜压破坏的梁。在 T 形或工字形截面梁中，由于腹板较薄，相对来说更容易发生这种破坏形态，故应引起注意。

以上所述梁的斜截面受剪三种破坏形态，如果与正截面受弯的三种破坏相类比，则剪压破坏相当于适筋破坏，斜拉破坏相当于少筋破坏；斜压破坏相当于超筋破坏。但必须注意，试验结果说明，梁斜截面受剪破坏时，无论发生哪种破坏形态，破坏前都没有明显的预兆性塑性变形，因此，总的来说，剪切破坏都属于脆性破坏，而只能说剪压破坏的延性相对于其他两种破坏形态要好一些而已。根据剪切破坏的脆性性质，我国规范在建立梁的斜截面受剪承载力设计公式时，采用了比正截面受弯承载力设计公式要大的目标可靠指标。

第二节　斜截面受剪承载力计算

一、斜截面受剪承载力计算公式

在前面介绍的斜截面三种主要受剪破坏形态中，剪压破坏是大量常见的破坏形态，剪压破坏的梁，由于与临界斜裂缝相交的大部分箍筋的应力首先达到屈服强度，经过一段流幅，而后混凝土剪压区才达到在剪应力和压应力共同作用下的极限强度而破坏，因而剪压破坏的延性较好；通过改变配箍率来调整的受剪承载力的变化幅度也较大。我们希望梁的受剪破坏具有这一形态。因此，我们将以斜截面剪压破坏的受力特点作为建立梁的受剪承载力计算公式的依据。

斜拉破坏可以通过规定最小配箍率的办法加以防止；斜压破坏则可通过限制截面最小尺寸或者说限制最大配箍率的办法加以控制。

由于受力状态及影响因素相当复杂，对斜截面受剪承载力的计算，目前尚未形成国内外统一的计算理论和方法，世界各国大多采用简化的假想模型加上试验修正的计算方法。我国现行规范所采用的计算方法是以国内大量试验结果为依据，在考虑主要影响因素的基础上建立起来的经验公式。

（一）影响斜截面受剪承载力的主要因素

我国目前所采用的受弯构件斜截面受剪承载力计算公式，根据试验分析，考虑了以下几方面影响斜截面受剪承载力的主要因素。

1. 混凝土强度等级的影响

混凝土强度等级愈高，梁的受剪承载力亦愈大，试验表明，当其他条件相同时，在常用混凝土强度等级范围内，可以认为梁的受剪承载力 V_u 与混凝土轴心抗压强度 f_c 之间具有线性关系（图6-5）。

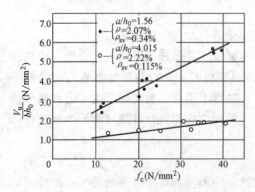

图 6-5　混凝土强度等级的影响

2. 配箍率和箍筋强度的影响

梁的抗剪试验结果表明，在临界斜裂缝出现以前，箍筋的应力很小，它对阻止斜裂缝的出现几乎没有什么作用，在临界斜裂缝出现以后，与斜裂缝相交的箍筋一方面直接参与抗剪；一方面将阻止斜裂缝的开展，从而相对增大了剪压区混凝土的面积，使梁的受剪承载力有较大提高。梁的受剪承载力随着配箍率及箍筋抗拉强度的增大而增大，试验资料的分析表明，当其他条件相同时，可以认为梁的受剪承载力 V_u 与配箍率 ρ_{sv} 及箍筋抗拉强度 f_{yv} 的乘积 $\rho_{sv} \cdot f_{yv}$ 之间具有线性关系。

3. 剪跨比的影响

剪跨比对受剪承载力影响的规律性比较复杂，试验表明，剪跨比对集中荷载作用下的无腹筋梁影响最为显著。试验可知：当剪跨比 $\lambda < 3.0$ 时，剪跨比愈小，梁的受剪承载力愈高；当 $\lambda > 3.0$ 时，受剪承载力趋于稳定，剪跨比的影响不再明显。对于均布荷载作用下的无腹筋梁，剪跨比应用跨高比 l/h_0 来表达。试验表明，均布荷载作用时受剪承载力随跨高比的增大而降低。当 $l/h_0 > 15$ 时，受剪承载力趋于稳定。总的说来均布荷载时受剪承载力随跨高比增大而下降的程度，比集中荷载时受剪承载力随剪跨比增大而下降的程度要小一些。

在有腹筋梁中，剪跨比的影响不及无腹筋梁那么显著，其影响程度与配箍率的大小有关，当配箍率较小时，剪跨比的影响较大；随配箍率的增大，剪跨比的影响逐渐减弱。

严格意义的剪跨比应该是广义剪跨比 $\lambda = M/Vh_0$，它与荷载的分布状态及构件的支承条件有关。在实际工程中，结构上的荷载情况是很复杂的，到目前为止，复杂荷载作用下的受剪试验资料还很少，关于剪跨比对梁受剪承载力影响的研究仍然不够充分，考虑到这种因素，同时也为了简化计算，规范所采用的计算方法只对集中荷载作用下的矩形截面独立梁才考虑计算剪跨比对受剪承载力的影响。除此以外的所有情况，则均不考虑剪跨比变化的影响。

除上述三个主要影响因素外，纵筋配筋率 ρ、加载方式及截面高度等因素对受剪承载力也有一定影响。纵筋的"销栓作用"有利于抗剪；另一方面，纵筋配筋率的大小将影响混凝土剪压区高度的大小，纵筋配筋率大时，剪压区高度会相应加大，这就间接地提高了梁的受剪承载力。但纵筋的影响程度与剪跨比有关，剪跨比小时，纵筋影响较明显；剪跨比大时，纵筋的影响程度下降。加荷方式是指荷载作用于梁的顶面（称"直接加载"）还是通过梁侧面作用于梁的高度范围内（称"间接加载"）。其他条件相同时，直接加载梁的受剪承载力高于间接加载梁。截面高度的影响是一种尺寸效应，试验表明，当其他条件相同时，梁的受剪承载力随梁高的加大而有所降低，其原因是梁高很大时在斜裂缝的起始端常有较明显的沿纵筋发展的撕裂裂缝而使纵筋的销栓作用明显降低。此外，大尺寸梁破坏时斜裂缝宽度也较大，裂缝处骨料咬合力的抗剪作用因而降低。这些影响因素由于影响程度相对较小，同时也很难一一做出定量分析，因此没有将其引入计算公式，而是在确定梁的受剪承载力的经验公式时，采用大量试验受剪承载力实测值分布的偏下线作为设计计算的受剪承载力，以适当考虑这些在公式中未得到反映因素的影响。

（二）受剪承载力计算公式

1. 仅配置箍筋的梁的计算公式

对于未配置弯起钢筋，或虽配置弯起钢筋但不考虑其参与抗剪的有箍筋梁，如果以符号 V_{cs} 表示破坏斜截面上混凝土和箍筋的受剪承载力设计值，则由前述主要影响因素的分析可知，V_{cs}/bh_0 和 $\rho_{sv}\cdot f_{yv}$ 及 f_t 之间均为线性关系，故当不考虑剪跨比影响时，可用下列两项和的线性表达式表达它们间的关系：

$$\frac{V_{cv}}{bh_0}=\alpha_c f_t+\alpha_{sv}\rho_{sv}f_{yv} \tag{6-4}$$

式中　α_c 和 α_{sv} 为待定系数。

式（6-4）也可改写为：

$$\frac{V_{cs}}{f_t bh_0}=\alpha_c+\alpha_{sv}\cdot\rho_{sv}\cdot f_{yv}/f_t \tag{6-5}$$

其中，$f_t bh_0$ 称为"剪切特征值"，它反映了极限平均（名义）剪应力 V_{cs}/bh_0 与混凝土 f_t 的相对关系，$\rho_{sv}f_{yv}/f_t$ 则称为"配箍特征值"。

根据大量受剪破坏试验实测结果，并经过可靠度分析，确定 $\alpha_c=0.7$；$\alpha_{sv}=1.25$，于是可得出：

$$\frac{V_{cs}}{f_t bh_0}=0.7+1.25\frac{\rho_{sv}f_{yv}}{f_t} \tag{6-6}$$

实测的承受均布荷载梁的剪切特征值与按公式（6-6）计算出的剪切特征值的对比实际工程可以看出，式（6-6）的计算值是偏于安全的。

将式（6-6）乘以 $f_t bh_0$，并将式（6-3）代入，且取 $nA_{sv1}=A_{sv}$，就得到仅配有腹筋梁的受剪承载力 V_{cs} 为：

$$V_{cs}=0.7f_t bh_0+1.25f_{yv}\frac{A_{sv}}{s}h_0$$

又按承载能力极限状态设计基本表达式，则得到梁斜截面受剪承载力设计计算公式：

$$V\leqslant V_{cs}=0.7f_t bh_0+1.25f_{yv}\frac{A_{sv}}{s}h_0 \tag{6-7}$$

式中　V——在所验算斜截面起始点处垂直截面中的剪力设计值；

　　　f_t、f_{yv}——分别为混凝土轴心抗拉强度设计值及箍筋抗拉强度设计值，按附表七或附表二取用。

式（6-7）等号右边的第一项，即 $0.7f_t bh_0$，实际上是根据均布荷载作用下的无腹筋梁的试验结果确定的。因此，可以说 $0.7f_t bh_0$ 就是承受均布荷载为主的无腹筋梁的斜截面受剪承载力设计值，式（6-7）中等号右边的第二项应理解为在配有腹筋的条件下，梁的受剪承载力设计值相对于无腹筋时可以提高的程度，而不能理解为箍筋所能承担的剪力。箍筋所承担的剪力应等于与破坏斜截面相交的那些箍筋的合力，即图 6-6 中的 V_{cs}，此合力与破坏斜截面的水平投影长度 c 和破坏时这些箍筋中的平均应力有关。虽然根据试验一般可取破坏时的箍筋平均应力为 $0.8f_{yv}$，但 c 却是一个不确定的随机变量。式（6-7）第二项中的 $1.25h_0$ 并不含有代表斜拉面水平投影长度的意义。在理论上可以认为 $V_{cs}=V_c+V_{sv}$，其中 V_c 为有腹筋梁中混凝土所承担的剪力，如图 6-8 所示，但实际上 V_c 和 V_{sv} 难以明确地分别确定。式（6-7）并不是按这种划分原则建立起来的。

公式（6-7）中的两个系数是根据均布荷载作用下的矩形截面简支梁、连续梁和约束梁的试验结果确定的。对于集中荷载作用下的矩形截面独立梁（包括简支梁、连续梁和约束梁），特别是当这种梁的剪跨比较大时，按式（6-7）计算是偏于不安全的，因而规范规定对集中荷载作用下的矩形截面独立梁（包括作用有多种荷载，且其中集中荷载对支座截面或节点边缘所产生的剪力值占总剪力值的 75% 以上的情况，以后由式（6-8）衍化的公式，适用范围均同此），则应考虑剪跨比的影响，并按下式计算：

$$V \leqslant V_{cs} = \frac{1.75}{\lambda+1} f_t b h_0 + 1.0 f_{yv} \frac{A_{sv}}{s} h_0 \tag{6-8}$$

式中　λ——计算截面的剪跨比，可取 $\lambda = a/h_0$；

　　　a——为计算截面至支座截面或节点边缘的距离。计算截面取集中荷载作用处的截面。当 $\lambda < 1.5$ 时，取 $\lambda = 1.5$；当 $\lambda > 3$ 时，取 $\lambda = 3$。计算截面至支座截面间的箍筋应均匀配置。以后凡需考虑剪跨比时，λ 的取值原则均同此。

公式（6-7）和（6-8）主要依据矩形截面构件的试验结果。对 T 形、工字形截面梁的试验较少，但试验表明，由于受压翼缘的存在，增大了混凝土剪压区面积，因而可提高这类梁的受剪承载力，但提高不多。由于试验数据不足，故规范规定，对 T 形和工字形截面梁不考虑翼缘对抗剪的有利作用，而仍按其肋部的矩形截面计算其受剪承载力，此外，T 形和工字形截面梁的受剪承载力计算还可不考虑剪跨比的影响，即 T 形和工字形截面梁不论作用为何种荷载时的斜截面受剪承载力，均可按公式（6-7）计算。

从式（6-7）和（6-8）可看出，对一般钢筋混凝土梁，当 6-9 成立，

$$V \leqslant 0.7 f_t b h_0 \tag{6-9}$$

以及对承受集中荷载为主的矩形截面独立梁，当 6-10 成立，

$$V \leqslant \frac{1.75}{\lambda+1} f_t b h_0 \tag{6-10}$$

就意味着在使用阶段一般不会出现斜裂缝，因而在理论上可采用无腹筋梁而不必配置箍筋。但在实际工程中，考虑到剪切破坏有明显的脆性，特别是斜拉破坏，斜裂缝一出现梁即告剪坏，故单靠混凝土承受剪力是不安全的。因而规范规定：仅对高度 $h < 150mm$ 的梁当满足式（6-9）或式（6-10）时，允许采用无腹筋梁而可不设置箍筋外，对其他情况，虽满足式（6-9）或式（6-10），仍应按构造要求配置箍筋。

对于钢筋混凝土板，通常不配置腹筋，如其不能满足式（6-9），则应增大板厚。由于板通常跨高（厚）比较大，起控制作用的总是正截面受弯承载力，式（6-9）总能得到满足，所以，对房屋结构的楼板、屋面板一般不必验算斜截面受剪承载力，只在楼面荷载相当大时，才验算之。这时，板一般都承受分布荷载，故不必考虑剪跨比影响而按式（6-9）验算。

2. 必须利用弯起钢筋抗剪的梁的计算公式

梁的跨中正弯矩在接近支座时逐渐减小，所需受拉钢筋也可减少，故常在支座附近将部分多余正弯矩钢筋弯起以抵抗剪力而节约抗剪箍筋。当支座处剪力较大，仅用箍筋抗剪会形成箍筋过密时，也可设置专门的抗剪弯筋以分担剪力。此时，斜截面受剪承载力应按6-11 计算：

$$V \leqslant V_{cs} + V_{sb} \tag{6-11}$$

式中 V_{sb}——与破坏斜截面相交的弯起钢筋所能承担的剪力设计值。

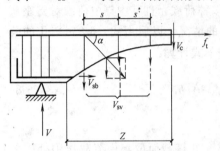

图 6-6 破坏斜截面分割脱离体

试验表明，V_{sb} 随弯筋截面积的增大而增大，二者成线性关系。斜截面受剪破坏时，弯起筋可能达到的应力与弯筋和斜裂缝相交交点的位置有关：当弯筋临界斜裂缝的交点交于临界斜裂缝起始端时，弯筋将达到其抗拉强度设计值；当交点位于临界斜裂缝末端时，则会因接近受压区，弯筋应力将达不到其抗拉强度设计值。故弯筋在受剪破坏时的应力是不均匀的，公式中应当反映这一情况。

弯筋的抗剪作用如图 6-6 所示，它所能承担的剪力设计值可按下式计算：

$$V_{sb} = 0.8 f_y A_{sb} \sin\alpha_s \tag{6-12}$$

式中 A_{sb}——与所验算斜截面相交的同一弯起平面内弯起钢筋的截面面积，mm^2；

α_s——弯起钢筋与梁纵向轴线的夹角，在一般梁中用 $\alpha_s = 45°$，当梁高 $h > 800mm$ 时，宜用 $\alpha_s = 60°$；

f_y——弯起钢筋的抗拉强度设计值，N/mm^2；

0.8——弯起钢筋的应力不均匀系数。

将式（6-12）及式（6-7）或式（6-8）所确定的 V_{cs} 代入式（6-11），可得到既配置箍筋又配置弯起钢筋共同抗剪的梁的斜截面受剪承载力设计公式：

对一般梁：

$$V \leqslant 0.7 f_t bh_0 + 1.25 f_{yv} \frac{A_{sv}}{s} h_0 + 0.8 f_y A_{sb} \sin\alpha_s \tag{6-13}$$

对于承受集中荷载的矩形截面独立梁：

$$V \leqslant \frac{1.75}{\lambda + 1} f_t bh_0 + 1.0 f_{yv} \frac{A_{sv}}{s} h_0 + 0.8 f_y A_{sb} \sin\alpha_s \tag{6-14}$$

二、受剪承载力计算公式的适用范围

如前所述，以上斜截面受剪承载力设计公式是以剪压破坏为依据建立起来的，因此不适用于斜压破坏和斜拉破坏。为了避免设计成这两种可能出现的破坏形态的梁，在运用时，必须符合以下两方面的限制条件：

（一）最小截面尺寸

规定最小截面尺寸的目的主要是防止斜压破坏，另外也可防止构件在使用阶段斜裂缝过大和腹筋布置过多过密不便于施工等情况的发生。规范规定，矩形、T 形和工字形截面的受弯构件，其受剪截面应符合下列条件：

当 $\frac{h_w}{b} \leqslant 4$ 时

$$V \leqslant 0.25 \beta_c f_c bh_0 \tag{6-15}$$

当 $\dfrac{h_w}{b} \geqslant 6$ 时

$$V \leqslant 0.2\beta_c f_c bh_0 \tag{6-16}$$

当 $4 < \dfrac{h_w}{b} < 6$ 时，按直线内插法取用，也可按下式计算

$$V \leqslant 0.25\left(14 - \dfrac{h_w}{b}\right)\beta_c f_c bh_0 \tag{6-17}$$

式中　h_w——梁截面的腹板高度。矩形截面取有效高度 h_0；T 形截面取有效高度减去翼缘高度；工字形截面取腹板净高。

β_c——混凝土强度等级影响系数，当混凝土强度等级$\leqslant$C50 时，取 $\beta_c = 1.0$；当混凝土强度等级为 C80 时，取 $\beta_c = 0.8$；其间按线性内插法确定。

如不能满足式（6-15）~式（6-17）的要求时，则应加大梁截面尺寸或提高混凝土强度等级，直到满足为止。

（二）最小配箍率

为防止在剪跨比较大的梁中出现突然发生的斜拉破坏，以及使梁的实际受剪承载力，特别是截面高度较大梁的受剪承载力不低于按基本计算公式求得的受剪承载力，当梁不能满足式（6-9）或（6-10）要求，而需通过受剪承载力计算来确定腹筋用量时，计算所得的箍筋用量应满足下列条件：

$$\rho_{sv} \geqslant \rho_{sv,min} = 0.24\dfrac{f_t}{f_{yv}} \tag{6-18}$$

当一般梁按 $\rho_{sv} = \rho_{sv,min}$ 配箍时，则可直接按最小配箍率配置箍筋，并且同时还应满足箍筋最小直径和最大间距的构造规定。

单纯用最小配箍率来控制箍筋的最低用量是不够的，还必须对箍筋最小直径和最大间距规定出限制条件，因为当箍筋间距过大时，如图 6-7（a）所示，斜裂缝将有可能不与箍筋相交或相交在箍筋不能充分发挥作用的部位，这时箍筋将无法起到有效提高梁受剪承载力的作用。此外，在梁内设置较密的箍筋还能减小斜裂缝宽度和增强纵向钢筋在支座处的锚固。为了使钢筋骨架具有足够的刚度，箍筋直径也不应过小。综合考虑以上因素后，规范对箍筋的最大间距和最小直径作了具体规定，箍筋的最大容许间距 s_{max} 详见第三节表 6-2 及有关说明，对箍筋最小直径的要求则详见第三节表 6-1 及有关说明。

还需指出，当梁内配置有弯起钢筋时，如图 6-7（b）所示，前一排弯起钢筋的弯起点

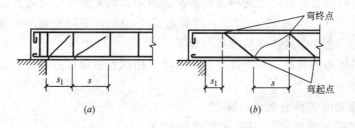

图 6-7　箍筋间距及弯起筋示意

至后一排弯起钢筋弯终点之间的水平距离 s，以及第一排弯起钢筋的弯终点至梁支座边缘的水平距离 $s_1 \geqslant 50\text{mm}$，也不得大于表 6-2 中 $V > 0.7\beta_c f_t bh_0$ 一栏里规定的箍筋最大容许间距 s_{max}。规范规定，除去高度在 150mm 以下的梁可以不设箍筋，以及高度在 150～300mm 之间的梁，当其中部 $l/2$ 跨度范围内没有集中荷载作用时，可在其中部 $l/2$ 跨度范围内不设箍筋外，在其他各种形式的梁内，都必须沿梁全长设置箍筋。

上述基本公式的适用条件在图 6-9 和图 6-10 中都有明确的表达。

三、斜截面受剪承载力计算步骤

（一）受剪承载力的设计步骤

一般是已知截面的剪力设计值、构件截面尺寸及混凝土强度等级，求箍筋用量或求箍筋和弯起钢筋用量。

首先必须确定应进行斜截面受剪承载力计算的部位。在计算斜截面受剪承载力时，一般是取作用在该斜截面范围内的最大剪力，即斜截面起始端的剪力作为剪力设计值，这是偏于安全的。一般应对以下部位为起始端的斜截面进行受剪承载力计算：

(1) 支座边缘处的截面（图 6-8a、b 中的 1—1 截面）；

(2) 受拉区弯起钢筋弯起点处的截面（图 6-8b 中的 2—2 和 3—3 截面）；

(3) 箍筋截面面积或间距改变处的截面（图 6-8a 中的 4—4 截面）；

(4) 腹板（梁肋）宽度改变处的截面。

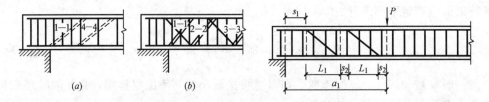

图 6-8　受剪承载力各截面计算示意

对上述部位的斜截面，可按下列步骤进行斜截面受剪承载力计算：

1. 梁截面尺寸复核

梁的截面尺寸一般是根据正截面承载力和刚度等要求确定的。从斜截面受剪承载力方面还应按公式（6-15）～（6-17）验算截面尺寸，如不满足式（6-15）～（6-17），则应加大截面尺寸或提高混凝土强度等级，直到满足为止。

2. 决定是否需要进行斜截面承载力计算

若梁所承受的剪力较小，而截面尺寸又较大，能满足公式（6-9）或公式（6-10）时，则可按前述有关箍筋直径和间距的构造要求配置箍筋，而无需再作受剪承载力计算。

如果不满足式（6-9）或式（6-10），但满足式（6-19），则可按最小配箍率和相应的构造要求配置箍筋，也无需再作受剪承载力计算。

如果上述条件均不满足，则应继续以下步骤，根据受剪承载力设计公式计算所需腹筋数量。

3. 仅配置箍筋时的箍筋数量计算

根据公式（6-7）或公式（6-8）可算出要求的 A_{sv}/s，即：

对一般梁：

$$\frac{A_{sv}}{s} = \frac{V - 0.7f_t bh_0}{1.25f_{yv}h_0} \tag{6-19}$$

对集中荷载作用下的矩形截面独立梁：

$$\frac{A_{sv}}{s} = \frac{V - \dfrac{1.75}{\lambda+1}f_t bh_0}{1.0f_{yv}h_0} \tag{6-20}$$

A_{sv}/s 值确定后，即可选择一合适的箍筋直径和肢数以确定 A_{sv}，再由 A_{sv}/s 值算出 s，并参照构造要求和尾数取整原则确定实用的 s 值。应在满足构造要求的原则下使实际采用的 A_{sv}/s 值尽量接近上列公式计算的 A_{sv}/s 值。

如其在不宜再增大箍筋直径的情况下所得箍筋间距过密，则宜考虑采用弯起钢筋与箍筋共同抗剪。

4. 采用弯起钢筋与箍筋共同抗剪，确定腹筋用量

此时有两种计算方法。一种是先选定箍筋数量（包括箍筋肢数、直径和间距），然后计算所需弯起钢筋数量。箍筋既已选定，就可利用公式（6-7）或（6-8）算出 V_{cs} 值，需要的弯起钢筋截面面积则可由公式（6-13）或（6-14）算出：

$$A_{sb} = \frac{V - V_{cs}}{0.8f_y \sin a_s} \tag{6-21}$$

另一种计算方法是先选定弯起钢筋截面面积，然后计算箍筋，箍筋用量可按下列公式确定：

$$\frac{A_{sv}}{s} = \frac{V - 0.7f_t bh_0 - 0.8f_y A_{sb}\sin\alpha_s}{1.25f_{yv}h_0} \tag{6-22}$$

或

$$\frac{A_{sv}}{s} = \frac{V - \dfrac{1.75}{\lambda+1.0}f_t bh_0 - 0.8f_y A_{sb}\sin\alpha_s}{1.0f_{yv}h_0} \tag{6-23}$$

后一种方法宜用于跨中正弯矩钢筋较富余，可以弯起一部分用来抵抗剪力时。

若剪力图为三角形（均布荷载作用时）或成梯形（集中荷载和均布荷载共同作用时），则弯起钢筋的计算应从支座边缘截面开始向跨中逐排计算（图 6-7b），直至不需要弯起钢筋为止（例 6-1）。当剪力图为矩形时（集中荷载作用时），则在每一等剪力区段只需计算一个截面，然后按允许最大间距 $s_{\max}$ 在所计算的等剪力区段内确定所需弯起钢筋排数，每排弯起钢筋的截面面积均不应小于计算值。

（二）受剪承载力的校核步骤

受剪承载力校核是指已知构件的截面尺寸、混凝土强度等级、箍筋和弯起钢筋的级别和配置数量，反过来确定斜截面所能承担的剪力。此时可首先计算配箍率 ρ_{sv}，$\rho_{sv} \leqslant \rho_{sv,\min}$，则受剪承载力应按式（6-9）或式（6-10）确定；如其 $\rho_{sv} > \rho_{sv,\min}$，则应按式（6-15）~（6-17）确定受剪承载力上限值 $V_{u,\max}$。然后区别只配置箍筋或同时配有箍筋和弯起筋的两种不同情况，分别利用公式（6-7）或（6-8）、公式（6-13）或（6-14）计算斜截面受剪承载力，如果 $V_u \leqslant V_{u,\max}$，则 V_u 即为梁所能承受的剪力设计值；若 $V_u > V_{u,\max}$，则应取 $V_{u,\max}$ 作为所验算梁能够承受的剪力设计值。

【例 6-1】已知钢筋混凝土矩形截面简支梁，作用有均布荷载设计值 68kN/m（包括梁自重）。梁净跨 $l_0 = 5300$mm，计算跨度 $l = 5500$mm，截面尺寸 $b \times h = 250$mm×

550mm。混凝土采用 C20，$f_c = 9.6 \text{N/mm}^2$，$f_t = 1.1 \text{N/mm}^2$；受拉钢筋用 HRB335，$f_y = 300 \text{N/mm}^2$；箍筋用 HPB235，$f_{yv} = 210 \text{N/mm}^2$，根据正截面受弯承载力计算已配有 6Φ22拉筋，按两排布置。分别按下列两种情况计算其受剪承载力：

(1) 由混凝土和箍筋抗剪；

(2) 由混凝土、箍筋和弯起钢筋共同抗剪。

【解】

1. 求支座边缘的剪力设计值

$$V_A = \frac{1}{2}ql_0 = \frac{1}{2} \times 68 \times 5.3 = 180.2 \text{kN}$$

2. 校核截面尺寸

$$h_w = h_0 = 550 - 60 = 490 \text{mm}$$

$$\frac{h_w}{b} = \frac{490}{250} = 1.96 < 4$$

$$0.25\beta_c f_c b h_0 = 0.25 \times 1 \times 9.6 \times 250 \times 490 = 294 \text{kN} > V = 180.2 \text{kN}$$

截面尺寸满足要求。

3. 验算是否需要配置腹筋

$$0.7 f_t b h_0 = 0.7 \times 1.1 \times 250 \times 490 = 94.325 \text{kN} < V = 180.2 \text{kN}$$

故必须按构造配置腹筋。

4. 腹筋计算

(1) 第一种情况：梁中仅配箍筋

$$\frac{A_{sv}}{s} = \frac{V - 0.7 f_t b h_0}{1.25 f_{yv} h_0} = \frac{180200 - 0.7 \times 1.1 \times 250 \times 490}{1.25 \times 210 \times 490} = 0.668 \text{mm}^2/\text{mm}$$

采用双肢 $\phi 8$ 箍筋，$A_{sv1} = 50.3 \text{mm}^2$

$$s = \frac{2 \times 50.3}{0.668} = 150.6 \text{mm}$$

取 $s = 150 \text{mm}$，由第三节表 6-2 查得 $V > 0.7 f_t b h_0$，$500 \text{mm} < h \leqslant 800 \text{mm}$ 时，$[s_{\max}] = 250 \text{mm}$，取 s 满足要求。

配箍率 $\qquad \rho_{sv} = A_{sv}/b \times s = 2 \times 50.3/250 \times 150 = 0.268\%$

最小配箍率 $\quad \rho_{sv,\min} = \dfrac{0.24 f_t}{f_{yv}} = \dfrac{0.24 \times 1.1}{210} = 0.126\% < \rho_{sv} = 0.268\%$

选用 $\phi 8@150$（双肢），沿梁长布置，满足要求。

(2) 第二种情况：梁中用箍筋和弯起钢筋共同抗剪。可先按构造配置箍筋，初步选用 $\Phi 6@250$ 双肢箍筋，$A_{sv1} = 28.3 \text{mm}^2$

$$\rho_{sv} = \frac{n A_{sv1}}{bs} = \frac{2 \times 28.3}{250 \times 250} = 0.091\%$$

而 $\qquad \rho_{sv,\min} = 0.24 \dfrac{f_t}{f_{yv}} = \dfrac{0.24 \times 1.1}{210} = 0.126\% > \rho_{sv}$

箍筋数量不足，改用φ6@150 双肢箍筋，则

$$\rho_{sv}=2\times28.3/250\times150=0.151\%>0.126\%\quad 满足要求。$$

取弯起钢筋弯起角 $a_s=45°$，计算第一排弯起钢筋的需求量：

$$A_{sb1}=\frac{V_A-0.7f_tbh_0-1.25f_{yv}\dfrac{nA_{sv1}}{s}h_0}{0.8f_y\sin a_s}$$

$$=\frac{180200-0.7\times1.1\times250\times490-1.25\times210\times\dfrac{2\times28.3}{150}\times490}{0.8\times300\times\sin45°}$$

$$=220mm^2$$

由跨中拉筋中弯起 $1\Phi22$，$A_{sb1}=380.1mm^2$，满足计算所需的 A_{sb1}。

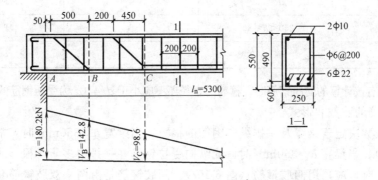

图 6-9　例 6-1 计算简图及弯起筋构造要求

验算是否需要第二排弯起钢筋，如图 6-9 所示，第二排弯起钢筋的面积应根据第一排弯起钢筋弯起点 B 处 V_B 计算。由于纵向拉筋混凝土保护层为 25mm，故第一排弯起钢筋弯起点和弯终点间的水平距离为 $550-25\times2=500mm$，于是 B 点距支座边缘的水平距离即为 $50+500=550mm$。求 B 截面剪力设计值：

$$V_B=180.2-68\times0.55=142.8kN$$

而 B 截面的　$V_{cs}=0.7f_tbh_0+1.25f_{yv}\dfrac{A_{sv}}{s}h_0$

$$=0.7\times1.1\times250\times490+1.25\times210\times\frac{56.6}{150}\times490$$

$$=142860=142.8kN=V_B$$

故不需第二排弯起钢筋。

为了说明前文内容提到的弯起钢筋构造要求，在此我们假设该例 $V_{cs}<V_B$ 时，也就意味着需要弯起第二排钢筋，接着计算第二排弯起钢筋的面积 A_{sb2} 并布筋，如果没有受力筋所以弯起或不允许受力筋弯起时，采用"鸭筋"（在梁板中单独增加抵抗斜截面剪力的受力钢筋叫鸭筋）来实现。如图 6-11 所示。同时验算是否需要第三排弯起钢筋。第三排弯起钢筋应按第二排弯起钢筋弯起点的 V_c 计算。根据弯起钢筋的构造要求，弯起起点和

弯起终点的水平距离应满足 $s<[s_{max}]=250mm$。如果取 $s=200mm$ 进行计算，则 c 截面 V_c 处的剪力设计值即可求出（图 6-9）。

第三节　箍筋及弯起钢筋的构造要求

一、箍筋的构造要求

（一）箍筋的直径

梁中的箍筋一般采用 HPB235 钢筋，为了节约钢材，也可采用冷拉 HPB235 钢筋或冷拔低碳钢丝，梁中箍筋最小直径及常用直径可按表 6-1 选用。

梁中箍筋直径（mm）

表 6-1

项　次	梁高 h(mm)	最小直径	常用直径
1	$h\leqslant250$	4	4～6
2	$250<h\leqslant800$	6	6～10
3	$h>800$	8	8～12

当梁中配有按计算的受压钢筋时，箍筋的直径还不应小于 $d/4$（d 为受压钢筋的最大直径）。

（二）箍筋的肢数和形式

箍筋的肢数决定于梁宽及一排纵向钢筋的根数：当梁宽 $b<350mm$ 时，常用双肢箍筋（图 6-10a、b）；当梁宽 $b>350mm$ 时，或纵向受拉钢筋在一排中多于 5 根（或一排受压钢筋多于 3 根）时，应采用四肢箍筋（图 6-10c）。四肢箍筋是由两个双肢箍筋套叠组成。箍筋一般都做成封闭式，其形式见图 6-10 所示。

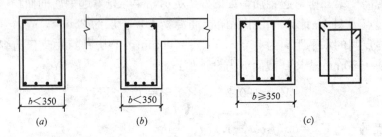

图 6-10　开口式箍筋形式

（三）箍筋的间距

架内箍筋间距不宜过密，否则不便于施工。一般箍筋间距不小于 100mm。箍筋间距也不应过大，其最大间距应符合表 6-2 的规定。当梁内配置有受压钢筋时，在绑扎骨架中，箍筋间距不应大于 15d（d 为受压钢筋的最小直径），同时在任何情况下均不应大于 400mm，以防止受压钢筋在临近破坏时在较大长度内失稳。在绑扎骨架中非焊接的搭接接头长度范围内：当搭接钢筋为受拉时，其箍筋间距不应大于 5d；当搭接钢筋为受压时，其箍筋间距不应大于 10d（d 为受力钢筋的最小直径）。

在梁的支座范围内，一般需加配一两个箍筋，以加强纵筋在支座的锚固。

梁高 h(mm)	$V>0.7f_tbh_0$	$V\leqslant0.7f_tbh_0$
$150<h\leqslant300$	150	200
$300<h\leqslant500$	200	300
$500<h\leqslant800$	250	350
$h>800$	300	500

二、弯起钢筋的构造要求

（一）弯起钢筋的直径和根数

弯起钢筋一般是由纵向受力钢筋弯起而成，故其直径与纵向受力钢筋相同。为了保证足够的纵向钢筋伸入支座，梁跨中纵向钢筋最多弯起 2/3、至少应有 1/3 且不少于两根沿底伸入支座，位于梁底两侧的纵筋不应弯起。

（二）弯起钢筋的位置

弯起钢筋的位置（排数）和根数是按斜截面受剪承载力计算确定的，弯起钢筋的位置还应保证斜截面受弯承载力的构造要求和图 6-8（b）所示的规定。

梁中弯起钢筋的弯起角度一般取 45°。当梁高大于 800mm 时，可取为 60°。

（三）弯起钢筋的锚固

如果弯起钢筋在其弯终点处不需再继续延伸，则必须留够锚固长度后方可截断，以保证弯起钢筋起到受力作用，具体锚固长度见图 6-11 所示。规范规定，当弯起钢筋在梁的受压区锚固时，其锚固长度不应小于 $10d$；

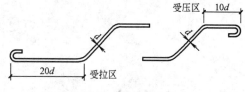

图 6-11　弯起筋构造要求

当在梁的受拉区锚固时，其锚固长度不应小于 $20d$（d 为弯起钢筋的直径）。对光面钢筋在末端尚应设置弯钩（图 6-11）。

思考题与习题

1. 为什么梁在一般跨中产生垂直裂缝，而在支座附近产生斜裂缝？

2. 斜裂缝的破坏形态有几种？分析各自的特点？

3. 影响斜截面承载力的主要因素是什么？

4. 试述斜截面承载力的计算步骤？

5. 有关配箍率与弯起筋的构造要求？

6. 有腹筋梁斜截面公式中各符号的意义，首项与无腹筋梁斜截面公式意义是否相同？如果集中荷载作用下，公式怎样变化？式中 λ 的意义及限值？

7. 某均布荷载简支梁，包括自重在内的设计荷载 $q=20$kN/m，截面 $b\times h=200$mm$\times500$mm，梁的净跨 $l_0=5.0$m，混凝土 C20，箍筋 HPB235，构件安全等级 Ⅱ级，试计算梁的箍筋。

8. 一根承受均布荷载（$q=18$kN/m）与集中荷载的简支梁，设计集中荷载 $P_1=P_2=40$kN，P_1 到左支点的距离为 2m，P_2 到右支点的距离为 2m，且 P_1 与 P_2 之间的距离为 2m，截面尺寸 $b\times h=200$mm$\times550$mm，混凝土 C20，梁内配有 4Φ20 的纵向受拉钢筋，箍筋采用 HPB235，试设计梁的斜截面。

9. 钢筋混凝土矩形截面简支梁，承受荷载设计值 $P_1=P_2=92kN$，P_1 到左支点的距离为 1875mm，P_2 到右支点的距离为 1875mm，且 P_1 与 P_2 之间的距离为 2m，设计均布荷载 $g+q=7.5kN/m$（包括自重），梁截面尺寸为 $b×h=250mm×600mm$，配有 4Φ25 的纵筋，C25，箍筋采用 HPB235，求所需的箍筋用量？

10. 矩形截面简支梁截面尺寸 $b×h=200mm×500mm$，$l_0=4.24m$，承受均布荷载设计值（包括自重）$q=100kN/m$，C20，箍筋用 HPB235，求箍筋数量。

11. 已知某一简支梁，截面尺寸 $b×h=300mm×700mm$，在梁的净跨三分点处作用一对集中的设计荷载 $p=162.8kN$（包括自重），且间距都为 2.5m，C20，箍筋采用 HPB235，试设计梁的斜截面。（受力钢筋已配有 2Φ22＋2Φ20＋2Φ18）

12. 某简支梁，设计均布荷载 $q=65kN/m$，截面尺寸为 $b×h=250mm×650mm$，采用 C20，箍筋采用 HPB235，已配两排纵向受拉钢筋 4Φ20＋2Φ22（$A_s=2020mm^2$），求腹筋数量？

第七章 钢筋混凝土受压构件承载力计算

第一节 轴心受压构件

外荷载的合力与构件轴线相重合的受压构件称为轴心受压构件。在实际工程中，理想的轴心受压构件是不存在的，因为由于施工中构件截面尺寸、钢筋位置的偏差和混凝土浇筑质量的不均匀等因素，常使构件的实际轴线偏离几何轴线而处于偏心受压状态，而且荷载作用位置的偏差以及构件截面中可能作用的计算未考虑到的附加弯矩，也将使实际压力偏离轴线。但当上述偏心矩很小时，在设计中可以忽略不计，而把柱子近似看作是轴心受压构件。例如大型水池中无梁顶盖的支柱或一般对称框架的中柱，当仅有垂直荷载作用时，虽然由于结构的连续性而同时受轴心压力和附加弯矩的作用，但因附加弯矩很小，故在设计中一般仍按轴心受压柱进行计算。

一、轴心受压短柱的破坏特征

钢筋混凝土轴心受压短柱的强度试验表明，当柱承受荷载后，截面中的钢筋和混凝土同时受压，截面中的应变是均匀的，随着荷载的增加，柱截面中钢筋和混凝土的压应力不断加大。在临近破坏时，柱子出现纵向裂缝，混凝土保护层剥落，最后，破坏部位箍筋间的纵向钢筋被局部压屈并向外凸出，被箍筋包围的核心部分混凝土被压碎而使柱子破坏（图7-1）。

试验表明，由于钢筋和混凝土之间存在着粘结力，故从开始加荷到破坏的整个过程中，钢筋与混凝土的压应变始终是相同的，即 $\varepsilon_s' = \varepsilon_c$，其应力分别为 $\sigma_s = \varepsilon_s E_s$，$\sigma_c = \varepsilon_c E_c'$。因为 $E_s > E_c'$，所以 $\sigma_s > \sigma_c$，即混凝土与钢筋应变相等而应力不同。正如第四章已经指出的，随着荷载的逐渐加大，混凝土的弹塑性性能表现得逐渐明显，塑性应变在总应变中所占的比重不断增大，变形模量 E_c' 逐渐降低，从而使柱中混凝土压应变的增长速度随荷载的增加而逐渐变快（图7-2a）。但是混凝土应力的增长速度却逐渐变慢（图7-2b），这是因为钢筋这时仍处于弹性阶段，它的应力增长速度必将随着柱中混凝土压应变的增长而加快（图7-2c），

图 7-1 钢筋混凝土短柱
的破坏情况

从而，在荷载逐步增大的过程中，混凝土承担压力的百分比不断减小，而钢筋承担压力的百分比则不断增加，这就是在轴心受压构件中随着荷载不断增大，混凝土塑性性能引起的钢筋与混凝土之间应力重分布的现象。

若纵向钢筋采用的是强度不太高的 HPB235、HRB335、HRB400 热轧钢筋，由于钢筋屈服时的压应变一般均低于混凝土破坏时的压应变，因此在混凝土受压破坏前，钢筋应

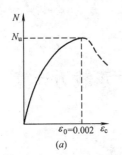 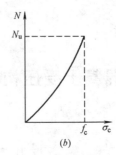 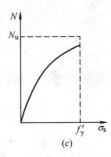

(a)　　　　　　　　(b)　　　　　　　　(c)

图 7-2　应力、应变与荷载的关系曲线

力将先达到抗压屈服强度。再继续加大荷载，钢筋应力将基本保持不变，荷载全部由混凝土承担，直到混凝土达到其轴心抗压强度而被压坏为止。在这类构件中，钢筋和混凝土的抗压强度都能得到充分利用，若所用钢筋的强度过高，则钢筋屈服时的压应变将大于混凝土破坏时的压应变，即当混凝土破坏时，钢筋尚未达到屈服强度，这样，钢筋的应力就只能根据钢筋和混凝土的应变协调条件来确定，为此，《规范》统一取对应于混凝土轴心抗压强度的压应变为 $\varepsilon_0 = 0.002$，并把与它相对应的钢筋应力 $\sigma_s = E_s \varepsilon_0 = 2.0 \times 10^5 \times 0.002 = 400\text{N/mm}^2$，作为钢筋抗压强度设计值的上限，于是，当采用强度过高的钢筋作为受压钢筋时，其抗压强度设计值只能取 $f_y' = 400\text{N/mm}^2$，如附表四和附表五所示。这说明把强度过高的钢筋用作受压钢筋是不经济的。

二、长细比的影响

如上所述，钢筋混凝土柱都不可避免地具有初始编心，如图 7-3 (a) 所示具有初始

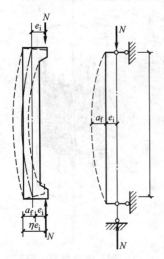

图 7-3　长柱的纵向弯曲
及其破坏特征

偏心的柱子，在纵向压力 N 作用下将产生侧向挠曲，如果柱的侧向挠度为 a_f，则柱的中间截面除承受轴向压力 N 外，还将承受至少为 $M = Na_f$ 的附加弯矩，而侧向挠度和附加弯矩将随柱的长细比增加而增大，这就引起了长细比对轴心受压柱承载力的影响问题。

当柱的长细比很小时，由于侧向挠曲所引起的附加弯矩很小，故它对承载能力的影响可以忽略不计，而可按理想的轴心受压短柱进行承载力计算，但是在长细比较大的柱中，柱截面的承载能力将随着长细比的增大而不断降低，因此在承载力计算中就需要考虑长细比的影响。长细比较大的柱子的破坏特征如图 7-3 (b) 所示。破坏时，柱子已经产生了较大的侧向挠曲，柱中部外侧受拉出现水平裂缝，内侧纵向钢筋局部压屈，混凝土被压碎。长细比特别大的柱子还有可能发生失稳破坏，其承载力将比按材料破坏计算更低。通常将必须考虑长细比影响的柱称为长柱。

我们用稳定系数 φ 表示材料和截面条件相同的长柱与短柱的承载力比值，即：

$$\varphi = \frac{N_{u\text{长}}}{N_{u\text{短}}} \tag{7-1}$$

它反映了长细比较大的柱承载能力的降低程度。在一般情况下，混凝土强度等级及配

筋率对 φ 值的影响较小，可以忽略不计，而认为值 φ 仅与柱的长细比有关。对于矩形截面柱，由试验结果得到的 φ 与长细比 l_0/b（l_0 为柱的计算长度，b 为截面短边长）的关系如图 7-4 所示，当 $l_0/b<8$ 时，可不考虑长细比的影响，故取 $\varphi=1$；$l_0/b>8$ 时，φ 将随 l_0/b 的增大而减小。规范据此制定了 φ 值表（表 7-1），供设计时直接查用。

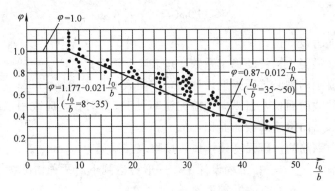

图 7-4　纵向弯曲系数 φ 值与长细比 l_0/b 的关系

钢筋混凝土构件的稳定系数 φ　　　　　　　　　　表 7-1

l_0/b	≤8	10	12	14	16	18	20	22	24	26	28
l_0/d	≤7	8.5	10.5	12	14	15.5	17	19	21	22.5	24
l_0/r	≤28	35	42	48	55	62	69	76	83	90	97
ϕ	1.0	0.98	0.95	0.92	0.87	0.81	0.75	0.70	0.65	0.60	0.56
l_0/b	30	32	34	36	38	40	42	44	46	48	50
l_0/d	26	28	29.5	31	33	34.5	36.5	38	40	41.5	43
l_0/r	104	111	118	125	132	139	146	153	160	167	174
ϕ	0.52	0.48	0.44	0.40	0.36	0.32	0.29	0.26	0.23	0.21	0.19

注：表中 l_0 轴心受压构件的计算长度；

b——矩形截面的短边尺寸；

d——圆形截面的直径；

r——截面最小回转半径。

　　轴心受压构件的计算长度 l_0 与其两端的支撑情况有关，计算长度从表 7-2 中取用。在实际工作中，表 7-2 中的计算长度要调整。例如对水池顶盖的支柱，当顶盖为装配式时，取 $l_0=1.0H$，H 为支柱从基础顶面至池顶梁底面的高度；当顶盖为整体式时，取 $l_0=0.7H$，H 为从基础顶而至池顶梁轴线的高度；当采用无梁顶盖时，取 $l_0=H-\dfrac{C_t+C_b}{2}$，其中 H 为水池内部净高；C_t，C_b 分别为上、下柱帽的计算宽度。

轴心受压构件计算长度　　　　　　　　　　表 7-2

构件两端支撑情况	两端铰支	两端固定	一端铰支 一端固定	一端自由 一端固定
图形				
计算长度 l_0	l	$0.5l$	$0.7l$	$2l$

三、轴心受压构件承载力计算

根据上述短柱的破坏特征，可以绘出钢筋混凝土的承载力计算图式，如图 7-5 所示。再以稳定系数 φ 来反映侧向挠度对长柱承载能力的影响，即可得出轴心受压构件的正截面受压承载力计算公式：

$$N \leqslant 0.9\varphi(f_c A + f_y' A_s') \tag{7-2}$$

式中　N——轴向力设计值，N；

　　　φ——钢筋混凝土构件的稳定系数，按表 7-1 采用；

　　　f_c——混凝土的轴心抗压强度设计值，按附表七采用，N/mm²；

　　　A——构件截面面积，当纵向钢筋配筋率大于 3% 时，A 应改用（$A-A_s'$）代替；

　　　A_s'——全部纵向钢筋的截面面积，mm²；

　　　f_y——纵向钢筋的抗压强度设计值，按附表二采用，N/mm²。

在工程设计中，一般会遇到下面两种情况：

（一）截面复核

已知柱的截面尺寸、配筋数量、材料强度等级以及计算长度，求轴心受压构件所能承担的纵向压力。这时，可先由表 7-1 查得稳定系数 φ 值，再按下式求得承载力 N_u，即：

$$N_u \leqslant 0.9\varphi(f_c A + f_y' A_s') \tag{7-3}$$

（二）截面设计

已知纵向压力设计值 N，柱的计算长度和材料强度等级，要求设计截面尺寸和配筋，这时，可先假定稳定系数 $\varphi=1.0$，并选取适当的配筋率，通常可取 $\rho'=1.0\%$ 左右，然后由公式（7-2）计算出所需要的截面面积 A，并根据 A 选定柱截面尺寸，再以实选的截面短边尺寸 b 和计算长度 l_0，由表 7-1 查得稳定系数 φ 值。将有关数据代入公式（7-4），即可求得所需要的纵向钢筋截面面积，即：

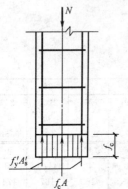

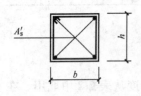

图 7-5　钢筋混凝土承载力计算简图

$$A_s' = \frac{\dfrac{N}{0.9\varphi} - f_c A}{f_y'} \tag{7-4}$$

四、构造要求

（一）材料强度等级

钢筋混凝土轴心受压柱的混凝土强度等级一般采用 C20～C30，并以采用强度等级较高的混凝土更有利于充分利用混凝土的抗压强度，减小钢筋用量和柱截面尺寸。只有当荷载很小时，才采用强度等级较低的混凝土。

纵向钢筋宜采用 HPB235、HRB335、HRB400 钢筋，而如前所述，采用 HRB400 以上的钢筋和各级冷拉钢筋都是不经济的。

（二）截面形状和尺寸

轴心受压柱的截面多采用正方形，必要时也可采用矩形、圆形和多边形截面。采用矩形截面时，其长、短边尺寸相差不宜过于悬殊，以免沿短边方向长细比过大。

柱截面尺寸不宜选得过小，以免由于长细比过大使材料强度得不到充分利用，在一般情况下，柱的长细比应控制在 $l_0/b \leqslant 30$ 及 $l_0/h \leqslant 25$（b 为矩形截面短边，h 为长边）范围内。承重柱的尺寸还不宜小于 $250\text{mm} \times 250\text{mm}$。此外，为了便于支模，柱截面尺寸在 800mm 以下者应取 50mm 的倍数；超过 800mm 者，应取为 100mm 的倍数。

（三）纵向钢筋

纵向钢筋除参与承担压力外，还能使构件在破坏阶段的延性有所提高，此外，它还将抵抗由于混凝土收缩、温度变化以及荷载偶然偏心等作用可能引起的拉应力，因此纵筋配筋率不宜过小。规范规定轴心受压构件的全部受压钢筋的最小配筋率为：

$$\rho'_{\min} = \frac{A'_s}{bh} = 0.6\%$$

但配筋率也不宜过大，一般以不超过 5% 为宜。

为了使钢筋骨架具有必要的刚度，柱中纵向受力钢筋直径不宜小于 12mm，在满足其他构造要求的前提下，宜选用直径较粗的纵向钢筋，这不仅可以推迟钢筋在破坏阶段的局部压屈，而且由于箍筋间距可以相应加大，还将节省箍筋的用钢量。在一般的矩形截面柱中，纵向钢筋应不少于 4 根，并沿截面周边均匀布置。在现浇柱中，纵向钢筋的净距不得大于 50mm；而在水平浇筑的预制柱中，纵向钢筋的净距要求则与梁相同。此外，柱中纵向钢筋的中距不得大于 350mm。

纵向钢筋的混凝土保护层厚度应满足第四章表 4-1 的要求。

（四）箍筋

柱内箍筋除固定纵向钢筋的位置外，主要是防止纵向钢筋被压屈，从而保证纵向钢筋在临近破坏阶段能充分发挥承重作用。此外，箍筋还能约束混凝土横向变形，使混凝土的抗压强度有所提高，但采用一般配筋方式时，提高的幅度很小，在计算中不予考虑。

规范规定：当采用热轧钢筋作箍筋时，其直径不应小于 $d/4$，且不应小于 6mm；当采用冷拔低碳钢丝作箍筋时，则不应小于 $d/5$，且不应小于 5mm，此处 d 为纵向钢筋的最大直径。箍筋间距不应大于 400mm，且不应大于构件截面的短边尺寸，而且在绑扎骨架中不应大于 15d，在焊接骨架中不应大于 20d，此处 d 为纵向钢筋的最小直径。当柱中全部纵向受力钢筋的配筋率超过 3% 时，则箍筋直径不宜小于 8mm，且应焊成封闭式环，其间距不应大于 10d（d 为纵向钢筋的最小直径），且不应大于 200mm。

柱内箍筋的形状应与柱截面形状及纵向钢筋的根数相配合，且应做成封闭式（图 7-6a），当柱子每边纵筋根数较多时，尚应按如图 7-6（b）所示设置复合箍筋。原则是使纵向钢筋每隔一根即有一根位于箍筋的转角处，使之能够从两个方向受到固定，以免中间的纵向钢筋过早发生压屈。

在柱中不允许采用如图 7-6（c）所示的有内折角的箍筋，因为有内折角的箍筋受力后有拉直的趋势，易使该处混凝土保护层崩落，而且这种箍筋对在内折角附近处的纵筋也起不到防止纵筋压屈的作用。

【例 7-1】 某清水池整体式顶盖中柱高 4.2m，承受轴向设计（包括自重）700kN，纵向钢筋为 HRB335，求该柱的截面及配筋？

【解】 由附表二、附表七分别查得：C20，$f_c = 9.6\text{N/mm}^2$；HRB335 钢筋 $f'_y = 300\text{N/mm}^2$

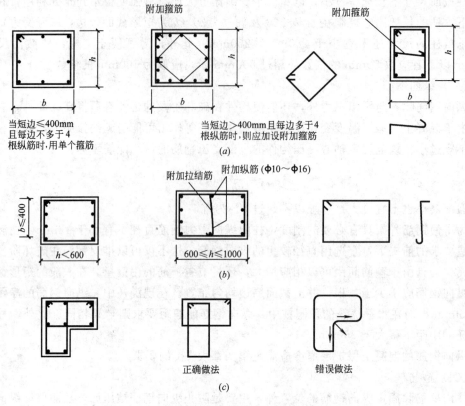

图 7-6　箍筋的形式及配置方法

1. 求截面尺寸

假设：

$$\varphi=1 \quad \rho'=\frac{A'_s}{A_0}=1\% \quad 即 \quad A'_s=0.01A_0$$

由公式　$A_0=\dfrac{N}{0.9\varphi(f_c+\rho'f'_y)}=\dfrac{700\times10^3}{0.9\times1\times(9.6+0.01\times300)}=61728\text{mm}^2$

选正方形截面

则：$b=h=\sqrt{A_0}=\sqrt{61728}=248\text{mm}$　　所以实取

$b=h=250\text{mm}$ 即 $A=250^2=62500\text{mm}^2$

2. 求稳定系数 φ

因为：柱的计算长度取 $L_0=0.7H=2.94\text{m}$

所以：长细比 $\dfrac{L_0}{b}=\dfrac{2940}{250}=11.76$，查表 7-1 得 $\varphi=0.9538$

3. 求纵筋面积

因为：柱的 $b<300\text{mm}$，由附表七知：混凝土强度设计值应乘以 0.8 系数

则：$A'_s=\dfrac{\dfrac{N}{0.9\varphi}-f_cA}{f'_y}=\dfrac{\dfrac{700\times10^3}{0.9\times0.9538}-0.8\times9.6\times250^2}{300}=718.2$

选用 4Φ18，实际受力面积为：

$$A'_s = 1017 \text{mm}^2$$

则

$$\rho' = \frac{A'_s}{A} = \frac{1017}{250^2} = 0.0163 = 1.63\% < 5\%$$

4. 箍筋选用

箍筋按构造配筋，因为 $\rho' = 1.63\% < 3\%$ 所以取 $\phi 6$，又因为 @$200 < 15d = 15 \times 16$ $< b = 250$ 且小于 400mm，所以取箍筋间距为 200mm，即箍筋选用 $\phi 6$@200 即可。

第二节 偏心受压构件

纵向外力作用线偏离构件轴线或截面中同时作用有轴向压力及弯矩的构件，称为偏心受压构件，如图 7-7 所示。在实际工作中，比如有顶盖的矩形水池池壁，承受由顶盖传来的轴向压力和侧向水压力或土压力引起的弯矩和剪力（图 7-8a）；大型二级泵房的钢筋混凝土柱，承受由屋盖荷载、吊车荷载和自重引起的轴向压力以及由这些荷载的偏心作用和水平荷载所引起的弯矩和剪刀（图 7-8b），这些都属于偏心受压构件。偏心受压构件应当进行正截面承载力和斜截面承载力计算，对于大偏心受压构件还应进行裂缝宽度验算。

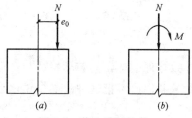

图 7-7 偏心受压构件

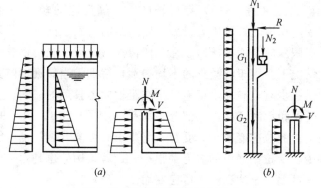

图 7-8 荷载引起的弯矩和剪力

一、矩形截面偏心受压构件正截面承载力计算

（一）偏心受压构件的破坏特征

试验表明，由于偏心距和纵向钢筋配筋率的不同，偏心受压构件破坏时可能出现如图 7-9 所示的几种应力状态，但就其破坏特征而言，则可归纳为下列两种情况。

1. 第一种情况

当偏心距较大，而受拉钢筋的数量也不过多（图 7-9d），弯矩 $M = Ne_0$ 在截面中起主导作用，随着荷载逐渐增大，首先在受拉区混凝土中出现垂直于构件轴线的裂缝，随着裂缝的不断开展，并向截面内部发展，受压区高度逐渐减小。当荷载增加到一定程度后，受拉钢筋首先达到屈服强度，随着钢筋屈服后的塑性伸长，受压区面积进一步缩小，最后当受压钢筋中的应力达到受压屈服强度，受压混凝土也因达到极限压应变而被压碎，从而

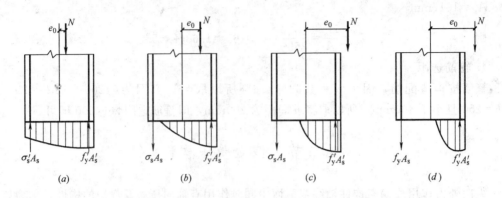

图 7-9　偏心受压构件破坏时的几种应力状态

(a) e_0 较小，压应力较大一侧混凝土及钢筋先压坏；(b) e_0 稍大，受压区混凝土及钢筋先压坏；(c) e_0 较大，但受拉钢筋过多，受压区混凝土及钢筋先压坏；(d) e_0 较大，受拉钢筋不过多，受拉钢筋先达到屈服强度，然后受压区混凝土及钢筋压坏　(a)、(b)、(c) 是"小偏心受压情况"；(d) 是"大偏心受压情况"

导致构件破坏，其破坏特征与适筋的双筋受弯构件类似。

我们通常把这种由受拉钢筋首先达到屈服强度而开始破坏的构件称为"大偏心受压构件"。

2. 第二种情况

偏心距较小，轴向力在截面中起主导作用，构件全截面或大部分截面受压。当偏心距很小时，构件全截面受压（图 7-9a），靠近轴向力一侧压应力较大，而另一侧压应力较小，当荷载增大到一定程度时，压应力较大一侧的钢筋达到了抗压屈服强度，同一侧的混凝土也随即达到了极限压应变而被压碎。在一般情况下，另一侧的钢筋和混凝土均不会被压坏，但是在个别情况下，由于混凝土的不均匀性，特别是当靠近轴向力一侧配筋数量过多而另一侧配筋数量过少时，破坏也可能发生在距轴向力较远的一侧。

偏心距比上述情况稍大时，构件大部分截面受压（图 7-9b）。由于中和轴靠近受拉一侧，所以截面受拉边缘的拉应变很小，受拉区混凝土有可能开裂，也可能不开裂，而且不论受拉钢筋配置多少，受拉钢筋中的应力都很小。最后，构件也是由于受压钢筋达到抗压屈服强度，同时受压区混凝土达到极限压应变而发生破坏。

在第二种情况下，构件都是由受压区开始破坏，即由于受压钢筋达到抗压屈服强度，混凝土达到极限压应变而引起破坏，我们通常把这类构件称为"小偏心受压构件"。

另外还有可能出现如图 7-9 (c) 所示的情况。这时虽然偏心距较大，但受拉钢筋配置过多，因此在受拉钢筋尚未达到抗拉屈服强度之前，构件已先由受压钢筋达到抗压屈服强度以及受压区混凝土达到极限压应变而破坏，受压区高度将超过下面将要讨论的界限受压区高度，其破坏特征与第五章所述的超筋梁相类似，因此按破坏特征划分，它也应属于第二种情况，而将其列入"小偏心受压构件"一类。

综上所述，大偏心受压破坏从受拉钢筋屈服开始，这种破坏形态在破坏前有明显预兆，属于塑性破坏。而小偏心受压破坏则是由于最大受压边缘混凝土达到极限压应变而引起的破坏，破坏前无明显预兆，属于脆性破坏。

偏心受压构件正截面承载力的试验研究，是建立混凝土结构构件正截面承载力计算基本假定的主要依据，这些基本假定已在第五章第一节作了详尽介绍，后面将根据上述破坏特征及基本假定，介绍偏心受压构件正截面承载力计算方法。

（二）大小偏心受压构件的界限

我们前面介绍过，在大小偏心受压构件破坏之间存在一种界限，也就是受拉钢筋达到屈服应变 ε_y 时，受压区混凝土已被压碎，也达到极限压应变 $\varepsilon_{cu}=0.0033$。

根据等效应力图，设相对界限受压区高度为 ξ_b，则

$$\xi_b=\frac{x_b}{h_0}=\frac{0.8}{1+\dfrac{f_y}{0.0033E_s}} \tag{7-5}$$

当 $\xi \leqslant \xi_b$ 时为大偏心构件，$\xi > \xi_b$ 时为小偏心构件，即 $x \leqslant x_b$ 为大偏心，$x > x_b$ 为小偏心。

界限偏心距可根据界限破坏时截面内力与外力的平衡条件导得。如图 7-10 所示为界限破坏时截面应力及外力作用状态，于是可写出两个平衡方程：

根据轴向力的平衡条件：

$$N_b=\alpha_1 f_c\xi_b bh_0+f_y'A_s'-f_yA_s \tag{7-6}$$

根据对受拉钢筋合力作用点的力矩平衡条件：

$$N_b\left(e_{0b}+\frac{h}{2}-a_s\right)=\alpha_1 f_c\xi_b h_0^2(1-0.5\xi_b)+f_y'A_s'(h_0-a_s') \tag{7-7}$$

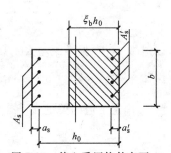

图 7-10 偏心受压构件态下计算图形界限状

式中 e_{0b}——为界限偏心距，mm；

N_b——界限破坏时所能承受的轴向压力，N。

将式（7-7）与式（7-6）转换可得：

$$e_{0b}=\frac{\alpha_1 f_c\xi_b bh_0^2(1-0.5\xi_b)+f_y'A_s'(h_0-a_s)}{\alpha_1 f_c\xi_b bh_0+f_y'A_s'-f_yA_s}-\frac{h}{2}+a_s$$

将上式第一项分子分母同除以 $\alpha_1 f_c bh_0$，则得：

$$e_{0b}=\frac{\xi_b h_0(1-0.5\xi_b)+\dfrac{f_y'}{\alpha_1 f_c}\rho'(h_0-a_s')}{\xi_b+\dfrac{f_y'}{\alpha_1 f_c}\rho'-\dfrac{f_y}{\alpha_1 f_c}\rho}-\frac{h}{2}+a_s \tag{7-8}$$

再将上式除以 h_0 即得相对界限偏心距：

$$\frac{e_{0b}}{h_0}=\frac{\xi_b(1-0.5\xi_b)+\dfrac{f_y'}{\alpha_1 f_c}\rho'\left(1-\dfrac{a_s'}{h_0}\right)}{\xi_b+\dfrac{f_y'}{\alpha_1 f_c}\rho'-\dfrac{f_y}{\alpha_1 f_c}\rho}-\frac{1}{2}\left(\frac{h}{h_0}-\frac{a_s}{h_0}\right) \tag{7-9}$$

式中 ρ——受拉钢筋配筋率，$\rho=\dfrac{A_s}{bh_0}$；

ρ'——受压钢筋配筋率，$\rho'=\dfrac{A_s'}{bh_0}$。

由式（7-8）可以看出，e_{0b} 值与 ρ 和 ρ' 有关，当 ρ 与 ρ' 为最小配筋率时，将得出可能出现的最小 e_{0b} 值，而当荷载偏心距不大于最小的 e_{0b} 值时，则表明构件必属于小偏心

受压。

因此取 ρ 和 ρ' 的允许最小值，即：$\rho_{\min}=\rho'_{\min}=0.002$，并对常用的 HPB235 钢筋 $\xi_b=0.614$，取混凝土强度等级为 C15、C20；HRB335 钢筋 $\xi_b=0.550$，取混凝土强度等级为 C20～C40。近似地取 $\dfrac{a_s}{h_0}=\dfrac{a'_s}{h_0}=0.05$ 或 0.1，则式（7-9）可算得 $\dfrac{e_{0b}}{h_0}=0.266～0.351$，故在截面设计时，近似地统一取 $\dfrac{e_{0b}}{h_0}=0.3$ 作为预先判别大、小偏心受压的界限值。即当轴向力设计值 N 的偏心距 ηe_i（式 7-10）大于 $0.3h_0$ 时，可先按大偏心受压计算，否则应先按小偏心受压计算。待求得受压区高度 x 后，再根据 $\xi=\dfrac{x}{h_0}$，按 ξ_b 的关系确切判断究竟属于哪一种偏心受压情况。

（三）纵向弯曲的影响——偏心距增大系数

如图 7-3 所示，构件在偏心荷载作用下将产生纵向弯曲，使构件中间截面的偏心距由初始偏心距 e_i 增大到 e_i+a_f，但长细比小的短柱（如矩形截面 $\dfrac{l_0}{h}\leqslant 5$，$h$ 为截面高度），由于纵向弯曲小，在设计时一般可忽略 a_f 的影响，对于长细比较大的柱，设计时需考虑纵向弯曲的影响。

规范采用把初始偏心距 e_i 乘以一个大于 1 的偏心距增大系数 η 的方法来解决纵向弯曲影响问题，即

$$e_i+a_f=\left(1+\frac{a_f}{e_i}\right)e_i=\eta e_i \tag{7-10}$$

式中　η——偏心距增大系数，即：

$$\eta=1+\frac{a_f}{e_i} \tag{7-11}$$

确定 η 值的关键在于确定 a_f。大量试验表明：

$$\eta=1+\frac{1}{1400\dfrac{e_i}{h_0}}\left(\frac{l_0}{h_0}\right)^2 \zeta_1 \zeta_2$$

在上式中近似地取 $h_0=0.9h$，代入 $\dfrac{l_0}{h_0}$ 项，即得 η 的最终计算公式：

$$\eta=1+\frac{1}{1400\dfrac{e_i}{h_0}}\left(\frac{l_0}{h}\right)^2 \zeta_1 \zeta_2 \tag{7-12}$$

式中　l_0——为构件的计算长度，取法与轴心受压构件相同；

　　　ζ_1——为考虑偏心受压性质对截面曲率的修正系数；

　　　ζ_2——为考虑构件长细比对截面曲率的影响系数。

下面分别介绍 ζ_1 和 ζ_2 的取值方法。

1. 截面曲率修正系数 ζ_1

根据大偏心受压构件的试验结果，破坏截面的曲率 ϕ 可近似地统一取等于界限破坏状态的截面曲率 ϕ_b，故对大偏心受压构件应取 $\zeta_1=1.0$。

对于小偏心受压构件，离轴向力较远一侧钢筋可能受拉不屈服或受压，而最大受压边

缘混凝土的应变值 ε_c 则一般小于 0.0033，故截面曲率 ϕ 会小于界限破坏时的截面曲率 ϕ_b，因此，对小偏心受压构件 ζ_1 应小于 1.0。根据国内试验结果并参考国外经验，可取 ζ_1 为：

$$\zeta_1 = \frac{N_b}{N} \approx \frac{0.5 f_c A}{N} \tag{7-13}$$

式中　N_b——界限破坏时的受压承载力设计值，近似地取 $N_b = 0.5 f_c A$；

　　　　N——构件偏心压力设计值；

　　　　A——构件截面面积。

由于上式包含轴向力设计值 N，而在截面复核时 N 值为未知量，故不便于应用。为了方便设计，当所得 $\zeta_1 > 1.0$ 时，均应取 $\zeta_1 = 1.0$。

2. 长细比对截面曲率的影响系数 ζ_2

试验表明，$l_0/h \leqslant 15$ 时，长细比对曲率的影响甚微，可取 $\zeta_2 = 1.0$，当 $l_0/h > 15$ 时，随着长细比的增大，构件达到破坏时的截面曲率将减小，此时 ζ_2 应按下列经验公式计算确定：

$$\zeta_2 = 1.15 - 0.01 \frac{l_0}{h} \tag{7-14}$$

此式仅适用于 $15 \leqslant \dfrac{l_0}{h} \leqslant 30$，因为当 $\dfrac{l_0}{h} > 30$ 时，构件承载力的丧失将是由于弹性或弹塑性失稳，而钢筋和混凝土的应力均达不到各自的强度，上面所讨论的以材料破坏为基准的计算理论也就不能适用，但 $\dfrac{l_0}{h} > 30$ 的情况在实际工程中一般不会出现。

（四）初始偏心距 e_i 的确定

由于配筋不对称、混凝土质量不均匀、施工偏差及计算理论与实际受力状态之间的差异等因素，构件轴向力的实际初始偏心距可能大于按理论计算的对截面几何重心的偏心距。为了安全，在承载力计算时，应考虑这种偏差的影响，可以采用在理论偏心距上增加一个附加偏心距的方法，因此，初始偏心距 e_i 可用下式确定：

$$e_i = e_0 + e_a \tag{7-15}$$

式中　e_0——轴向力对截面几何重心的偏心距，$e_0 = \dfrac{M}{N}$，N 和 M

　　　　分别为轴向力和弯矩设计值；

　　　　e_a——附加偏心距。其值取 20mm 和 $h/30$ 两者中的大值。

（五）大偏心受压构件计算 $(\xi \leqslant \xi_b)$

1. 基本计算公式

如前所述，大偏心受压构件的破坏特征和应力状态类似于双筋截面的适筋梁。根据混凝土构件正截面承载力计算的基本假定（第五章第一节），大偏心受压构件可取如图 7-11 所示的截面应力图形，根据平衡条件，可建立基本计算公式：

$$\sum N = 0$$
$$N \leqslant \alpha_1 f_c bx + f'_y A'_s - f_y A_s \tag{7-16}$$

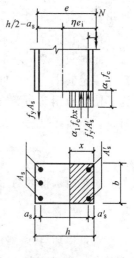

图 7-11　大偏心受压
构件计算简图

$$\sum M_{As}=0$$

$$Ne\leqslant\alpha_1 f_c bx\left(h_0-\frac{x}{2}\right)+f_y'A_s'(h_0-a_s') \tag{7-17}$$

式中　N——轴向力设计值，N；

　　　e——轴向力作用点至受拉钢筋 A_s 合力点之间的距离，mm；

$$e=\eta e_i+\frac{h}{2}-a_s \tag{7-18}$$

　　　e_i——初始偏心距，对偏心受压构件：

$$e_i=e_0+e_a$$

　　　η——偏心距增大系数，按式（7-12）确定；

　　　x——混凝土受压区高度，mm。

2. 适用条件

公式（7-16）、（7-17）的适用条件为：

$$x\leqslant x_b \text{ 或 } \xi=\frac{x}{h_0}\leqslant\xi_b \tag{7-19}$$

$$x\geqslant 2a_s' \tag{7-20}$$

3. 矩形截面不对称配筋的计算

偏心受压构件的配筋方式分为 $A_s=A_s'$ 的对称配筋和 $A_s\neq A_s'$ 的不对称配筋两种。采用不对称配筋截面，可以在充分利用混凝土的前提下，按实际需要选择不同的 A_s 和 A_s'，因而能够节约钢材。

（1）截面设计

已知作用力设计值 N、M 和构件的计算长度，需要确定截面尺寸以及受拉和受压钢筋数量。这时，宜先根据刚度和构造要求，初步选定构件截面尺寸，然后再通过计算确定 A_s 和 A_s'。

在计算之前，首先需要判别构件是否属于大偏心受压情况。此时，钢筋数量尚未确定，受压区高度 x 亦属未知，故无法用 $\xi\leqslant\xi_b$ 的条件确切判断，而只能先按偏心距的大小做出初步判别，即当 $\eta e_i>0.3h_0$ 时，可先按大偏心受压计算。

第一种情况：A_s 和 A_s' 均未知。

此时只有两个基本公式（7-16）和（7-17），但却有三个未知数，即 A_s、A_s' 和 x，故需先假定其中一个，再计算另外两个，较方便合理的方法是先假定混凝土受压区高度 x。为了使受拉钢筋和受压钢筋的总用钢量最省，应尽可能充分发挥受压区混凝土的作用，故可令 $x=x_b$，即 $\xi=\xi_b$ 已知后即可由式（7-17）求得受压钢筋：

$$A_s'=\frac{Ne-\alpha_1 f_c bh_0^2\xi_b(1-0.5\xi_b)}{f_y'(h_0-a_s')}\geqslant 0.002bh_0 \tag{7-21}$$

如果所求得的 A_s' 满足最小配筋率要求，则将 A_s' 代入式（7-16），即可求得受拉钢筋：

$$A_s=\frac{\alpha_1 f_c\xi_b bh_0+f_y'A_s'-N}{f_y}\geqslant\rho_{\min}bh_0 \tag{7-22}$$

所求得的 A_s 应满足最小配筋率要求，即 $A_s\geqslant\rho_{\min}bh_0$。如不满足，则应按最小配筋率确定 A_s，且宜按小偏心受压情况进行验算。

如果按式（7-21）求得的 A_s' 未能满足最小配筋率要求，即 $A_s'<0.002bh_0$，则说明假

设 $x=x_b$ 过大，而应改用先假设 A'_s 的办法，即取 $A'_s=0.002bh_0$，此时应按下面所述第二种情况，即已知 A'_s 求 A_s 的情况进行计算。

第二种情况：A'_s 已知，求 A_s

当 A'_s 为已知时，与双筋受弯构件一样，可将截面的抵抗弯矩分解为 M_{u1} 及 M_{u2} 两部分（图7-12）。其中 M_{u2} 为由 A'_s 和相对应部分的受拉钢筋 A_{s2} 所承担的弯矩，即：$M_{u2}=f'_y A'_s(h_0-a'_s)$，而 $A_{s2}=\dfrac{A'_s f'_y}{f_y}$。$M_{u1}=Ne-M_{u2}$，则为受压区混凝土和相对应的部分受拉钢筋 A_{s1} 所应承担的弯矩，这时可利用单筋矩形截面受弯构件的计算系数表计算 A_{s1}，即首先计算：

$$\alpha_s=\frac{M_{u1}}{\alpha_1 f_c bh_0^2}=\frac{Ne-f'_y A'_s(h_0-a'_s)}{\alpha_1 f_c bh_0^2}$$

再由附表十三查得相应的 ξ 或 γ_s 值，并验算是否满足 $\xi\leqslant\xi_b$ 及 $x=\xi h_0\geqslant 2a'_s$，如满足，即可计算 A_{s1}：

$$A_{s1}=\xi bh_0\frac{\alpha_1 f_c}{f_y}\ \text{或}\ A_{s2}=\frac{M_{u1}}{f_y \gamma_s h_0}$$

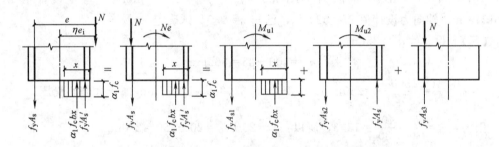

图 7-12　截面的抵抗弯矩图

最后，受拉钢筋的总面积 A_s 应为：

$$A_s=A_{s1}+A_{s2}-\frac{N}{f_y} \tag{7-23}$$

或

$$A_s=A_{s1}+\frac{f'_y A'_s-N}{f_y} \tag{7-24}$$

A_s 应满足最小配筋率要求。

如果 $\xi>\xi_b$，则说明已知的 A'_s 过小，此时可假设 $\xi=\xi_b$ 重新计算 A'_s 和 A_s（即按第一种情况计算）。

如果 $x=\xi h_0<2a'_s$，则按下面所述第三种情况计算 A_s。

第三种情况：已知 A'_s，但 $x<2a'_s$，求 A_s

这种情况为已知的受压钢筋的应力不会达到抗压强度设计值，此时可近似地取 $x=2a'_s$（图7-13），按下式计算 A_s：

$$A_s=\frac{Ne'}{f_y(h_0-a'_s)} \tag{7-25}$$

式中

$$e'=\eta e_i-\frac{h}{2}+a'_s$$

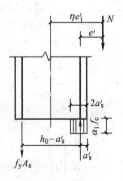

图 7-13　$x=2a'_s$
时的截面受力简图

145

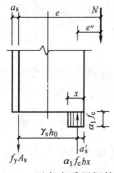

图 7-14 不考虑受压钢筋的
单筋矩形截面受力示意图

对于 a'_s/h_0 值较大的构件，如水池池壁和地下室墙壁等，当 $x < 2a'_s$ 时，如果按式（7-25）求出的 A_s 值比不考虑受压钢筋时的 A_s 还多，即当：

$$Ne < 2a'_s b \alpha_1 f_c (h_0 - a'_s) \tag{7-26}$$

则应按不考虑受压钢筋的单筋矩形截面计算受拉钢筋 A_s，如图 7-14 所示。根据对混凝土受压区合力点的力矩平衡条件可求得 A_s：

$$A_s = \frac{Ne''}{\gamma_s h_0 f_y} = \frac{N(e - \gamma_s h_0)}{\gamma_s h_0 f_y}$$

即：

$$A_s = \frac{N}{f_y} \left(\frac{e}{\gamma_s h_0} - 1 \right) \tag{7-27}$$

式中 γ_s 可根据 $a_s = \frac{Ne}{\alpha_1 f_c b h_0^2}$ 由附表十三查得。

以上所述，为矩形截面大偏心受压构件非对称配筋截面设计。

【例 7-2】 某水厂泵房钢筋混凝土柱的截面尺寸为 $b = 300\text{mm}$、$h = 400\text{mm}$，混凝土为 C20（$f_c = 9.6\text{N/mm}^2$），钢筋为 HRB335（$f_y = f'_y = 300\text{N/mm}^2$），弯矩设计值 $M = 130\text{kN·m}$，轴向力设计值 $N = 520\text{kN}$，已知 $\eta = 1.0$。试确定 A_s 及 A'_s

【解】 设 $a_s = a'_s = 35\text{mm}$

$$h_0 = 400 - 35 = 365\text{mm}$$

$$e_0 = \frac{M}{N} = \frac{130000}{520} = 250\text{mm} > 0.3h_0 = 0.3 \times 365 = 109.5\text{mm}$$ 属于大偏心受压。

因为：$e_a = \frac{h}{30} = \frac{400}{30} = 13.3$，所以：$e_i = 20 + e_0 = 20 + 250 = 270\text{mm}$，

$$e = \eta e_i + \frac{h}{2} - a_s = 1 \times 270 + \frac{400}{2} - 35 = 435\text{mm}$$

代入公式（7-21）求 A'_s，HRB335 钢筋 $\xi_b = 0.550$

$$A'_s = \frac{Ne - \alpha_1 f_c b h_0^2 \xi_b (1 - 0.5\xi_b)}{f'_y (h_0 - a'_s)}$$

$$= \frac{520 \times 10^3 \times 435 - 1 \times 9.6 \times 300 \times 365^2 \times 0.550 (1 - 0.5 \times 0.550)}{300(365 - 35)}$$

$$= 739.4\text{mm}^2 > 0.002bh_0 = 219\text{mm}^2$$

按式（7-22）求 A_s：

$$A_s = \frac{\alpha_1 f_c \xi_b b h_0 + f'_y A'_s - N}{f_y}$$

$$= \frac{1 \times 9.6 \times 0.55 \times 300 \times 365 + 300 \times 739.4 - 520000}{300}$$

$$= 933.3\text{mm}^2 > 0.02bh_0 = 219\text{mm}^2$$

选配钢筋：

受压构件选用 3Φ18，$A'_s = 763\text{mm}^2$；受拉钢筋选用 3Φ20，$A_s = 942\text{mm}^2$，配筋如图 7-15 所示。

4. 截面对称配筋的计算

146

（1）截面设计

由于偏心受压构件中，两侧的钢筋由于偏心距的大小，既有可能受压，又有可能受拉，在充分发挥混凝土强度的前提下，按受压、受拉的不同需要算出的钢筋，即 $A_s \neq A_s'$。这样可节约一些钢筋，但设计计算复杂，施工也不方便，常常还把 A_s 与 A_s' 放错。另外，受压柱由于风载及地震力的作用方向不定，可能来自于不同的方向。因此，施工中常常采用对称配筋，即截面两边配置相等的钢筋 $A_s = A_s'$，这样虽多用一些钢筋，但好处很多。

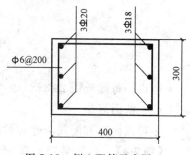

图 7-15　例 2 配筋示意图

从式（7-16）可看出，对称配筋下：$f_y A_s = f_y' A_s'$

则

$$N = \alpha_1 f_c b x$$

所以

$$x = \frac{N}{\alpha_1 f_c b} \tag{7-28}$$

若 $x \leq \xi_b h_0$ 则构件可按大偏心受压计算。如果 $x \geq 2a_s'$，则由式（7-17）可得：

$$A_s = A_s' = \frac{Ne - \alpha_1 f_c b x \left(h_0 - \dfrac{x}{2}\right)}{f_y'(h_0 - a_s')} \tag{7-29}$$

当 $x < 2a_s'$ 时，则用 $x = 2a_s'$ 代入，得：

$$A_s = \frac{Ne'}{f_y(h_0 - a_s')} \tag{7-30}$$

式中

$$e' = \eta e_i - \frac{h}{2} + a_s'$$

【例 7-3】　矩形截面受压构件 $b \times h = 300\text{mm} \times 500\text{mm}$，$a_s = a_s' = 35\text{mm}$，$\eta = 1.028$，承受轴向力 $N = 300\text{kN}$，设计弯矩 $M = 270\text{kN} \cdot \text{m}$，C20，HRB335 钢筋，柱的计算长度 $l_0 = 4.2\text{m}$。求钢筋截面面积（$A_s = A_s'$）。

【解】　由公式

$$x = \frac{N}{\alpha_1 f_c b} = \frac{300 \times 10^3}{1 \times 9.6 \times 300} = 104.2\text{mm} < \xi_b h_0 = 0.55 \times 465 = 255.8\text{mm}$$

且 $x > 2a_s' = 2 \times 35 = 70\text{mm}$。属于大偏心受压

由式（7-29）可求得钢筋面积：

$$A_s = A_s' = \frac{Ne - \alpha_1 f_c b x \left(h_0 - \dfrac{x}{2}\right)}{f_y'(h_0 - a_s')}$$

$$= \frac{300 \times 10^3 \times e - 9.6 \times 300 \times 104.2 \left(465 - \dfrac{104.2}{2}\right)}{300 \times (465 - 35)}$$

$$= 1737\text{mm}^2 > \rho_{\min}' bh = 0.002 \times 300 \times 500 = 300\text{mm}^2$$

式中

$$e = \eta e_i + \frac{h}{2} - a_s = 1.028 \times e_i + \frac{h}{2} - a_s = 1.028 \times 920 + \frac{500}{2} - 35 = 1160\text{mm}，因为：$$

$$e_0 = \frac{M}{N} = \frac{270}{300} = 0.9\text{m} = 900\text{mm}$$

因为属于大偏心，$e_a = 20\text{mm}$

$$e_i = e_0 + e_a = 920\text{mm}$$

所以，每侧选用 2Φ25＋2Φ22，实配 $A_s = A'_s = 1742\text{mm}^2$。

（2）截面复核

矩形截面对称配筋与非对称配筋截面复核的步骤相同。

【例 7-4】 已知某矩形截面偏心受压柱，$b \times h = 400\text{mm} \times 600\text{mm}$，$a_s = a'_s = 40\text{mm}$，混凝土强度等级为 C30，钢筋为 HRB335，每侧均采用 4Φ20（$A_s = A'_s = 1256\text{mm}^2$），计算长度 $l_0 = 4.0\text{m}$。作用轴向压力设计值 $N = 1600\text{kN}$。求截面所能承受的弯矩设计值。

【解】 由式（7-16）： $x = \dfrac{N - f'_y A'_s + f_y A_s}{\alpha_1 f_c b}$，由于 $f_y A_s = f'_y A'_s$

所以：

$$x = \frac{N}{\alpha_1 f_c b} = \frac{1600000}{1 \times 14.3 \times 400} = 279.7\text{mm} < \xi_b h_0 = 0.55 \times 560 = 308\text{mm}$$

属于大偏心受压。

根据式（7-17）求 e：

$$e = \frac{\alpha_1 f_c b x \left(h_0 - \dfrac{x}{2}\right) + f'_y A'_s (h_0 - a'_s)}{N}$$

$$= \frac{14.3 \times 400 \times 279.7\left(560 - \dfrac{279.7}{2}\right) + 300 \times 1256(560 - 40)}{1600000} = 542.5\text{mm}$$

$$\eta e_i = e - \frac{h}{2} + a'_s = 542.5 - \frac{600}{2} + 40 = 282.5\text{mm}$$

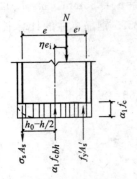

由于 $\dfrac{l_0}{h} = \dfrac{4000}{600} = 6.7 < 8$，所以 $\eta = 1$

对于大偏心受压构件，$e_a = 20$，所以 $e_i + e_a = 302.5\text{mm}$，则：
$M = N \cdot e_0 = 1600000 \times 302.5 = 484 \times 10^6 \text{N} \cdot \text{mm} = 484\text{kN} \cdot \text{m}$

对偏心受压构件，尚应对弯矩作用平面以外按轴心受压验算其承载力，此项验算在以上所有例题中均从略。

（六）小偏心受压构件计算（$\xi > \xi_b$）

1. 基本计算公式

小偏心受压构件破坏时的应力图形如图 7-16 所示，远离偏心压力一侧的纵向钢筋可能受拉，亦可能受压，其应力 σ_s 往往达不到强度设计值。计算时，混凝土受压区应力图形仍用等效矩形应力图形代替。根据平衡条件，矩形截面小偏心受压构件正截面承载力计算的基本公式为：

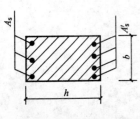

图 7-16　小偏心受压构件计算简图

$$\sum N = 0 \qquad N \leqslant \alpha_1 f_c b x + f'_y A'_s - \sigma_s A_s \tag{7-31}$$

$$\sum M_{A_s} = 0 \qquad Ne \leqslant \alpha_1 f_c b x \left(h_0 - \frac{x}{2}\right) + f'_y A'_s (h_0 - a'_s) \tag{7-32}$$

以上二式也可用相对受压区高度 ξ 表达：

$$N \leqslant \alpha_1 f_c b \xi h_0 + f'_y A'_s - \sigma_s A_s \tag{7-33}$$

$$Ne \leqslant \alpha_1 f_c b h_0^2 \xi (1-0.5\xi) + f'_y A'_s (h_0 - a'_s) \tag{7-34}$$

以上公式计算十分复杂。为此，《规范》提出矩形截面对称配筋小偏心受压构件钢筋截面面积近似计算公式：

$$A_s = A'_s = \frac{Ne - \xi(1-0.5\xi)\alpha_1 f_c b h_0^2}{f'_y (h_0 - a'_s)} \tag{7-35}$$

$$\xi = \frac{N - \xi_b \alpha_1 f_c b h_0}{\dfrac{Ne - 0.43\alpha_1 f_c b h_0^2}{(\beta_1 - \xi_b)(h_0 - a'_s)} + \alpha_1 f_c b h_0} + \xi_b \tag{7-36}$$

式中 $\sigma_s = \dfrac{\xi - \beta_1}{\xi_b - \beta_1} f_y$，其中 $\beta_1 = 0.8$

【例 7-5】 某钢筋混凝土偏心受压柱，承受弯矩设计值 $M = 165 \text{kN} \cdot \text{m}$，轴向压力设计值 $N = 3000 \text{kN}$，混凝土强度等级为 C20（$f_c = 9.6 \text{N/mm}^2$），钢筋用 HRB335（$f_y = f'_y = 300 \text{N/mm}^2$），截面为 $b \times h = 400 \text{mm} \times 600 \text{mm}$，柱的计算长度 $l_0 = 4.5 \text{m}$。试确定 A_s 和 A'_s。

【解】 取 $a_s = a'_s = 35 \text{mm}$

$$h_0 = h'_0 = 600 - 35 = 565 \text{mm}$$

$$\frac{l_0}{h} = \frac{4500}{600} = 7.5 < 8 \qquad \text{不考虑偏心距增大系数。}$$

$$e_0 = \frac{M}{N} = \frac{165000}{3000} = 55 \text{mm} < 0.3 h_0 = 0.3 \times 565 = 169.5 \text{mm}$$

$$e_a = 20 \text{mm}$$

$$e_i = e_0 + e_a = 55 + 20 = 75 \text{mm} < 0.3 h_0$$

$$= 0.3 \times 565 = 169.5 \text{mm} \qquad \text{属于小偏心受压}$$

$$e = \eta e_i + \frac{h}{2} - a_s = 75 + \frac{600}{2} - 35 = 340 \text{mm}$$

按公式（7-36）计算 ξ，此时

$$\xi = \frac{N - \xi_b \alpha_1 f_c b h_0}{\dfrac{Ne - 0.43\alpha_1 f_c b h_0^2}{(\beta_1 - \xi_b)(h_0 - a'_s)} + \alpha_1 f_c b h_0} + \xi_b$$

所以 $\xi = 0.857$

将其代入式计算 A'_s，则

$$A'_s = A_s = \frac{Ne - \alpha_1 f_c b h_0^2 \xi (1-0.5\xi)}{f'_y (h_0 - a'_s)}$$

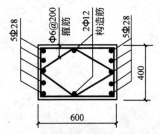

图 7-17 例 8 配筋示意图

$$= \frac{3000 \times 10^3 \times 340 - 9.6 \times 400 \times 565^2 \times 0.857(1 - 0.5 \times 0.857)}{300(565 - 35)}$$

$$= 2639 \text{mm}^2 > 0.002 b h_0 = 452 \text{mm}^2，\text{满足要求。}$$

每侧采用 5Φ28，$A_s = A'_s = 3077 \text{mm}^2$。配筋图如图 7-17 所示。

思考题与习题

1. 简述钢筋混凝土柱中的纵向受力钢筋和箍筋的要求？

2. 轴心受压构件的计算公式及稳定系数是怎么确定的？

3. 怎样区分大小偏心？试分别画出应力应变图形？

4. 什么是附加偏心距？偏心距增大系数的含义是什么？

5. 清水池装配式顶盖的中间柱，承受由顶盖传来的轴向压力设计值 $N=1050kN$（包括自重），柱高 $H=5.0m$，混凝土强度等级为 C15，钢筋为 HPB235。试确定柱截面尺寸及配筋。

6. 某混凝土柱，作用轴向力 $N=31\times10^4 N$，弯矩 $M=16.5\times10^4 N\cdot m$，截面尺寸 $b=300mm$，$h=400mm$，$a_s=a_s'=35mm$，$l_0=7m$，C20，HRB335 钢筋，求：$A_s=A_s'=?$（设 $\eta=1.16$）

7. 一根截面尺寸 $b\times h=300mm\times600mm$ 的钢筋混凝土柱，$N=3000kN$，$M=336\ kN\cdot m$，$l_0=4.8m$，$a_s=a_s'=40mm$，C20，HRB400 钢筋，试求截面两侧的纵向钢筋（设 $A_s=A_s'$）？

8. 已知某矩形截面偏心受压柱，$b\times h=400mm\times600mm$，$a_s=a_s'=40mm$，C30，HRB335 钢筋，每侧均采用 4$\Phi$20（$A_s=A_s'=1256mm^2$），$l_0=4m$，作用轴向压力设计值 $N=1800kN$。求：矩形截面弯矩设计值？

第八章　钢筋混凝土受拉构件承载力计算

第一节　轴心受拉构件

工程中常见的钢筋混凝土轴心受拉构件，有圆形水池池壁（环向）、高压水管管壁（环向）以及房屋结构中的屋架或托架的受拉弦杆和腹杆等（图8-1）。

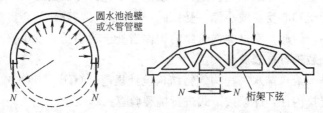

图 8-1　轴心受拉构件和变形特点

根据不同的使用条件，钢筋混凝土轴心受拉构件可分为允许出现裂缝和不允许出现裂缝两类，对于允许出现裂缝的构件，如屋架或托架的拉杆，其截面尺寸及配筋应通过承载力计算和裂缝宽度验算确定，对不允许出现裂缝的构件，如圆形水池池壁，其截面尺寸及配筋数量则应通过承载力计算和抗裂验算来确定。

一、轴心受拉构件的试验结果

钢筋混凝土轴心受拉构件的试验表明，从开始加荷到破坏，构件的受力和变形情况可分为两个阶段。

第 I 阶段：当荷载较小时，纵向钢筋和混凝土共同承担拉力，这时由于混凝土近似处于弹性阶段，构件拉伸变形 Δl 与外荷载 N 基本上成正比，随着荷载的增大，混凝土逐渐表现出弹塑性性质，构件 Δl 的增长速度稍有增加，直到混凝土的拉应力达到轴心抗拉强度，应变接近于极限拉应变时，构件即将出现裂缝。

第 II 阶段：当混凝土的应力和应变分别达到抗拉强度和极限拉应变后，构件上就先后出现一系列间距相近的贯穿整个混凝土截面的裂缝，裂缝截面处的混凝土退出工作，拉力全部由钢筋承担，从而使钢筋应力骤然增加，构件拉伸变形明显增大，于是，在 N-Δl 曲线上出现了第一个转折点。但是在裂缝和裂缝之间，混凝土仍在不同程度上帮助钢筋承担一部分拉力。随着拉力 N 的继续增加，钢筋的拉应力和构件的裂缝宽度逐渐加大，最后，当裂缝截面中的钢筋达到屈服强度时，构件承受的拉力不能再增加，但变形仍将继续发展，这时在 N-Δl 曲线上出现第二个转折点，于是构件达到了承载能力极限状态。

二、轴心受拉构件的承载力计算

从以上试验结果可知，轴心受拉构件的承载能力，是由纵向钢筋数量及其屈服强度所

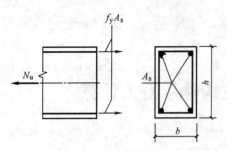

图 8-2 轴心受拉构件的承载力计算图式

决定的，因为开裂后，裂缝截面的混凝土即退出工作，全部拉力均由钢筋负担。当钢筋应力达到屈服时，根据图 8-2 的计算图式，可写出轴心受拉构件的承载力计算公式：

$$N \leqslant N_u = f_y A_s \qquad (8\text{-}1)$$

式中　N ——轴心拉力设计值；

　　　A_s ——纵向受力钢筋的全部截面面积；

　　　f_y ——钢筋抗拉强度设计值。

三、轴心受拉构件抗裂验算

《混凝土结构设计规范》（GB 50010—2002）将所有钢筋混凝土构件的裂缝控制等级都定为三级，即都是允许开裂的，但是，对水池等不允许渗漏的给水排水工程和环境工程构筑物，当构件处于轴心受拉或小偏心受拉时，一旦开裂，裂缝就会贯穿整个截面而影响构筑物的正常使用，因此，对这类构筑物的构件当处于轴心受拉或小偏心受拉的受力状态时，应按不允许开裂进行抗裂验算。

现在的问题是《给水排水工程构筑物结构设计规范》（GB 50069—2002）所规定的计算方法，对轴心受拉构件，建议按下式进行抗裂验算：

$$\sigma_{ck} \leqslant \alpha_{ct} f_{tk} \qquad (8\text{-}2)$$

式中　σ_{ck} ——荷载短期效应组合下所验算截面的混凝土拉应力；

　　　α_{ct} ——根据抗裂验算可靠度要求确定的混凝土拉应力限制系数，可取 0.87；

　　　f_{tk} ——混凝土抗拉强度标准值，按附表六采用。

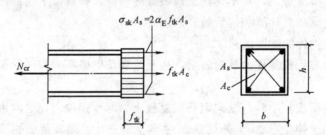

图 8-3　混凝土开裂前截面的应力状态

按式 8-2 验算的关键是如何确定 σ_{ck}。如果取即将开裂时截面的应力状态如图 8-3 所示，即假设混凝土拉应力刚好等于 f_{tk}，此时钢筋的应力 σ_{ck} 可以根据其应变与混凝土应变相等的条件确定，即：

$$\varepsilon_s = \varepsilon_{cu} = \frac{f_{tk}}{E_{ct}'} = \frac{f_{tk}}{\nu_t E_c} = \frac{2}{E_c} f_{tk}$$

$$\sigma_{sk} A_s = 2\alpha_E f_{kt} A_s$$

于是在第 I 阶段末钢筋的应力为：

$$\sigma_{sk} = \varepsilon_s E_s = \frac{2f_{tk}}{E_c} E_s = 2\alpha_E f_{tk} \qquad (8\text{-}3)$$

式中　ε_s、ε_{cu} ——钢筋应变和混凝土的极限拉应变；

　　　E_{ct}' ——混凝土受拉时的变形模量；

ν_t——混凝土受拉时的弹性系数，即将开裂时可取 $\nu_t = 0.5$；

E_s、E_c——分别为钢筋和混凝土的弹性模量；

α_E——钢筋弹性模量和混凝土弹性模量之比。

由平衡条件可得即将开裂时构件所能承担的极限拉力为：

$$N_{cr} = f_{tk}A_c + 2\alpha_E f_{tk}A_s = f_{tk}(A_c + 2\alpha_E A_s)$$

如果引进拉应力限制系数，并用构件必须承担的荷载短期效应组合值 N_k 代替 N_{cr}，即可得到设计公式：

$$N_k \leqslant \alpha_{ct} f_{tk}(A_c + 2\alpha_E A_s) \tag{8-4}$$

由此可知，上式左边即为混凝土的拉应力 σ_{ck}，即

$$\sigma_{ck} = \frac{N_k}{A_c + 2\alpha_E A_s} \tag{8-5}$$

以上各式中：

N_K——构件由荷载短期效应组合所确定的拉力值，N；

A_c——混凝土截面积，对矩形截面 $A_c = b \times h$，mm^2；

A_s——受拉钢筋截面积，mm^2。

式（8-5）中的 $A_c + 2\alpha_E A_s$ 相当于将钢筋截面积 A_s 换算成等效的混凝土面积后的纯混凝土总截面积，习惯上常称此面积为弹塑性换算截面积。

【例 8-1】 某圆形水池池壁。在池内水压作用下，池壁单位高度内产生的最大环向拉力标准值 $N_k = 280kN/m$，池壁厚 $h = 220mm$，混凝土强度等级为 C20（$f_{tk} = 1.54N/mm^2$，$E_c = 2.55 \times 10^4 N/mm^2$），钢筋为 HPB235（$f_y = 210N/mm^2$、$E_c = 2.1 \times 10^5 N/mm^2$），试确定环向钢筋数量并验算池壁抗裂。

【解】 由式（8-1）确定钢筋截面积。取水压力的荷载分项系数为 $\gamma_Q = 1.2$，则池壁的最大环向拉力设计值为：

$$N = 1.2 \times N_k = 1.2 \times 280 = 336kN$$

所以

$$A_s = \frac{N}{f_y} = \frac{336000}{210} = 1600mm^2$$

选用 Φ12@140mm 钢筋，布置在池壁内外两侧，$A_s = 2 \times 808 = 1616mm^2$，配筋如图 8-4 所示。

再按式（8-2）进行抗裂验算：

$$\alpha_E = \frac{E_s}{E_c} = \frac{2.1 \times 10^5}{2.55 \times 10^4} = 8.24$$

$$A_c + 2\alpha_E A_s = 220 \times 1000 + 2 \times 8.24 \times 1616 = 246632mm^2$$

$$\sigma_{ck} = \frac{N_k}{A_c + 2\alpha_E A_s} = \frac{280000}{246632} = 1.14N/mm^2$$

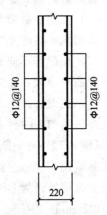

图 8-4 池壁配筋图

因为：

$$\alpha_{ct} = 0.87$$

所以 $\sigma_{ck} = 1.14N/mm^2 < \alpha_{ct}f_{tk} = 0.87 \times 1.54 = 1.34N/mm^2$ 满足要求。

四、轴心受拉构件裂缝宽度验算

轴心受拉构件裂缝宽度验算，平均裂缝间距的计算公式用式（8-6）。

$$l_{cr} = 1.1\left(1.9c + 0.08\frac{d_{eq}}{\rho_{te}}\right) \tag{8-6}$$

裂缝间钢筋应变不均匀系数仍按式（8-7）计算，即

$$\varphi = 1.1 - \frac{0.65f_{tk}}{\rho_{te}\sigma_{sk}} \tag{8-7}$$

以上两式中的 ρ_{te} 对轴心受拉构件应按全截面计算，即 $\sigma_{tc} = A_s/A_c$。其中 A_s 为全部受拉钢筋截面积；A_c 为构件的全截面积，对矩形截面 $A_c = b \times h$。

荷载短期效应组合下裂缝截面的钢筋应力 σ_{sk} 应按下式计算：

$$\sigma_{sk} = \frac{N_k}{A_s} \tag{8-8}$$

式中　N_k——按荷载短期效应组合计算的轴向力值。

式（8-6）和式（8-7）中其余符号的意义与取值原则均同受弯构件。当 $<$ C20 时，取 $c = 20mm$；当 $\sigma_{te} < 0.01$ 时，取 $\sigma_{te} = 0.01$；当 $\varphi < 0.2$ 时，取 $\varphi = 0.2$；当 $\varphi > 1.0$ 时，取 $\varphi = 1.0$。

轴心受拉构件的裂缝宽度计算公式仍为式（8-9），但其中的构件受力特征系数 α_{ct} 对轴心受拉构件取 2.7，即

$$W_{max} = 2.7\varphi\frac{\sigma_{sk}}{E_s}\left(1.9c + 0.08\frac{d_{eq}}{\rho_{te}}\right) \tag{8-9}$$

受力特征系数的构成为：

$$\alpha_{cr} = 0.85 \cdot \tau_s \cdot \tau_1 \cdot \beta = 0.85 \times 1.9 \times 1.5 \times 1.1 = 2.665 \approx 2.7。$$

在设计允许开裂的轴心受拉构件时，一般是先按承载力计算确定受拉钢筋，并初步选定构件截面尺寸，然后再进行裂缝宽度验算，用式（8-6）计算出的最大裂缝宽度，不应超过附表九和附表十中所规定的最大裂缝宽度允许值，如不满足要求，可按下列途径对截面进行调整，直到满足为止。

（1）在构件截面及钢筋截面不变的前提下，选用直径较细的钢筋，可使裂缝间距减小，从而减小裂缝宽度。

（2）在配筋不变的情况下，适当减小混凝土截面面积，这虽然会使 φ 值稍有增加，但随着配筋率增大，裂缝间距将明显减小，从而使裂缝宽度减小。

（3）在无法采用上述两项措施的情况下，也可通过增大钢筋用量来减小裂缝宽度，但这种办法不如前两种方法经济。

【例 8-2】　有一圆形清水池，采用砖砌圆球壳顶盖，在顶盖的钢筋混凝土支座环梁内按荷载短期效应组合计算的轴向拉力 $N_k = 140kN$，环梁的截面尺寸为 $250mm \times 250mm$，混凝土强度等级为 C20（$f_{tk} = 1.54N/mm^2$），配有 HPB235 钢筋 $6\phi14$，$A_s = 923mm^2$（$f_y = 210N/mm^2$，$E_s = 2.1 \times 10^5 N/mm^2$）。钢筋的净保护层厚 $c = 25mm$。试验算此环梁裂缝宽度是否满足要求（$[W_{max}] = 0.25mm$）。

【解】
$$\rho_{te} = \frac{A_s}{A_c} = \frac{923}{250 \times 250} = 0.0148 > 0.01$$

由式（8-8）
$$\sigma_{sk} = \frac{N_s}{A_s} = \frac{140000}{923} = 151.68N/mm^2$$

钢筋应变不均匀系数：

154

$$\varphi = 1.1 - \frac{0.65 f_{tk}}{\rho_{te} \cdot \sigma_{sk}} = 1.1 - \frac{0.65 \times 1.54}{0.0148 \times 151.68} = 0.65$$

由式（8-9）求最大裂缝宽度：

$$W_{max} = 2.7 \varphi \frac{\sigma_{sk}}{E_s} \left(1.9c + 0.08 \frac{d_{eq}}{\rho_{te}}\right)$$

$$= 2.7 \times 0.65 \frac{151.68}{2.1 \times 10^5} \left(1.9 \times 25 + 0.08 \frac{14}{0.0148}\right)$$

$$= 0.156 mm < [W_{max}] = 0.25 mm$$

满足要求。

第二节　偏心受拉构件

在给水排水工程和环境工程中常会遇到钢筋混凝土偏心受拉构件，例如如图 8-5 （a）所示的平面尺寸较小深度较大的矩形水池，在池内水压作用下，池壁垂直截面内既作用有弯矩 M，又作用有水平方向的轴向拉力 N。又如图 8-5 （b）所示的埋在地下的压力水管，在土压力和内水压力的共同作用下，管壁在环向也可能同时承受拉力和弯矩。上述构件均属于偏心受拉构件。

一、大、小偏心受拉的界限

偏心受拉构件根据截面是否存在受压区而分为大偏心受拉和小偏心受拉两种情况。

从图 8-6 （a）可以看出，当轴向拉力 N 作用在 A_s 和 A_s' 以外，即 $e_0 = \frac{M}{N} > \frac{h}{2} - a_s$ 时，截面部分受拉，部分受压，因为如果以受拉钢筋合力点为力矩中心，则只有当截面左侧受压时才能保持力矩平衡，我们把这种情况称为大偏心受拉。

若如图 8-6 （b）所示，轴向拉力 N 作用在 A_s 和 A_s' 之间，即 $e_0 = \frac{M}{N} \leq \frac{h}{2} - a_s$ 时，截面将不存在受压区，构件中一般都将产生贯通整个截面的裂缝。截面开裂后，裂缝截面中的混凝土完全退出工作。根据平衡条件，拉力将由左、右两侧的钢筋 A_s 和 A_s' 承担，它们都是受拉钢筋，这种情况称之为小偏心受拉。

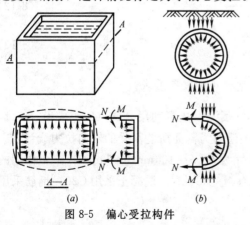

图 8-5　偏心受拉构件

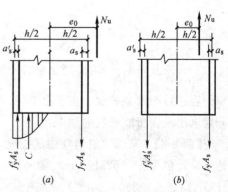

图 8-6　大、小偏心受拉的界限界定

$(a) e_0 = \frac{M}{N} > \frac{h}{2} - a_s$ 　　　$(b) e_0 = \frac{M}{N} \leq \frac{h}{2} - a_s$

(1) 大偏心受拉 $e_0 > \dfrac{h}{2} - a_s$

(2) 小偏心受拉 $e_0 \leqslant \dfrac{h}{2} - a_s$

二、偏心受拉构件正截面承载力计算

（一）小偏心受拉构件

小偏心受拉构件的破坏特征与轴心受拉构件相类似，构件破坏时，裂缝截面中全部混凝土均已退出工作，拉力完全由 A_s 和 A_s' 承担，当 $A_s'/A_s = e/e'$ 时，（e、e' 见图 8-7 所示），A_s 和 A_s' 的应力均可达到屈服强度。

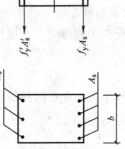

图 8-7　小偏心受拉构件

根据图 8-7 的计算图式，分别对 A_s 及 A_s' 取力矩平衡，可建立小偏心受拉构件的正截面承载力计算公式：

$$\sum M_{A_s} = 0$$
$$Ne \leqslant f_y' A_s'(h_0 - a_s') \tag{8-10}$$
$$\sum M_{A_s'} = 0$$
$$Ne' \leqslant f_y A_s(h_0 - a_s') \tag{8-11}$$

式中　N——轴向拉力设计值，N；

e——轴向拉力 N 到 A_s 合力作用点的距离，mm，

即：$e = \dfrac{h}{2} - e_0 - a_s$；

e'——轴向拉力 N 到 A_s' 合力作用点的距离，mm，

即：$e' = \dfrac{h}{2} + e_0 - a_s'$；

e_0——轴向拉力偏心距，即 $e_0 = \dfrac{M}{N}$，mm；

M 为弯矩设计值，N·mm。

在进行截面设计时，可由公式（8-10）和（8-11）直接写出 A_s' 和 A_s 的计算公式：

$$A_s' = \frac{Ne}{f_y(h_0 - a_s')} \tag{8-12}$$

$$A_s = \frac{Ne'}{f_y(h_0 - a_s')} \tag{8-13}$$

$\rho = \dfrac{A_s}{bh_0}$ 及 $\rho' = \dfrac{A_s'}{bh_0}$ 均应满足附表十五所规定的最小配筋率要求。

当进行截面复核时，由于已知 A_s 和 A_s' 及偏心距 e，故可利用公式（8-10）和（8-11）分别求出截面所能承担的轴向拉力 N，其中较小值即为截面所能承受的轴向拉力设计值。

【例 8-3】　某加速澄清池中的拉梁，截面尺寸为 $b \times h = 400\text{mm} \times 600\text{mm}$，梁中作用的弯矩设计值为 $M = 62\text{kN·m}$，轴向拉力设计值为 $N = 580\text{kN}$，混凝土采用 C20，钢筋采用 HRB335（$f_y = 300\text{N/mm}^2$），试确定 A_s 和 A_s'。

【解】　取 $a_s = a_s' = 35\text{mm}$

$$h_0 = 600 - 35 = 565\text{mm}$$

$$e_0 = \frac{M}{N} = \frac{62000000}{580000} = 106\text{mm} < \frac{h}{2} - a_s = \frac{600}{2} - 35 = 265\text{mm}$$

属于小偏心受拉构件。

$$e = \frac{h}{2} - e_0 - a_s = \frac{600}{2} - 106 - 35 = 159\text{mm}$$

$$e' = \frac{h}{2} + e_0 - a'_s = \frac{600}{2} + 106 - 35 = 371\text{mm}$$

由式(8-12)求 A'_s：

$$A'_s = \frac{Ne}{f_y(h_0 - a'_s)} = \frac{580000 \times 159}{300 \times (565 - 35)} = 580\text{mm}$$

$$\rho' = \frac{A'_s}{bh_0} = \frac{580}{400 \times 565} = 0.26\% > \rho'_{\min} = 0.2\%$$

由式(8-13)求 A_s：

$$A_s = \frac{Ne'}{f_y(h_0 - a_s)} = \frac{580000 \times 371}{300 \times (565 - 35)} = 1353.3\text{mm}^2$$

$$\rho = \frac{A_s}{bh_0} = \frac{1353.3}{400 \times 565} = 0.6\% > \rho_{\min} = 0.2\%$$

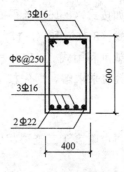

图8-8　例3配筋图

　　显然满足最小配筋率要求。受拉较小一侧选用 3Φ16，
$A_s = 603\text{mm}^2$，另一侧选用 2Φ22＋3Φ16，$A_s = 1363\text{mm}^2$，截面配筋如图8-8所示。

　　（二）大偏心受拉构件

　　适筋梁大偏心受拉构件的破坏特征与适筋梁相似；当偏心拉力增大到一定程度时，受拉钢筋将首先达到抗拉屈服强度，随着受拉钢筋塑性变形的增长，受压区面积逐步缩小，最后，构件由于受压区混凝土达到极限压应变而破坏。

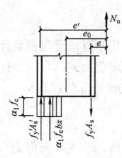

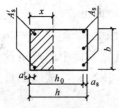

图8-9　大偏心受拉构件

　　大偏心受拉构件的计算图式如图 8-9 所示，受压区混凝土以等效矩形应力图形代替曲线应力分布图形。受拉钢筋应力达到抗拉强度设计值，受压钢筋应力当 $x > 2a'_s$ 时，也能达到抗压强度设计值。根据图 8-9 所示，利用轴向力平衡条件及对 A_s 合力作用点取力矩平衡条件，可建立大偏心受拉构件的正截面承载力计算公式：

$$N \leqslant f_y A_s - f'_y A'_s - \alpha_1 f_c bx \tag{8-14}$$

$$Ne \leqslant \alpha_1 f_c bx \left(h_0 - \frac{x}{2}\right) + f'_y A'_s (h_0 - a'_s) \tag{8-15}$$

式中　e—轴向拉力 N 到 A_s 合力点的距离，$e = e_0 - \frac{h}{2} + a_s$

　　式（8-14）和（8-15）的适用条件与双筋梁相同，即：

　　（1）$x \leqslant \xi_b h_0$；

　　（2）$x \geqslant 2a'_s$；

　　同时，A_s 和 A'_s 均应满足附表十五规定的最小配筋率
要求。

　　利用以上基本公式进行截面设计的步骤与双筋梁或大偏心受压构件基本相同，由于有

三个未知量 x、A_s 和 A_s'，可根据充分利用受压区混凝土的抗压能力，使钢筋总用量 (A_s+A_s') 为最少的原则，先假设 $x=\xi_b h_0$，代入式（8-14）和（8-15），可以得出受压和受拉钢筋的计算公式：

$$A_s'=\frac{Ne-\alpha_1 f_c bh_0^2 \xi_b(1-0.5\xi_b)}{f_y'(h_0-a_s')} \tag{8-16}$$

$$A_s=\frac{\alpha_1 f_c \xi_b bh_0+N}{f_y}+A_s'\frac{f_y'}{f_y} \tag{8-17}$$

如按式（8-16）求得的 A_s' 为负值或小于最小配筋率要求，则说明 $x=\xi_b h_0$ 太大，此时，式（8-16）和（8-17）均不再适用，而应按最小配筋率及构造要求确定 A_s'，A_s' 已知后，就可利用式（8-14）和（8-15）求解 x 和 A_s。而且完全可以利用受弯构件的 ξ、γ_s、a_s 系数表来求解，即先按下式确定 a_s：

$$a_s=\frac{Ne-f_y'A_s'(h_0-a_s')}{\alpha_1 f_c bh_0^2} \tag{8-18}$$

再由附表十三查得相应的 ξ 值，则：

$$x=\xi h_0$$

如果 $x>2a_s'$，则受拉钢筋可按下式计算：

$$A_s=\frac{\alpha_1 f_c \xi bh_0}{f_y}+A_s'\frac{f_y'}{f_y}+\frac{N}{f_y} \tag{8-19}$$

当 $x\leqslant 2a_s'$ 时，则应区分以下情况，并分别采用不同的计算步骤：

(1) 当 $Ne>2a_s'\alpha_1 bf_c(h_0-a_s')$ 时，近似取 $x=2a_s'$，这时 A_s 的计算公式为：

$$A_s=\frac{Ne'}{f_y(h_0-a_s')} \tag{8-20}$$

式中 $e'=e_0+\frac{h}{2}-a_s'$

(2) 当 A_s' 仅起构造作用时，按式（8-21）计算所得受拉钢筋将比不考虑受压钢筋计算出的还多，故应不考虑受压钢筋，而按单筋截面确定受拉钢筋。即仍由式（8-18）计算 a_s，但取 $A_s'=0$，再根据 a_s 由附表十三查得相应的 γ_s 值，受拉钢筋的计算公式即为：

$$A_s=\frac{N(e+\gamma_s h_0)}{f_y \gamma_s h_0}=\frac{N}{f_y}\left(\frac{e}{\gamma_s h_0}+1\right) \tag{8-21}$$

(3) 当 $Ne\leqslant 2a_s'\alpha_1 bf_c(h_0-a_s')$ 时，说明 $A_s'=0$，不需要受压钢筋。基本方程仍是三个未知数，我们的做法是让 $A_s'=\rho_{min}bh_0$ 已知，代入基本方程求 x 和 A_s 即可。

【例 8-4】 某矩形水池，池壁厚为 200mm，混凝土强度等级为 C20，（$f_c=9.6$N/mm^2），钢筋为 HRB335（$f_y=300$N/mm^2），由内力计算池壁某垂直截面中的弯矩设计值 $M=24.2$kN·m/m（使池壁内侧受拉），轴向拉力设计值 $N=27.3$kN/m，试确定垂直截面中沿池壁内侧和外侧所需的 A_s 和 A_s'。

【解】 取 $a_s=a_s'=30$mm

$$h_0=200-30=170$$

$$e_0=\frac{M}{N}=\frac{24200000}{27300}=886\text{mm}>\frac{h}{2}-a_s=\frac{200}{2}-30=70\text{mm}$$

属于大偏心受拉构件。

$$e = e_0 - \frac{h}{2} + a_s = 886 - \frac{200}{2} + 30 = 816\text{mm}$$

令 $x = \xi_b h_0$，$\xi_b = 0.550$，由式（8-16）求受压钢筋：

$$A_s' = \frac{Ne - \alpha_1 f_c \xi_b b h_0^2 (1 - 0.5\xi_b)}{f_y'(h_0 - a_s')}$$

$$= \frac{27300 \times 816 - 1 \times 9.6 \times 0.55 \times 1000 \times 170^2 (1 - 0.5 \times 0.55)}{300(170 - 30)} < 0$$

说明按计算不需要受压钢筋，故按最小配筋率确定 A_s'。由附表十五查得 $\rho_{\min}' = 0.2\%$，则：

$$A_s' = \rho_{\min}' b h_0 = 0.2\% \times 1000 \times 170 = 340\text{mm}^2/\text{m}$$

选用 $\phi 8@140\text{mm}$，$A_s' = 359\text{mm}^2/\text{m}$

按 A_s' 已知，求受拉钢筋 A_s：

$$Ne = 27300 \times 816 = 22276800\text{N} \cdot \text{mm} < 2a_s'(h_0 - a_s')b\alpha_1 f_c$$

$$= 2 \times 30 \times (170 - 30) \times 1000 \times 9.6 = 80640000\text{N} \cdot \text{mm}$$

应按单筋截面计算受拉钢筋，先确定 a_s：

$$a_s = \frac{Ne}{\alpha_1 f_c b h_0^2} = \frac{22276800}{1 \times 9.6 \times 1000 \times 170^2} = 0.08$$

由附表十三查得：$\gamma_s = 0.958$，代入式（8-21）

$$A_s = \frac{N(e + \gamma_s h_0)}{f_y \gamma_s h_0} = \frac{27300 \times (816 + 0.958 \times 170)}{300 \times 0.958 \times 170}$$

$$= 547\text{mm}^2/\text{m}$$

选用 $\Phi 10@140\text{mm}$，$A_s = 561\text{mm}^2$。

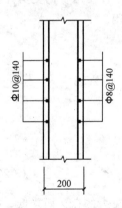

图 8-10　例 4 配筋图

受压钢筋仅起构造作用，故可改用 HPB235 钢筋，直径、间距不变，即 $\phi 8@140\text{mm}$，$A_s' = 359\text{mm}^2$，配筋如图 8-10 所示。

2. 截面复核

在进行截面复核时，截面尺寸及配筋、材料强度以及偏心距 e 均为已知，要求可能承受的轴心拉力 N_u。可像大偏心受压构件截面复核一样，对轴向力 N 取矩，建立弯矩平衡条件（8-11），从而求出 x，当 $2a_s' \leqslant x \leqslant \xi_b h_0$ 时，将 x 代入式（8-14），则可求得截面所能承受的 N_u，如 $x > \xi_b h_0$，说明 A_s 过大，截面破坏时，A_s 达不到屈服强度，此时，在图 8-10 中应以 $\sigma_s = f_y \dfrac{\xi - 0.8}{\xi_b - 0.8}$ 代替 f_y，并再对 N 取矩重新求 x，然后按下式计算截面所能承受的偏心拉力：

$$N_u = \sigma_s A_s - f_y' A_s' - \alpha_1 f_c b x = \frac{\xi - 0.8}{\xi_b - 0.8} \cdot f_y A_s - f_y' A_s' - \alpha_1 f_c b x \qquad (8-22)$$

式中　$\xi = \dfrac{x}{h_0}$。

如果 $x < 2a_s'$ 时，可将已知的 A_s 代入式（8-20）和式（8-21）反算 N，并取两个结果中的较大值，即为构件所能承受的偏心拉力 N_u。在按式（8-21）求 N_u 时，必须先确定 ξ，再按 ξ 由附表十三查 γ_s 值，此时应在图 8-10 中取 $f_y' A_s' = 0$，再对 N 作用点取力矩平衡，

解出 x，即：

$$x = \left(\frac{h}{2} + e_0\right) - \sqrt{\left(\frac{h}{2} + e_0\right)^2 - 2\frac{f_y A_s e}{\alpha_1 f_c b}} \qquad (8\text{-}23)$$

ξ 即可确定。

三、偏心受拉构件斜截面承载力计算

在偏心受拉构件中，当作用有弯矩和拉力的同时，一般也伴有剪力作用，尚需进行斜截面受剪承载力计算。

试验表明，在一个作用有轴向拉力，并产生若干贯穿全截面裂缝的构件上，施加横向荷载。则在弯矩作用下，受压区范围内的裂缝将重新闭合，而受拉区的裂缝则有所增大，并在剪弯区出现斜裂缝。由于轴向拉力的存在，斜裂缝的坡度比受弯构件要陡，且剪压区高度缩小，甚至使剪压区末端无剪压区，因此，构件的斜截面受剪承载力比无轴向拉力时明显降低，其降低程度则随轴拉力的增加而增大。

对矩形截面偏心受拉构件的斜截面受剪承载力，《规范》建议采用下式计算：

$$V \leqslant \frac{1.75}{\lambda + 1} f_t b h_0 + f_{yv} \frac{n A_{sv1}}{s} h_0 - 0.2N \qquad (8\text{-}24)$$

式中　V——剪力设计值；

　　　λ——计算截面的剪跨比，取 $\lambda = a/h_0$，a 为集中荷载到支座之间的距离。当 $\lambda <$ 1.4 时，取 $\lambda = 1.4$；当 $\lambda > 3$ 时，取 $\lambda = 3.0$；

　　　N——与剪力设计值 V 相应的轴向拉力设计值。

其余符号的意义与受弯构件相同。

可以看出，式（8-24）右侧的第一、二两项同受弯构件在集中荷载作用下的受剪计算公式的形式相同，而第三项则是考虑轴拉力对抗剪承载力降低的作用。

式（8-24）的适用条件为：

（1）受剪截面应符合下列条件：

$$V \leqslant 0.25 \beta_c f_c b h_0 \qquad (8\text{-}25)$$

（2）箍筋配筋率应符合下列条件：

$$f_{yv} \frac{n A_{sv1}}{s} h_0 \geqslant 0.36 f_t b h_0 \qquad (8\text{-}26)$$

即：

$$\rho_{sv} = \frac{n A_{sv1}}{bs} \geqslant 0.36 f_t h_0 \qquad (8\text{-}27)$$

此外，考虑到在偏心受拉构件中，箍筋的抗剪能力不会因轴向拉力的存在而降低，故规范规定当式（8-24）右边的计算值小于 $f_{yv} \dfrac{n A_{sv1}}{s} h_0$ 时，应取等于 $f_{yv} \dfrac{n A_{sv1}}{s} h_0$；这相当于规定了 $0.2N$ 项的上限值，即 $0.2N$ 项顶多只能将混凝土的抗剪能力抵消。

偏心受拉构件的箍筋构造要求同受弯构件。

【例 8-5】 有一钢筋混凝土偏心受拉构件，截面尺寸及构件跨度如图 8-10 所示。构件上作用轴向拉力设计值 $N = 85\text{kN}$，跨中承受集中荷载设计值为 106kN，混凝土强度等级为 C20（$f_c = 9.6\text{N/mm}^2$），箍筋采用 HPB235 箍筋（$f_y = 210\text{N/mm}^2$），纵筋采用 HRB335 钢筋（$f_y = 300\text{N/mm}^2$），求箍筋用量。

【解】 已知 $N=85\text{kN}$，$V=\dfrac{106}{2}=53\text{kN}$，

$$M=53\times1.5=79.5\text{kN}。$$

取

$$h_0=h-a_s=250-35=215\text{mm}$$

$$\lambda=\frac{a}{h_0}=\frac{1500}{215}=6.98>3.0，取\lambda=3.0；$$

$$V_c=\frac{1.75}{\lambda+1}f_t bh_0=\frac{1.75}{3+1}\times9.6\times240\times215$$

$$=24832\text{N}>0.2N=0.2\times85000=17000\text{N}$$

所以

$$\frac{nA_{sv1}}{s}=\frac{V-V_c+0.2N}{f_{yv}h_0}=\frac{53000-24832+17000}{210\times215}$$

$$=1.00\text{mm}^2/\text{mm}$$

符合要求。

采用双肢箍筋$\Phi 8@100\text{mm}$

$$\frac{nA_{sv1}}{s}=\frac{2\times50.3}{100}=1.06\text{mm}^2/\text{mm}>1.00\text{mm}^2/\text{mm}\quad（可以）$$

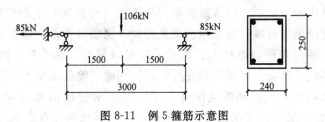

图 8-11　例 5 箍筋示意图

思考题与习题

1. 大小偏心受拉构件如何判别？

2. 试画图说明大小偏心受拉构件的计算式？

3. 受拉构件的适用条件有哪些？怎样利用构造来计算？

4. 钢筋混凝土屋架下弦杆，承受轴向拉力设计值 $N=300\text{kN}$，截面尺寸 $b\times h=180\text{mm}\times200\text{mm}$，采用 C30，HRB335 钢筋。求纵向钢筋。

5. 偏心受拉构件截面尺寸 $b\times h=250\text{mm}\times400\text{mm}$，$N=500\text{kN}$，$M=60\text{kN}\cdot\text{m}$，采用 C20 混凝土，HRB335 钢筋。求钢筋数量。

6. 某涵洞截面 $h=900\text{mm}$，在内水压力及洞外土压力等荷载作用下，截面单位宽度上的内力 $N=490\text{kN}$，$M=382\text{kN}\cdot\text{m}$，采用 C20 混凝土，HPB235 钢筋，$a_s=a_s'=60\text{mm}$，试求：截面配筋。

第九章　泵房泵站结构设计

泵房泵站是整个给水排水和环境工程的一个重要组成部分，它通常属于中小型单层混合结构房屋。为配合给水排水和环境工程结构构造、水泵及水泵站的设计要求，我们在学完土建基本知识及工程结构后，进行简单的二级泵站单层混合结构知识介绍。

第一节　泵房的结构组成及作用

一幢房屋的墙、柱用砖砌体砌筑，而屋盖或楼盖采用钢筋混凝土结构或木结构，则这种房屋称为混合结构房屋。泵房一般属于单层混合结构房屋。

单层混合结构房屋一般是由屋盖、墙柱和基础三部分组成，其中屋面结构可以采用无檩体系和有檩体系两种方案。无檩体系是指在屋面梁（或屋架）上铺放屋面板，如图 9-1 所示，屋面板承受屋面活荷载、雪荷载、积灰荷载、面层以及板的自重等，并把这些荷载传给屋面梁，再由屋面梁传到墙柱上。如果采用瓦材屋面（黏土瓦、槽瓦、石棉瓦等），则屋盖结构中必须设置檩条，屋面荷载通过檩条传到屋面梁或屋架上，这种体系则称为有檩体系。房屋墙体包括外纵墙和两端山墙，它们主要承受屋面梁（或屋架）传来的垂直压力和墙本身的自重，以及水平作用的风荷载。当泵房内设有吊车时，墙往往还要承担吊车引起的垂直及水平荷载。基础则主要用来承受墙柱传来的荷载，并将这些荷载传给地基。

在单层混合结构房屋中，荷载的传递途径可以归纳如下：

竖直荷载（以屋面荷载为例）的传递途径：

屋面荷载→屋面板→屋面梁（或屋架）→墙（柱）→基础→地基。

水平荷载（以作用在纵墙上的风荷载为例）的传递途径：

风荷载→外墙→屋盖→横墙或外墙→基础→地基。

至于水平荷载为什么会按上述途径传递，将在下面专门说明。

由此可见，由屋面板、梁（或屋架）等构件组成的屋盖（或楼盖）以及墙（或柱）、基础是混合结构房屋的主要承重构件。下面我们将着重讨论泵房墙体的荷载计算。

第二节　刚性方案房屋墙体计算

一般中小型泵房由于屋盖采用钢筋混凝土无檩体系，房屋长度不大，且两端均有山墙，而大多属于刚性方案。因此，我们在这里只讨论刚性方案房屋墙、柱的内力分析和承载力计算，而刚弹性或弹性方案房屋的内力分析则可参阅其他有关资料。

现以图 9-1 所示的泵房为例说明如下。

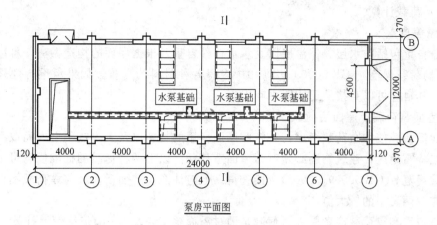

泵房平面图

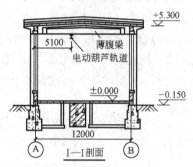

I—I剖面

图 9-1 某泵房平面图和剖面图

泵房为纵横墙承重。纵墙带壁柱支承屋面梁传来的荷载,山墙(横墙)则直接支承一部分屋面板传来的均布荷载。由于采用装配式无檩体系钢筋混凝土屋盖,因此按屋盖水平刚度来划分属于表 9-1 中的第一类。横墙间距为 24m,满足表中规定的刚性方案最大间距不超过 32m 的要求,属于刚性方案。

房屋的静力计算方案   表 9-1

	屋盖或楼盖类别	刚性方案	刚弹性方案	弹性方案
1	整体式、装配整体式和装配式无檩体系钢筋混凝土屋盖或钢筋混凝土楼盖	$s<32$	$32{\leqslant}s{\leqslant}72$	$s>72$
2	装配式有檩体系钢筋混凝土屋盖、轻钢屋盖和有密铺望板的木屋盖或木楼盖	$s<20$	$20{\leqslant}s{\leqslant}48$	$s>48$
3	冷摊瓦木屋盖和石棉水泥轻钢屋盖	$s<16$	$16{\leqslant}s{\leqslant}36$	$s>36$

此外,还需校核房屋山墙是否满足作为刚性方案房屋横墙的几个必要条件。在本例中,两端山墙为 240mm 厚的实心墙,满足横墙厚度不宜小于 180mm 的要求;一端山墙为整片墙,另一端山墙门洞水平截面面积为 $h\times4500mm^2$,该山墙的总水平截面面积为 $h\times12740m$ m^2,满足门窗洞口不应超过横墙截面面积 50% 的要求;山墙长度为 12740mm,山墙平均高度为 5300mm,满足横墙长度不宜小于其高度的要求,因此山墙在平面内的刚度足够。

下面对墙、柱承载力验算时的荷载取值、计算简图以及计算截面等问题做一些必要的介绍。

（一）荷载计算

1. 屋盖自重

屋盖自重包括防水层、保温层以及承重构件自重。根据屋面的构造做法，可以直接从《建筑结构荷载规范》(GB 50009—2001)中查得各种材料的自重。如果承重构件采用通用构件时，其自重可以直接从通用图中查得。

2. 屋面雪荷载及屋面活荷载

屋面活荷载按均布荷载考虑，并依照屋面所用的材料以及上人或不上人而取用不同的数值。在降雪地区，建筑物还必须考虑屋面雪荷载。以上两种荷载的标准值均可由《建筑结构荷载规范》(GB 50009—2001)直接查得。但应注意，屋面活荷载与雪荷载不得同时考虑，而应取两者中的较大值。

屋盖自重和雪荷载或者屋面活荷载是通过屋面梁支座反力 N_p 传给带壁柱的，如图 9-2 所示。梁支座处的有效支承长度可按式（9-20）计算。由于砌体的弹塑性性能，a_0 范围内压应力的分布呈曲线形状，压应力合力的作用点大体在离墙内边 $0.4a_0$（由于屋架支撑反力 N_p 作用点对墙体中心线来说，往往有一个偏心距 e_p，其中 $e_p = h/2 - 0.4a_0$），因此 N_p 的作用点通常不在柱截面形心处，从而对砌体形成偏心压力。

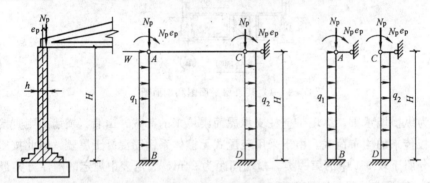

图 9-2　刚性方案单层房屋荷载计算简图

3. 砖墙、柱及门窗自重按实际重量计算

并可视为对墙或带壁柱的轴心压力计算，如图 9-4（a）所示。

4. 风荷载

风荷载是垂直作用于建筑物外表面的荷载，它可能是压力，也可能是吸力。垂直于建筑物表面上的风荷载标准值应按下式计算：

$$\omega_k = \beta_z \mu_s \mu_z \omega_0 \tag{9-1}$$

式中　ω_0——基本风压值，以 kN/m² 计。它是根据当地较空旷平坦地面上离地面 10m 高处实测所得的十分钟平均风速换算成风压后经统计分析得到的重现期为 30 年的风压值。可由《建筑结构荷载规范》(GB 50009—2001) 查得；

β_z——z 高度处的风振系数。它反映了刚度较小的高耸构筑物（如烟囱、水塔）和高层建筑结构产生风振的不利影响。对高度低于 30m 或高宽比小于 1.5 的房屋取 $\beta_z = 1$；

μ_s——风荷载体型系数。它与建筑物的体型和尺寸有关。正值表示压力；负值表示吸力。常见单跨单层房屋的风载体型系数见图 9-3 所示，其中屋面迎风坡面

164

的 μ_s 值随屋面坡度而变化，如图 9-3 所示。其他体型房屋的 μ_s 值可由《建筑结构荷载规范》（GB 50009—2001）查取；

μ_z——风压高度变化系数。它反映了离地面高度和地面粗糙度对风压的影响。《建筑结构荷载规范》》（GB 50009—2001）将地面粗糙度分为 A、B、C 三类：A 类指近海海面、海岛、海岸、湖岸及沙漠等地区；B 类指田野、乡村、丛林、丘陵以及房屋比较稀疏的中、小城镇和大城市郊区；C 类指有多层和高层建筑及房屋比较密集的大城市市区。A 类地面粗糙度小，风速大，μ_z 也大；C 类地面粗糙度大，风速小，μ_z 亦小；B 类地面则介于上述两类粗糙度之间。在表 9-2 中列出了离地面高度 5m 到 15m 的 μ_z 值，当地面高度大于 15m 时，μ_z 可由《建筑结构荷载规范》（GB 50009—2001）查得。风荷载包括作用于墙面和屋面上的风力。墙面上的风荷载可近似作为均布水平荷载考虑。

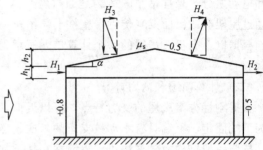

α	μ_s
0°~15°	-0.6
30°	0
≥60°	+0.8

图 9-3　单层封闭式双坡屋面的风荷载体型系数 μ_s

风压高度变化系数 μ_z　　　　　　　　　　　　　　　　　　　　　表 9-2

离地面或海平面高度	地面粗糙度类别		
	A	B	C
5	1.17	0.80	0.54
10	1.38	1.00	1.71
15	1.52	1.14	0.84

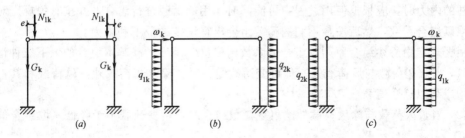

图 9-4　风荷载计算简图
(a) 屋盖偏心受压和墙体自重；(b) 左风；(c) 右风

　　屋面（包括女儿墙）上的风荷载通常汇集为作用在屋架或屋面梁支座处：即墙和带壁柱顶的集中力 ω_k（图 9-4）。对于图 9-3 所示的双坡屋面封闭式房屋，若取计算单元宽度（通常取为房屋开间尺寸）为 s，屋面倾角为 α，屋面单坡斜长为 c，则风荷载标准值 ω_0、q_{1k} 和 q_{2k} 可根据图 9-4 所示关系按下列公式计算：

$$\omega_k = H_1 + H_2 + H_3 + H_4$$
$$= (1 \times 0.8 \times \mu_z \times \omega_0 \times h_1 \times s) + (1 \times 0.5 \times \mu_z \times \omega_0 \times h_1 \times s)$$
$$+ (1 \times \mu_s \times \mu_z \times \omega_0 \times h_2 \times s) + (1 \times 0.5 \times \mu_z \times \omega_0 \times h_2 \times s)$$
$$= [(0.8 + 0.5)h_1 + (\mu_s + 0.5)h_2] \mu_z \omega_0 s \tag{9-2}$$

而 q_{1k} 和 q_{2k} 分别为：

$$q_{1k} = 0.8 \mu_z \omega_0 s \tag{9-3}$$
$$q_{2k} = -0.5 \mu_z \omega_0 s \tag{9-4}$$

在计算柱顶集中力 ω_k 时，μ_z 可按檐口标高取值；计算 q_{1k} 和 q_{2k} 时，μ_z 可按柱顶标高取值。风荷载的荷载分项系数 γ_q 取为 1.4。

5. 吊车荷载

在一般中小型泵房内，常设有悬挂式吊车供安装和检修设备用。悬挂式单轨吊车有手动和电动之分。悬挂吊车的荷载是通过轨道（工字钢）传到屋架下弦节点或屋面梁下部，再通过屋架（或屋面梁）传到带壁柱上。吊车荷载的具体计算详见有关设计手册。

根据以上分析，房屋的一个计算单元所承受的荷载即如图 9-2 所示，其中未包括吊车荷载。

（二）计算简图和内力计算

根据刚性方案房屋的受力特点，可以近似认为柱顶的水平位移为零。因此每根带壁柱皆为下端固定、上端具有不动铰支座的一次超静定结构，如图 9-2 所示。

按照一般结构力学方法可求得墙柱在柱顶偏心压力设计值 N_1 作用下的内力图和在水平风荷载设计值 q_{1k} 或 q_{2k} 作用下的内力图。而柱顶集中水平风荷载设计值 ω_k 则直接通过屋盖传给山墙，它对墙柱的内力没有影响。

（三）荷载基本组合

在房屋墙体承载力计算中，一般只考虑荷载基本组合，即只考虑永久荷载和可变荷载，而不考虑偶然荷载。

作用在排架上的几种可变荷载同时出现是可能的，但几种可变荷载同时达到最大值的可能性则是极小的，而且也并不一定是所有荷载同时作用时对墙柱最为不利。因此，在计算墙柱的内力时，应根据使用过程中可能同时作用的荷载进行组合，并按有关规定对可变荷载乘以组合系数，然后按最不利的荷载组合求得墙柱的最不利内力。

根据规定中所述组合原则及组合值系数的取值，得出荷载基本组合的以下三种情况：

（1）当永久荷载与风荷载及其他可变荷载组合时，除永久荷载外，风荷载和其他可变荷载均应乘以组合值系数 0.85。

（2）当永久荷载与除风荷载外的可变荷载组合时，可变荷载不予降低（取组合值系数为 1.0）。

（3）当永久荷载仅与风荷载组合时，风荷载不予降低。

以上三种情况可简单概括为：

第一种荷载基本组合：永久荷载+0.85（风荷载+可变荷载）。

第二种荷载基本组合：永久荷载+可变荷载（风荷载不参与组合）。

第三种荷载基本组合：永久荷载+风荷载。

其中可变荷载包括屋面活荷载或雪荷载以及吊车荷载等。

（四）选择控制截面及内力组合

不设吊车或仅设悬挂吊车的单层房屋的带壁柱墙，当无门窗洞口时，沿高度是等截面的。当有门窗洞口时，由于门窗洞口的削弱，使带壁柱墙沿高度成为变截面，但为了简化计算，仍按等截面考虑，此时，单层房屋带壁柱墙的翼缘宽度 b_f 可取为壁柱宽 b 加 2/3 墙高 H，即 $b_f = b + 2/3H$，但应不大于相邻壁柱间的距离 s（无门窗洞口时）或窗间墙宽度（有门窗洞口时）。

墙柱按等截面计算时，控制截面可取在墙柱底部（一般为基础顶面）。因为通常是此截面的内力最大，只要此处承载力能得到保证，其他截面的承载力也将不成问题。

在设计中必须考虑风荷载方向的变化，即区分"左风"（风从左侧吹向房屋）和"右风"两种情况。因此，风荷载在控制截面中将分别引起正、负两个方向的弯矩。所谓内力组合，就是求出控制截面中对承载力校核可能起决定作用的那几组内力。在一般没有吊车的单层混合结构房屋的墙柱计算中，风荷载在控制截面中产生的正、负弯矩往往都大于由屋盖荷载（偏心压力）产生的弯矩。在这种情况下，起决定作用的是下述两组内力：

（1）由一个方向的风荷载和屋盖荷载的弯矩叠加而得出的最大正弯矩（$+M$）和相应的轴向力（N）；

（2）由另一方向的风荷载和屋盖荷载的弯矩叠加而得出的最大负弯矩（$-M$）和相应的轴向力（N）。

然后按这两组内力分别进行截面的承载力验算，具体方法见本章第五节。

（五）墙、柱高厚比的控制

在设计砖石墙、柱时，除应满足承载力要求外，为了保证构件的稳定性，还必须使构件的高厚比不超过一定限值。按《砌体结构设计规范》（GB 50003—2001）的规定（以下简称规范），墙、柱的高厚比应按下列公式验算：

对矩形截面

$$\beta = \frac{H_0}{h} \leqslant \mu_1 \mu_2 [\beta] \qquad (9-5)$$

对带壁柱墙的 T 形截面

$$\beta = \frac{H_0}{h_T} \leqslant \mu_1 \mu_2 [\beta] \qquad (9-6)$$

式中　H_0——墙、柱的计算高度。对刚性方案房屋可按第四节表 9-3 或附表十九确定；对弹性方案及刚弹性方案房屋应按《规范》（第4.1.3 条）的有关规定确定；

　　μ_1——非承重墙允许高厚比的修正系数；

　　μ_2——有门窗洞口的墙允许高厚比的修正系数；

　　$[\beta]$——墙、柱的允许高厚比，如附表十八所示；

　　h_T——带壁柱墙截面的折算厚度，可近似取 $h_T = 3.5i$；

　　i——带壁柱墙截面的回转半径，$i = \sqrt{\dfrac{I}{A}}$；I、A 分别为带壁柱墙截面的惯性矩和截面面积；

　　h——墙厚或矩形柱与 H_0 相对应的边长。

下面分别讨论 $[\beta]$、μ_1 和 μ_2 的确定。

（一）墙、柱允许高厚比 $[\beta]$

允许高厚比实质上是在墙、柱具有一定厚度的前提下，控制墙、柱不致因过高而失稳的构造措施。同时它也保证了墙、柱在使用阶段具有足够的刚度，以避免过大的侧向弯曲变形。此外，还从设计角度控制了墙、柱在施工中可能出现的轴线相对偏差（如柱轴线弯曲、墙面凸凹以及墙、柱倾斜等）不致过大。

允许高厚比主要与影响墙、柱刚度的砂浆强度等级以及横墙间距、支承条件和截面形状等因素有关。截面未被削弱的承重砖墙和独立砖柱的允许高厚比是根据我国的工程经验，并考虑到材料的质量和施工的技术水平而确定的，可按规范查用。

（二）非承重墙允许高厚比的提高系数 μ_1

根据弹性稳定理论，非承重墙（自承重墙）在计算高度相同的条件下，其临界荷载高于荷载集中顶端的承重墙。当二者的材料"截面"支撑条件和临界荷载相同时，则非承重墙的允许高厚比可以比上端作用有较大集中荷载的承重墙大。因而非承重墙的允许高厚比可以采用一个大于1的提高系数 μ_1 来表达。根据工程经验，厚度 $h \leqslant 240$mm 的非承重墙，μ_1 可按下列规定取值：

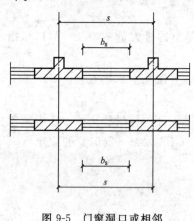

图 9-5　门窗洞口或相邻
窗间墙宽度示意图

当 $h = 240$mm 时，$\mu_1 = 1.2$；

当 $h = 90$mm 时，$\mu_1 = 1.5$；

当 90mm $< h < 240$mm 时，μ_1 按插入法取值。对上端为自由端的，应取 $H_0 = 2H$，此时除按上述规定确定 μ_1 外，尚可将 μ_1 再提高 30%。

（三）有门窗洞口时允许高厚比的降低系数 μ_2

μ_2 主要是考虑墙体水平截面被门、窗洞口削弱后使墙体稳定性降低的不利影响，μ_2 可按下式计算：

$$\mu_2 = 1 - 0.4 \frac{b_s}{s} \qquad (9\text{-}7)$$

式中　b_s——在宽度 s 范围内的门窗洞口宽度；

　　　s——相邻窗间墙或壁柱间的距离（图 9-5）。

当按式（9-7）算得的 μ_2 值小于 0.7 时，应取 μ_2 等于 0.7；当洞口高度等于或小于墙高的 1/5 时，取 $\mu_2 = 1.0$。

当墙高 H 大于或等于相邻横墙或壁柱间的距离 s 时，应按计算高度 $H_0 = 0.6s$ 代入式（9-5）或式（9-6）来验算高厚比。

当与墙连接的相邻两横墙的间距 $s \geqslant \mu_1 \mu_2 [\beta] h$ 时，可不必验算该片墙的高厚比。对带壁柱的墙，除应按式（9-6）验算高厚比外，尚应保证相邻壁柱间墙体的高厚比满足式（9-5）的要求。此时，公式（9-5）中的 h 为壁柱间的墙厚，H_0 为壁柱间墙体的计算高度，仍可按表 9-3 取用，但 s 取等于相邻壁柱间的距离。

设有钢筋混凝土圈梁的带壁柱墙，当 $b/s \geqslant 1/30$ 时，圈梁可视作壁柱间墙的不动铰支点（b 为圈梁宽度）。如具体条件不允许增大圈梁宽度 b 时，可按等刚度原则（墙体平面外刚度相等）增加圈梁高度，以满足壁柱间墙不动铰支点的要求。

第三节 砌体抗压强度

用块材和砂浆砌成砌体后,经压力试验测得的砌体抗压强度都低于块材本身的抗压强度。为了了解其原因,需研究砌体在荷载作用下的破坏特征,并分析砌体破坏前块材的应力状态。

（一）砌体在轴心压力作用下的破坏特征

根据试验和对房屋中砖砌体破坏时的观察,可将砖砌体的受力及破坏过程大致分为下列三个阶段:

(1)砖砌体承受从零开始加压的荷载。最初,砌体除受到压缩外,在外观上无任何损坏现象。当荷载增至破坏荷载的 50%～70% 时,在个别砖块内出现第一批细微的接近垂直的短裂缝（图 9-6a),这些裂缝并未贯通。若荷载不再增加,裂缝也不至进一步扩展。

(2)当荷载继续增大到约为破坏荷载的 80%～90% 时,垂直裂缝不断发展,单块砖内的裂缝延伸、加宽,并逐渐在几块砖内垂直贯通。同时产生新裂缝（图 9-6b)。

(3)当荷载超过破坏荷载的 80%～90% 后,垂直裂缝继续发展（延伸、加宽),将砖砌体分裂成若干根小立柱（图 9-6c)。各小立柱由于受力不均匀,最后某些小立柱被压碎或失稳而导致整个砌体最终破坏。

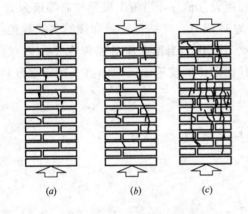

图 9-6 砖砌体受力破坏过程

从上述试验结果可以看出:砌体不是全截面均匀受压破坏,而是由于砌体局部被压碎或丧失稳定而引起整个砖砌体的破坏。因此用破坏荷载除以砖砌体全截面面积得出的抗压强度自然低于砖本身的抗压强度。

（二）砌体内非均匀受压的主要原因

1. 砂浆层的不均匀性

施工中砂浆不易铺展均匀、平整和饱满,砖的吸水性又较强,砌筑后砖会吸收砂浆中一部分水分,使砂浆失水收缩。而砂浆本身由于搅拌不均匀,砂子多的部位收缩小,致使凝固后的砂浆层凹凸不平。再加之砖表面也是凹凸不平的,致使砌体中的砖与砂浆层不完全接触,这就使每块砖都不再是均匀受压,而是处于压、弯、剪的复合受力状态(图9-7a)。由于砖块的抗拉强度较低,当弯、剪共同引起的主拉应力超过其抗拉强度后,砖块就会受拉开裂。

2. 砖块和砂浆横向变形差异的交互作用

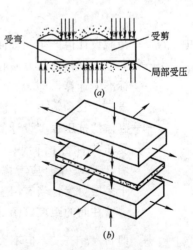

图 9-7 砖块和砂浆复合受力状态

砖砌体受压时，砂浆的横向变形大于砖块。由于两者界面间的粘结和摩擦力产生相互约束作用，致使砂浆受到横向压应力，砖块受到横向应力（图9-7b）。这种三向受力状态会减小砖块的竖向抗压强度。

由于上述原因，所以砌体在远小于砖块的抗压强度时出现了垂直裂缝。这些裂缝的发展最终使砌体的整体性受到破坏而成为离散体，使砌体的抗压强度远低于砖块的抗压强度。

（三）各类砌体的抗压强度

抗压强度是直接影响和衡量砌体受压工作好坏的重要指标，通过对砖砌体试验研究分析，砌体受压后因砖抗弯强度低而出现竖向裂缝，将砌体分割为若干个半砖小柱，最后因小柱的失稳而破坏。故砌体的抗压强度较小（远底于砖块的抗压强度）。归纳起来影响砌体抗压强度的主要因素有砖和砂浆的砌筑质量等。根据经验，《规范》规定龄期为28d的以毛截面计算的烧结普通砖和烧结多孔砖的抗压强度设计值 f，当施工质量控制等级为 B 级时，应按附表十六取用。当施工质量控制等级为 C 级时，烧结普通砖和烧结多孔砖的抗压强度设计值 f 应按附表十六中数值乘以 0.89 后采用。当施工质量控制等级为 A 级时，可将附表十六中砌体强度设计值提高 5%。其他砌体的抗压强度设计值 f 按《规范》中的有关规定取值。

第四节 无筋砌体构件的承载力计算

一、受压构件的承载力计算

（一）计算公式

实际工程中的砌体构件大部分为受压构件。受压构件包括轴心受压和偏心受压两种情况。在实际工程中，理想的轴心受压是不存在的，只是当偏心距很小且难以准确确定时，可近似视为轴心受压。在承载力计算中，对这两种情况均采用同一个计算公式：

$$N \leqslant \varphi f A \tag{9-8}$$

式中　N——荷载设计值产生的轴向力，N；

φ——高厚比 β 和轴向力偏心距 e 对受压构件承载力的影响系数。其中，e 按荷载标准值计算，即 $e = M/N$。对于常用砂浆等级（M5 和 M2.5），φ 值可由附表二十三和附表二十四查取；

f——砌体的抗压强度设计值，N/mm²；

A——受压构件截面面积，mm²。对各类砌体均可按毛截面计算；对带壁柱墙，计算 A 时应考虑截面翼缘宽度。翼缘宽度 b_f 可按下列规定采用：对于多层房屋，当有门窗洞口时，可取窗间墙宽度；当无门窗洞口时，可取相邻壁柱间的距离（图9-8）。对于单层房屋，可取壁柱宽度 b 加 2/3H 墙高，即 $b_f = b + \dfrac{2H}{3}$，但不大于窗间墙宽度（有门窗洞）或相邻壁柱间的距离（无门窗洞）。

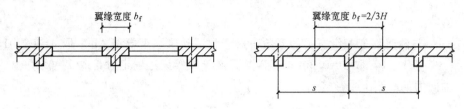

图 9-8 翼缘宽度 b_f 的计算示意图

对于短形截面构件，当轴向力偏心方向的截面边长大于另一方向的边长时，构件除按偏心受压计算外，还应对较小边长方向按轴心受压构件验算构件的承载力。

（二）影响系数 φ

影响系数 φ 主要考虑两个因素对受压构件承载力的影响：一是构件本身的高厚比 β；二是轴向力的偏心距 e，现分述如下。

1. 高厚比 β 的影响

受压构件的高厚比 β 系指构件的计算高度 H_0 与构件的厚度 h 或折算厚度 h_T 之比：

对于矩形截面

$$\beta = \gamma_\beta \frac{H_0}{h} \qquad (9-9)$$

对于 T 形截面

$$\beta = \gamma_\beta \frac{H_0}{h_T} \qquad (9-10)$$

式中　H_0——受压构件的计算高度。对于两端为不动铰支承的砖柱取 $H_0 = H$；对于上下两端为不动铰支承的带壁柱之间的墙或周边拉结的墙，H_0 值应按表 9-3 取用。其他情况则应按《规范》第 4.1.3 条取用；

　　　　h——矩形截面轴向力偏心方向的边长，轴心受压时则为截面较小边长；

　　　　γ_β——不同砌体材料的高度比修正系数，烧结普通砖和烧结多孔砖，取 $\gamma_\beta = 1.0$；混凝土砌块时，取 $\gamma_\beta = 1.1$，蒸压灰砂砖和蒸压粉煤灰砖、细料石、半细料石，取蒸压灰砂砖 $\gamma_\beta = 1.2$，粗料石、毛石取 $\gamma_\beta = 1.5$；

　　　　h_T——T 形截面的折算厚度，可近似取 $h_T = 3.5i$，其中 i 为 T 形截面的回转半径。

上下端无侧翼墙、柱的计算高度　　　　　　　　　　表 9-3

s	$s > 2H$	$2H \geqslant s > H$	$s \leqslant H$
H_0	H	$0.4s + 0.2H$	$0.6s$

通常当受压构件的高厚比 $\beta \leqslant 3$ 时称为短柱；$\beta > 3$ 时称为长柱。试验表明，当柱截面尺寸、砖和砂浆强度等级都相同时，长柱的承载力总是低于短柱，而且长柱的承载力随 β 的增大而递减。这主要是因为纵向弯曲现象使截面中产生附加弯矩所带来的不利影响。随着 β 的增大，长柱的纵向弯曲影响也相应增大，承载力也就愈低。

轴心受压长柱的承载力仅受高厚比的影响，其影响系数 φ_0 可按下式确定：

$$\varphi_0 = \frac{1}{1+\alpha\beta^2} \tag{9-11}$$

式中　α——与砂浆强度等级有关的系数，对于常用砂浆强度等级 M_5，取 $\alpha = 0.0015$；对于 $M_{2.5}$，取 $\alpha = 0.002$；当砂浆强度等级等无法确定时，取 $\alpha = 0.009$。

2. 轴向力偏心距 e 的影响

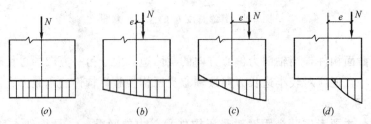

图 9-9　轴向力偏心距影响的应力示意图

轴向力偏心距 e 对受压构件承载力的影响，可通过截面尺寸、砖和砂浆强度等级相同，以及 $\beta < 3$ 的等高厚比短柱做偏心受压与轴心受压对比试验来加以研究。显然，偏心受压时的承载力低于轴心受压。轴心受压短柱从加荷至破坏，截面上的应力分布基本均匀（图 9-9a）；而偏心受压时，砌体截面上的应力分布则不均匀（图 9-9b、c、d）。当轴向力 N 的偏心距 e 较小时（图 9-9b），短柱全截面受压，破坏将发生在应力较大一侧，偏心距 e 增大到截面受力较小边出现拉应力时（图 9-9c），只要拉应力未达到砌体的沿通缝弯曲抗拉强度，拉边就不会开裂，此时仍是全截面受力；若偏心距 e 更大（图 9-9d），拉应力达到并超过砌体沿通缝弯曲抗拉强度，则拉边将出现裂缝，在裂缝截面处只有部分截面受压。由于截面应力分布不均匀，随着 e 的增大，受压区面积逐步减小，故在砌体破坏时所能承担的轴向力将随 e 的增大而明显递减。通过对大量试验结果的分析，$\beta \leqslant 3$ 的矩形截面偏心受压构件的影响系数只可按下式计算：

$$\varphi = \frac{1}{1+12\left(\dfrac{e}{h}\right)^2} \tag{9-12}$$

式中　h——矩形截面在轴向力偏心方向的边长。对于 T 形截面，则应以折算厚度 h_T 代替式（9-12）中的 h。

式（9-12）是确定影响系数 φ 的另一种特例，即只反映了相对偏心距 e/h（或 e/h_T）的影响，而没有反映高厚比 β 的影响。

对于偏心受压长柱（$\beta > 3.0$），β 和 e/h 的影响是同时存在的，此时，可以在式（9-12）的基础上增加一项附加偏心距来反映 β 的影响，φ 值可按下式计算确定，φ 的一般表达式为：

$$\varphi = \frac{1}{1+12\left\{\dfrac{e}{h}+\sqrt{\dfrac{1}{12}\left(\dfrac{1}{\varphi_0}-1\right)}\right\}^2} \tag{9-13}$$

式中 φ_0：轴心受压构件的影响系数，按式（9-11）确定。显然，式（9-13）比较冗繁，为了方便应用，可编成 φ 系数表。采用常用砂浆强度等级 M5 和 M2.5 时的影响系数 φ 分别列于附表二十三和附表二十四中。

（三）偏心距 e 的限制条件

无筋砌体偏心受压构件的偏心距 e 不宜过大，否则，构件承载力将显著下降。在实际工程中，偏心距过大的受压构件不能充分发挥砌体的承载能力，所以是不经济的；同时稳定性也不好。因此，《规范》规定：偏心距 e 不宜超过 $0.6y$ 即

$$e \leqslant 0.6y \tag{9-14}$$

式中　y——截面重心到轴向力所在偏心方向截面边缘的距离。

当 e 超过了式（9-14）的限制条件时，可以采取在柱顶垫块上设置凸出的钢垫板（图 9-10a），或在垫块上边内侧预留缺口的措施（图 9-10b）来减小支座压力对柱的偏心距。

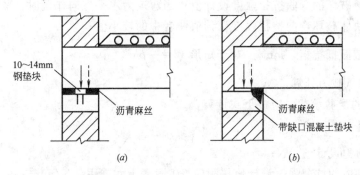

(a)　　　　　　　(b)

图 9-10　减小 e 值的措施

二、轴心受拉构件承载力计算

轴心受拉构件的承载力应按下式计算：

$$N_t \leqslant f_t A \tag{9-15}$$

式中　N_t——轴心拉力设计值，N；

　　　f_t——砌体轴心抗拉强度设计值，N/mm²，按附表十六取用；

　　　A——轴心受拉构件截面面积，mm²。

【例 9-1】　某圆形沉淀池，池壁用 MU10 的标准砖和 M5 的水泥砂浆砌筑。池壁上段为 37 墙（墙厚 370mm），下段为 49 墙（墙厚 490mm）。已知在池壁下端 A 截面处，由于水的侧压力在垂直截面中引起的环向拉力设计值为 36kN/m，试验算池壁 A 截面处的受拉承载力。

【解】

在 A 截面处沿垂直方向取一单位高度（通常取 1m 高）的砌体截面进行验算。

$$A = 1000 \times 490 = 4.9 \times 10^5 \text{mm}^2$$

由附表十六查得砖砌体沿齿缝截面破坏时的轴心抗拉强度设计值为 $f_t = 0.13 \text{N/mm}^2$；此外，考虑到本例采用水泥砂浆，应取强度调整系数 $\gamma_a = 0.80$，故得实际取用的抗拉强度设计值为：

$$f_t = 0.80 \times 0.13 = 0.104 \text{N/mm}^2$$

代入式（9-15），得：

$$f_t A = 0.104 \times 4.9 \times 10^5 = 50960 \text{N/m} = 50.96 \text{kN/m} > N_t = 36 \text{kN/m}$$

截面受拉承载力满足要求。

三、受弯构件的承载力计算

受弯构件除受到弯矩作用外，通常还受到剪力作用，故应对其分别进行受弯承载力和受剪承载力验算。

（一）受弯承载力计算

受弯构件的受弯承载力应按下式计算：

$$M \leqslant f_{tm}W \tag{9-16}$$

式中　M——弯矩设计值，N·m；

　　　f_{tm}——砌体的弯曲抗拉强度设计值，N/mm²。当弯矩为垂直方向作用时，取沿通缝破坏的弯曲抗拉强度设计值；当弯矩为水平方向作用时，取沿齿缝破坏和块体破坏弯曲抗拉强度设计值两者中的较小值；

　　　W——截面抵抗矩，mm³。对于矩形 $W = \dfrac{1}{6}bh^2$。

（二）受剪承载力计算

受弯构件的受剪承载力应按下式计算：

$$V \leqslant f_v bz \tag{9-17}$$

式中　V——剪力设计值，N；

　　　f_v——砌体的抗剪强度设计值按附录 5-1 附表十六查用，N/mm²；

　　　b——截面宽度，mm；

　　　z——内力臂，$z = I/s$。当截面为矩形时，$z = \dfrac{2}{3}h$；

　　　I——截面惯性矩，mm⁴；对于矩形 $I = \dfrac{1}{12}bh^3$；

　　对于 T 形 $I = \dfrac{b_f y_1^3}{3} + \dfrac{(b_f - b)(h_f - y_1)^3}{3} + \dfrac{b y_2^3}{3}$

　　　S——截面面积矩，mm³；

　　　h——截面高度，mm。

【例 9-2】　某矩形砖砌无顶盖水池，池壁用 MU10 标准砖和 M5 水泥砂浆砌筑。Ⅰ—Ⅰ截面壁厚为 490mm，每米宽池壁承受垂直方向弯矩设计值 $M = 3.5$kN·m 和侧向水平剪力设计值 $V = 23$kN。池壁自重引起的竖向压力甚小，可以忽略不计。试验算截面 Ⅰ—Ⅰ 的承载力。

【解】

1. 验算受弯承载力

取池壁水平宽度 $b = 1$m 的垂直带作为计算单元。查附表十六可得沿通缝弯曲抗拉强度设计值 $f_{tm} = 0.11$N/mm²，强度调整系数 $\gamma_a = 0.80$，故得：

$$f_{tm} = 0.80 \times 0.11 = 0.09\text{N/mm}^2$$

Ⅰ—Ⅰ 截面的抵抗矩为：

$$W = \frac{bh^2}{6} = \frac{1000 \times 490^2}{6} = 4.0017 \times 10^7\text{mm}^3$$

代入式（9-16），得：

174

$$f_{tm}W = 0.09 \times 4.0017 \times 10^7 = 3.6 \times 10^3 N \cdot m = 3.6 kN \cdot m > M = 3.5 kN \cdot m$$

截面受弯承载力满足要求。

2. 验算受剪承载力

仍取池壁水平宽度为 $b=1m$ 的垂直带作为计算单元。水平截面为 $1000mm \times 490mm$ 的矩形，$h=490mm$，$b=1000mm$。

$$z = \frac{2}{3}h = \frac{2}{3} \times 490 = 326.7mm$$

由附表十六查得 $f_{tm} = 0.11N/mm^2$，强度调整系数为 $\gamma_a = 0.80$，故 $f_{tm} = 0.8 \times 0.11 = 0.09N/mm^2$，代入式（9-17），得：

$$f_v bz = 0.09 \times 1000 \times 326.7 = 29430N = 29.43kN > V = 23kN$$

截面受剪承载力满足要求。

四、砌体局部受压承载力计算

当由另外构件传来的压力只作用在砌体截面中的局部面积上时，即称为局部受压。局部受压是工程中的常见情况，例如在混合结构房屋中，大梁梁端反力作用在砖墙或砖柱的局部面积上，砖墙或砖柱在反力直接作用截面处为局部受压。如该处局部压力过大，就可能使支座下面的砖墙或砖柱砌体发生如图 9-11 所示的局部破坏，并进一步导致房屋的局部破损或倒塌。因此

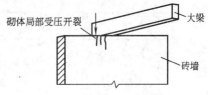

图 9-11　砖柱砌体局部破坏

在设计时除应对砖墙或砖柱按全截面受压验算其承载力外，通常还应验算梁端支承面下的砖墙或砖柱等起支承作用砌体的局部受压承载力是否足够。

按照砌体局部受压面积上的应力分布是否均匀，可将砌体的局部受压分为下面三种情况：

（一）局部均匀受压计算

如 9-12 所示，如果外荷载为一个作用在受压砌体部分面积 A_1 上的轴心压力 N_1，则将在 A_1 上产生均匀压应力 γ_1。试验表明，只有当 γ_1 大于砌体抗压强度设计值 f 很多时，局部受压面下的砌体才发生受压破坏。这种局部面积上抗压强度的提高，可以归结于"套箍强化"作用，即砌体在压力作用下，除产生受压方向的压缩变形外，由于泊松效应，还同时产生垂直于受力方向的膨胀变形。当局部受压时，此膨胀变形受到局部受压区周围未直接受压砌体的约束，使受压面下的砌体处于三向受压状

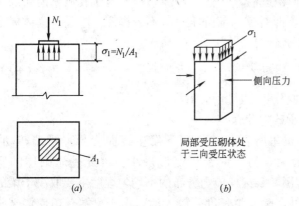

图 9-12　砌体局部受压应力状态分布图

态（图 9-12b），从而提高了局部受压砌体的抗压强度。提高后的抗压强度即称为局部抗压

强度，其设计值用砌体局部抗压强度提高系数 γ 乘以砌体抗压强度设计值来表示。

根据试验结果，γ 值可按下列公式计算：

$$\gamma = 1 + 0.35\sqrt{\frac{A_0}{A_1} - 1} \tag{9-18}$$

式中　A_1——砌体局部受压面积，mm^2；

　　　A_0——影响砌体局部抗压强度的计算面积，可按图 9-13 所列公式计算。

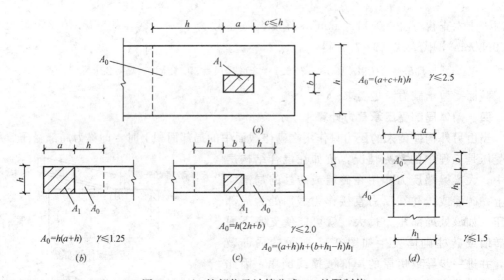

图 9-13　A_0 的部位及计算公式、γ 的限制值

试验还表明，局部抗压强度随面积比 A_0/A_1 而提高的幅度是有限的，而且当 A_0/A_1 大于某一限值时，局部受压砌体还有可能出现脆性的竖向劈裂破坏，这在工程中也是应予避免的。因此，对式（9-18）计算出的 γ 值应加以限制，规定的限制值已列在图 9-13 中。当按式（9-18）算得的 γ 值大于图 9-13 中的限制值时，应取 γ 等于限制值。

此外，对空心砖砌体，局部抗压强度提高系数 γ 应不大于 1.5；对于孔洞未灌实的混凝土中、小型空心砌块砌体，γ 取 1.0，即对其局部抗压强度不予提高。于是，砌体局部均匀受压时，其局部受压承载力应按下式计算：

$$N_1 \leqslant \gamma f A_1 \tag{9-19}$$

式中　N_1——局部受压面积 A_1 上的轴心压力设计值，kN。

（二）梁端支承处砌体的局部受压承载力计算

当梁直接支承在砌体上时，由于梁本身在荷载作用下发生挠曲变形，梁端转动，致使砌体在近梁跨中一侧受压变形最大，另一侧受压变形最小。因此受压砌体的实际局部压应力不均匀而呈曲线分布（图 9-14b）。应力分布的不均匀程度主要取决于梁的刚度和梁端的有效支承长度 a_0。当梁的实际支承长度 a 较大时，由于梁端转角使梁端头部分向上翘起而离开砌体，使有效支承长度 a_0 减小，即 $a_0 < a$（图 9-14b）。a_0 的大小与梁的刚度有关，对于跨度小于 6m 的钢筋混凝土梁，梁端有效支承长度可近似按下式计算：

$$a_0 = 10\sqrt{\frac{h_c}{f}} \tag{9-20}$$

式中　h_c——梁的截面高度，mm；

　　　f——砌体的抗压强度设计值，N/mm^2。

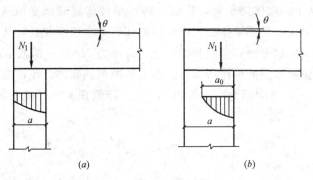

图 9-14　梁端砌体局部受压

对于跨度等于及大于 6m 的梁，a_0 应按以下较精确的公式计算：

$$a_0 = 38\sqrt{\frac{N_1}{bf\tan\theta}} \tag{9-21}$$

式中　N_1——梁上荷载设计值在梁端产生的支承压力，kN；

　　　b——梁的截面宽度，mm；

　$\tan\theta$——梁变形后梁端轴线倾角的正切，对于承受均布荷载的简支梁，当 $a_f/l=1/$ 250 时，可取 $\tan\theta=1/78$，其中 a_f 为梁的最大挠度，l 为梁的计算跨度。

按上式计算得到的是以 mm 计的 a_0 值。当按以上公式计算的 a_0 大于梁的实际支承长度 a_0 时，应取 $a_0=a$；当梁端伸入砌体的实际长度 $a<a_0$ 时，支承面的应力分布则相对较为均匀（图 9-15a）。这时，局部受压面积 $A_1=a\times b$；当梁的实际支承长度 $a>a_0$ 时，局部受压面积则为 $A_1=a_0\times b$。

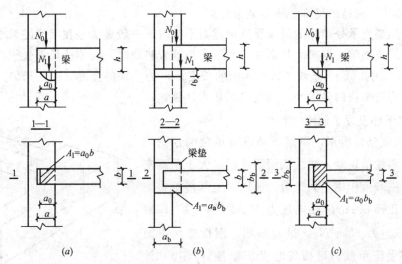

图 9-15　梁端砌体局部受压和设置垫块整体浇筑受压示意图

对于非顶层梁，在梁端的局部受压面积 A_1 上除作用有梁本身传来的支承压力 N_1 外，一般还作用有由上部砌体传来的轴向压力，此项压力可取为 ψN_0。其中 N_0 为局部受压面积 A_1 范围内的上部轴向压力设计值，$N_0 = \sigma_0 A_1$，σ_0 为上部平均压应力设计值，ψ 为上部荷载的折减系数。

本来，N_0 是从上面砌体传至梁端顶面，再经梁端传到局部受压面积 A_1 上的，但在这一压力作用下，梁支座局部受压面积下面的砌体将产生压缩变形，从而使梁端下沉，并使梁端顶面与上部砌体部分或完全脱开。于是上部压力 N_0 的一部或全部将只能通过由梁端上部及两侧的砌体所形成的拱作用而传入梁端头两侧的砌体，使得由梁端顶部传到面积 A_1 上的压力 N_0 减小，甚至降为零。考虑 N_0 这一降低现象的折减系数 ψ 可按式（9-22）计算。

$$\psi = 1.5 - 0.5 \frac{A_0}{A_1} \tag{9-22}$$

当 $\frac{A_0}{A_1} \geqslant 3$ 时，取 $\psi = 0$；A_0 的意义同式（9-18）说明。

综上所述，作用在梁端下部局部受压面积 A_1 上的总压力为 $\psi N_0 + N_1$。该面积上的压应力分布由于梁端有转角而是非均匀的，最大压应力作用在砌体靠梁跨一侧（图 9-15b）。为了求得此最大压应力，可将平均压应力除以一个不大于 1 的梁端局部压应力图形完整系数 η，于是，砌体靠梁跨一侧的最大压应力可表达为：

$$\frac{\psi N_0 + N_1}{\eta A_1}$$

只要此最大压应力不超过砌体的局部抗压强度 $\gamma \times f$，砌体就不会破坏，因此，梁端支承处局部受压承载力验算应满足下列条件：

$$\psi N_0 + N_1 \leqslant \eta \gamma f A_1 \tag{9-23}$$

式中 η 一般可取为 0.7；对于过梁和墙梁，则可取为 1.0。其他符号的意义及取值已在前面说明。

（三）垫块下砌体的局部受压承载力计算

当梁或屋架支承处砌体的局部受压承载力不够时，一般做法是在梁或屋架端部下面设置混凝土垫块或垫梁，以扩大局部受压面积。当设置垫块时，砌体的局部受压面积就加大为 $A_b = a_b b_b$，其中，a_b 为垫块伸入砌体内的长度；b_b 为垫块的宽度（图 9-15b）。下面讨论梁端部设置刚性垫块的做法和局部受压承载力计算。

1. 梁端下部设置预制刚性垫块

如图 9-15（b）所示，梁端下部设有单独的预制或现浇混凝土刚性垫块时，垫块底面积将明显大于梁端支承面积，内拱卸荷作用不大显著，所以对上部传给垫块底面局部受压面积 A_b 的轴向压力 N_0 不予折减，即取 A_b 上的总压力为 $N_0 + N_1$，试验表明，刚性垫块下面砌体的局部受压承载力可按偏心受压短柱（$\beta \leqslant 3$）计算。但应考虑垫块外围砌体的套箍作用所产生的有利影

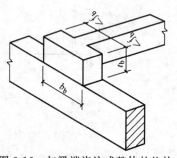

图 9-16 与梁端浇注成整体的垫块

178

响。根据上述原则，预制刚性垫块下面砌体的局部受压承载力可按下式计算：

$$N_0 + N_1 \leqslant \varphi \gamma_1 f A_b \tag{9-24}$$

式中　N_0——垫块底面积 A_b 内的上部轴心压力设计值，取 $N_0 = \sigma_0 A_b$；

　　　φ——垫块上 N_0 及 N_1 合力的影响系数。对于砂浆强度等级不小于 M_5 及 $M_{2.5}$ 的砌体，可分别在附表二十三及附表二十四中 $\beta \leqslant 3$ 的一行中查得；

　　　γ_1——垫块外围砌体面积的有利影响系数。γ_1 取为 0.8γ，但不小于 1.0γ。为砌体局部抗压强度提高系数，按式（9-18）以 A_b 代替 A_1 计算；此处取 $\gamma_1 = 0.8\gamma$ 而不直接取 γ，是考虑局部压应力分布的不均匀性影响，同时也是出于对安全的考虑；

　　　A_b——垫块底面积，$A_b = a_b b_b$；a_b 为垫块伸入砌体内的长度，b_b 为垫块宽度。

在确定 φ 值时，偏心距 e 应取合力 $N_{ok} + N_{1k}$ 作用点至垫块中心的距离。N_{ok} 为上部轴向压力标准值；N_{1k} 为梁端反力标准值。N_{ok} 的作用点可取在垫块底面积形心处；N_{1k} 的作用点则可近似取在离砌体靠梁跨一侧边缘 $0.4a_0$ 处，a_0 为梁的有效支承长度。在已知 N_{1k} 和 N_{ok} 的作用点后，$N_{ok} + N_{1k}$ 的作用点即不难确定。相对偏心距 e/h 中的 h 取垫块伸入墙内的长度 a_b。

此外，刚性垫块的高度不宜小于 180mm，一般应为砌体中块体厚度的整数倍。自梁侧边算起的垫块挑出长度不宜大于垫块厚度 t_b。根据设计需要，预制刚性垫块可用素混凝土或钢筋混凝土制作。在带壁柱墙的壁柱内设置刚性垫块时（图 9-16），其计算面积 A_0 最多只能取等于壁柱面积，且不应计入翼缘面积。同时，壁柱上垫块在沿大梁或屋架方向伸入翼墙厚度内的长度不应小于 120mm。

2. 与梁端浇成整体的垫块

如图 9-16 和图 9-15（c）所示，与梁端浇成整体的垫块在梁受荷载后梁端产生转角时，将与梁端一起转动，因此，垫块只起着增大梁端支承面宽度的作用，故垫块下砌体的局部受压面积应采用 $A_b = a_0 \times b_b$，计算公式仍为式（9-24），其中有效支承长度 a_0 应按下式计算，

$$a_0 = \delta_1 \sqrt{\frac{h}{f}} \tag{9-25}$$

式中　δ_1——刚性垫块的影响系数，可按表 9-4 采用。

系数 δ_1 值表　　　　　　　　　　　　　　　　　　　　表 9-4

σ_0/f	0	0.2	0.4	0.6	0.8
δ_1	5.4	5.7	6.0	6.9	7.8

【例 9-3】　有一截面尺寸为 240×370mm 的钢筋混凝土梁支承在厚 370mm 的砖墙上，作用形式如图 9-13b 所示，墙面材料选用 MU10 标准砖和 M5 水泥砂浆砌筑。作用在砖墙上的轴向力 $N_1 = 140$kN。试验算受压砌体的局部承载力。

【解】

1. 计算受压面积 $A_1 = 240 \times 370 = 88800$mm²

2. 计算受压有效面积 $A_0 = (a+b) \times 370 = (240+370) \times 370 = 225700$mm²

3. 计算局部抗压强度提高系数 γ

$$\gamma = 1 + 0.35 \sqrt{\frac{A_0}{A_1} - 1} = 1 + 0.35 \sqrt{\frac{225700}{88800} - 1} = 1.435 > \gamma = 1.25 \text{ 限值}$$

所以取 $\gamma = 1.25$

4. 计算并验算承载力

因为 $N_1 = 140\text{kN}$，$\gamma f A_1 = 1.25 \times 1.50 \times 0.90 \times 88800 = 150\text{kN}$

所以 $N_1 < \gamma f A_1$ 满足局部受压承载力的要求。

【例 9-4】 有一截面尺寸为 $200\text{mm} \times 550\text{mm}$ 的钢筋混凝土梁，伸入墙内的支承长度 $a = 240\text{mm}$ 的砖墙里，作用形式如图 9-13 (c) 所示，墙面材料选用 MU7.5 标准砖和 M2.5 混合砂浆砌筑，窗间墙截面尺寸 $b \times h = 1500\text{mm} \times 240\text{mm}$，作用在砖墙上的轴向力 $N_0 = 175\text{kN}$，梁端荷载设计值 $N_1 = 59\text{kN}$。假如梁跨度为 7m。试验算泵房外纵墙梁下部砌体局部受压承载力。设 $\eta = 1$。

【解】

1. 计算受压面积和有效面积

根据查表有 $f = 1.19$

$$A_0 = (2h + b) \times h = (550 \times 2 + 200) \times 550 = 715000\text{mm}^2 = 0.715\text{m}^2$$

$$a_0 = 38 \sqrt{\frac{N_1}{bf\tan\theta}} = 38 \sqrt{\frac{59}{200 \times 1.19 \times \frac{1}{78}}} = 167.09 < a = 240$$

所以 $A_1 = a_0 \times b = 167.09 \times 200 = 33418\text{mm}^2 = 0.03\text{m}^2$

因为 $\dfrac{A_0}{A_1} = \dfrac{0.715}{0.03} = 23.83 > 3$，所以 $\psi = 0$

2. 计算局部抗压强度提高系数 γ

$$\gamma = 1 + 0.35 \sqrt{\frac{A_0}{A_1} - 1} = 1 + 0.35 \sqrt{23.83 - 1} = 2.67 > \gamma = 2 \text{ 的限值}$$

所以取 $\gamma = 2$

3. 计算并验算局部承载力

因为 $N_1 + \psi N_0 = 59 + 0 = 59\text{kN}$，

$\eta \gamma f A_1 = 1 \times 2 \times 1.19 \times 33418 = 79534.84\text{N} = 79.5\text{kN}$

所以 $N_1 < \eta \gamma f A_1$ 满足局部受压承载力的要求。

第五节 中小型地面泵房二级泵站结构设计（实例）

一、设计任务书

（一）设计资料

1. 条件

1 号泵房平面图和剖面图（图 9-1），泵房中设有三台地面离心水泵（忽略荷载要求），屋盖采用预制薄腹梁和预应力空心板，上铺油毡防水层，跨度 $L = 12\text{m}$，屋面出檐 0.5m，屋面坡度为 1:3，柱顶标高 4m，刚性方案（$\eta = 0.7$），窗间墙宽度 $b_s = 2.2\text{m}$，窗高为 2.4m，窗台标高为 1.0m。

2. 荷载

(1) 屋面荷载标准值：4.055kN/m²（包括屋面梁等）；

(2) 屋面活荷载标准值：0.7kN/m²；

(3) 某地区基本风压为：0.7kN/m²；

(4) 风荷载体型系数：迎风面0.8，背风面−0.5；

(5) 计算柱顶集中风荷载时，柱顶至屋面的高度取0.6m；

(6) 壁柱高度 H 取值：$H = h + 0.5$（h 为柱顶高度），$H_0 = 0.4s + 0.2H$。

3. 规范

(1)《砌体结构设计规范》（GB 50003—2001）

　　《砌体结构设计例题与计算用表》

(2)《建筑结构荷载规范》（GB 50009—2001）

(3)《给水排水工程构筑物结构设计规范》（GB 50069—2002）

(4)《混凝土结构设计规范》（GB 50010—2002）

(5)《建筑地基基础设计规范》（GB 50007—2002）

（二）设计要求

1. 墙体布置，根据给定的平面图确定承重方案。

2. 进行圈梁、构造柱的布置。

3. 选择屋面板、屋面梁。

4. 选择基础类型。

5. 墙体强度验算：屋面大梁采用薄腹梁，伸入墙内不小于240mm，外墙厚240mm，梁下设240mm×370mm的壁柱承重砖墙，墙面材料做法自定。砖为普通黏土砖MU10，砂浆M5，采用混合砂浆砌筑。

6. 绘出结构布置图（包括梁、板、构造柱的布置），圈梁平面布置图，基础剖面图，泵房平面图和剖面图（要求二号图纸两张）。

二、泵房结构设计

（一）墙体方案与布置

1. 墙体布置

根据任务书给定的平面图、剖面图，泵房采用单层混合结构房屋（即墙为带壁柱的纵横墙承重体系）的无檩体系（在屋面上直接铺设屋面板）。

2. 构造柱、圈梁的布置

(1) 构造柱的布置

根据黏土砖墙和钢筋混凝土构造柱的设置要求，应在泵站房屋四周设置构造柱。钢筋混凝土构造柱沿墙高每隔500mm设2φ6拉结钢筋，每边伸入墙内不小于1m。在柱的上、下端500mm范围内设箍筋加密，采用1φ6@150，构造柱的根部与地梁连接，下设基础。设构造柱时，先把墙砌成马牙槎状，再浇筑混凝土，且混凝土等级为C20。

(2) 圈梁的设置

基础上面，屋面檐口处设置圈梁，圈梁的宽度与墙体宽一致（图9-17）。当圈梁遇窗洞口时，可兼过梁，但需另设置过梁所需的钢筋。如果圈梁被门窗洞口隔断时，应在洞口上部（或下部）增加附加圈梁（图9-18）。

(3) 屋面梁、板的选择

根据泵房跨度及排水要求，选用双坡屋面薄腹梁，跨度为 12000mm，屋面板采用预应力钢筋混凝土屋面板。

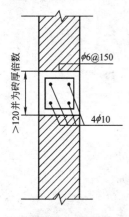

图 9-17　圈梁剖面图

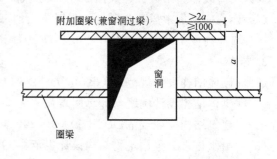

图 9-18　附加圈梁构造示意图

（二）墙体验算

1. 荷载

（1）屋面荷载

SBS 改性沥青防水　0.35kN/m²

20 厚水泥砂浆找平层　0.4kN/m²

100 厚泡沫混凝土保温层　0.5kN/m²

120 厚预应力短向圆孔板　1.95kN/m²

冷底子油刷在 20 厚水泥砂浆找平层上　0.5kN/m²

灌缝重（排板缝）　0.1kN/m²

顶棚 15 厚混合砂浆与喷白　0.255kN/m²

以上合计：屋面永久荷载（$P = 4.055$kN/m²）

屋面活荷载（$P = 0.7$kN/m²）

雪荷载（$P = 0.5$kN/m²）

（2）墙体荷载

双面粉刷的 240mm 厚砖墙　5.24kN/m²

双面粉刷的 370mm 厚砖墙　7.62kN/m²

钢门窗荷载　　　　　　　0.45kN/m²

2. 静力计算方案

根据泵房结构类型可以知道，墙为砖墙，屋盖为预应力钢筋混凝土结构，且跨度不大于 15m，山墙厚度不小于 180mm，山墙门洞 $s = h \times 4500$mm² 小于山墙墙面积 $S = 4000 \times 12000$mm²。按装配式无檩体系钢筋混凝土屋盖（查表）知：为第一类，$s \leqslant 32$m，即：该泵房横墙间距 24m 小于 32m，所以确定为刚性方案，按刚性方案设计。根据《规范》受压构件的计算高度 $H_0 = 0.4s + 0.2H = 0.4 \times (4500 + 3750) + 0.2 \times 4500 = 4200$mm。

3. 高厚比验算

（1）山墙高厚比验算

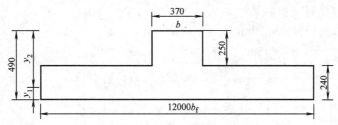

图 9-19　T 形壁柱墙截面示意图

根据影响泵房高厚比的因素可知：假设取计算单元为 1m 宽，允许高厚比 $[\beta]=24$，查《砌体结构设计规范》（GB 50003—2001）知（图 9-19）：

$$A=b_f \cdot h_f+(h-h_f)b=12000\times240+(490-240)\times370$$
$$=2972500\text{mm}^2$$

$$y_1=[0.5b_f \cdot h_f^2+b(h-h_f)(0.5h_f+0.5h)]/A$$
$$=[0.5\times12000\times240^2+370\times250\times(0.5\times240+0.5\times490)]/2972500$$
$$=127.624\text{mm}$$

$$y_2=h-y_1=490-127.624=362.376\text{mm}$$

$$I=b_f y_1^3/3+(b_f-b)(h_f-y_1)^3/3+by_2^3/3$$
$$=12000\times(127.624)^3/3+(12000-370)(240-127.624)^3/3+370\times(362.376)^3/3$$
$$=19685303213\text{mm}^4$$

$$i=\sqrt{\frac{I}{A}}=\sqrt{\frac{19685303213}{2972500}}=81.379\text{mm}$$

$$h_T=3.5i=3.5\times81.379=284.826\text{mm}$$

因为：$H_0=4200\text{mm}$

所以：山墙的承重墙　$\mu_1=1.0$，$\mu_2=1.0$

$$\frac{H_0}{h_T}=\frac{4200}{284.826}=14.746\leqslant\mu_1\mu_2[\beta]=1.0\times1.0\times24=24$$

满足要求。

对于有门窗洞的山墙（图 9-20）：

$$\mu_1=1.0，\mu_2=1-0.4\frac{b_f}{s}=1-0.4\times\frac{4500}{4500+3750}=0.78$$

$$\frac{H_0}{h_T}=\frac{4200}{284.826}=14.746\leqslant\mu_1\mu_2[\beta]=1.0\times0.78\times24=18.72$$

所以：山墙满足高厚比的要求。

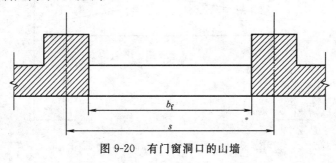

图 9-20　有门窗洞口的山墙

（2）山墙高厚比进一步验算

因为 $s=4500+3750=8250$mm；$b_f=4500$mm

$$H_0=0.6s=0.6\times(4500+3750)=4950\text{mm}$$

所以

$$\beta=\frac{H_0}{h_T}=\frac{4950}{284.826}=17.379$$

$$\mu_1\mu_2[\beta]=1.0\times0.78\times24=18.72$$

所以 $\frac{H_0}{h_T}\leqslant\mu_1\mu_2[\beta]$ 满足高厚比要求。

（3）纵墙壁柱墙的高厚比验算

由于 $\beta=\frac{H_0}{h_T}\leqslant\mu_1\mu_2[\beta]$，$s=4\text{m}\leqslant H_0=4.2\text{m}$ 所以

查规范：$H_0=0.6s=0.6\times4=2.4\text{m}$

$\beta=\dfrac{H_0}{h_T}=\dfrac{2400}{284.826}=8.43\leqslant\mu_1\mu_2[\beta]=18.72$　故符合高厚比的要求。

4. 纵墙内力计算

（1）纵墙选取带壁柱的窗间墙计算，壁柱与壁柱为一个计算单元，取 $s=4$m。

（2）荷载计算。此泵站为一般中小型泵房，安全等级为二级，《建筑结构荷载规范》（GB 50009—2001）规定：结构重要性系数为 $\gamma_0=1.0$；永久荷载分项系数为 $\gamma_G=1.2$；活荷载分项系数为 $\gamma_Q=1.4$。

屋面荷载标准值：恒荷载引起的屋架反力 $G_{KO}=gs(l+l_1)/2$

活载引起的屋架反力 $P_{KO}=ps(l+l_1)/2$

式中　g、p——分别为屋面恒荷载、活荷载，其中 $g=4.055\text{kN/m}^2$，$p=0.7\text{kN/m}^2$；

　　　　l——为跨度，$l=12000$mm；

　　　　s——为一个柱距，$s=4000$mm；

　　　　l_1——为屋面出檐宽度，$l_1=0.5+0.5=1.0$m。

故：$G_{KO}=4.055\times4\times(12+1)/2=105.43$kN

$P_{KO}=0.7\times4\times(12.0+1.0)/2=18.2$kN

风荷载标准值：按《建筑结构荷载规范》（GB 50009—2001）知（图 9-21）：风荷载标准值应按下式计算：$\omega_k=\beta_z\mu_s\mu_z\omega_0$

迎风屋面上的 μ_s 根据屋面坡度决定，$\tan\alpha=\dfrac{1}{3}$，其中 $\alpha=18.43°$

$$\mu_s=-0.6+0.6\times\frac{18.43-15}{30-15}=-0.463$$

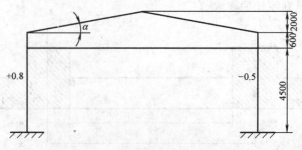

图 9-21　风荷载作用于墙面的计算简图

取柱顶在屋脊的平均高度为离地面的高度，室外高差为 0.15m，地面的粗糙度为 B 类。

$$H' = 4.0 + \frac{0.6 + 2.0}{2} = 5.3\text{m}$$

$$\mu_z = 0.8 + \frac{0.2 \times (5.3 - 5)}{10 - 5} = 0.812$$

故屋面的集中荷载为：

$$\begin{aligned}
\omega_k &= \beta_z \mu_s \mu_z \omega_0 \\
&= [(0.8 + 0.5) \times 0.6 + (-0.463 + 0.5) \times 2] \times 0.812 \times 0.7 \times 4 \\
&= 1.942\text{kN}
\end{aligned}$$

墙体的均布荷载为：

迎风面：$q_1 = 0.8 \times \mu_z \times \omega_0 \times s$
$$= 0.8 \times 0.812 \times 0.7 \times 4 = 1.82\text{kN/m}^2$$

背风面：$q_2 = -0.5 \times 0.812 \times 0.7 \times 4 = -1.137\text{kN/m}^2$

5. 墙体重量

在计算墙体重量时，仅考虑了作用在壁柱上的荷载，未计入窗及窗台以下墙的重量。窗顶上砌体在壁柱的偏心如图 9-22 所示，取窗间墙为一个计算单元，即 $s = 2200\text{mm}$。

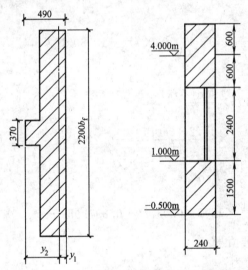

图 9-22　T 形墙平面图和纵墙立面图

（1）柱顶以上砌体重量

因为 $G_{K1} = kAh$，其中：$k = 19\text{kN/m}^3$，$h = 0.6\text{m}$，

$$A = 4000 \times 240 = 960000\text{mm}^2 = 0.96\text{m}^2$$

所以 $G_{k1} = 19 \times 0.96 \times 0.6 = 10.944\text{kN}$

（2）壁柱重量

从图 9-22 知：$h_f = 240\text{mm}$，$h = 490\text{mm}$，$b_f = 2200\text{mm}$，查《砌体结构设计例题与计算用表》表 6-67 有：

$$A_1 = 620500\text{mm}^2$$
$$I_1 = 77.408 \times 10^8\text{mm}^4$$

$$y_1 = 157 \text{mm}$$

$$y_2 = 333 \text{mm}$$

$$h_T = 391 \text{mm}$$

因为 $G_{K2} = 19(A_1 \times H + b_s hd) = 19 \times (0.6205 \times 4.5 + 1.8 \times 0.24 \times 0.6)$

$$= 57.978 \text{kN}$$

所以：壁柱墙总重量：$\sum G_K = 10.944 + 57.978 = 68.922 \text{kN}$。

6. 内力分析

(1) 屋面恒荷载标准值

屋面恒荷载标准值按如图 9-2 所示计算。

柱顶以上墙体对壁柱的偏心距：

$$e_0 = 0.120 - 0.157 = -0.037 \text{mm}$$

柱底内力：$V_{A恒} = -1.5 \times \dfrac{G_{KO} \times e_0}{H}$

$$= -1.5 \times \frac{105.43 \times 0.037}{4.5} = -1.300 \text{kN}$$

$$M_{A恒} = -\frac{1}{2} \times G_{KO} \times e_0$$

$$= -\frac{1}{2} \times 105.43 \times 0.037 = -1.950 \text{kN} \cdot \text{m}$$

(2) 屋面活荷载标准值

柱底内力：$V_{A活} = -1.5 \times \dfrac{P_{KO} \times e_0}{H}$

$$= -1.5 \times \frac{18.2 \times 0.037}{4.5} = -0.225 \text{kN}$$

$$M_{A活} = -\frac{1}{2} \times P_{KO} \times e_0$$

$$= -\frac{1}{2} \times 18.2 \times 0.037 = -0.337 \text{kN} \cdot \text{m}$$

(3) 墙体自身荷载标准值

G_{K1} 作用下，柱底内力为：

$$V_{AK1} = -1.5 \times \frac{G_{K1} \times e_0}{H}$$

$$= -1.5 \times \frac{10.944 \times (-0.037)}{4.5} = 0.135 \text{kN}$$

$$M_{AK1} = -\frac{1}{2} \times G_{K1} \times e_0$$

$$= -0.5 \times 10.944 \times (-0.037) = 0.202 \text{kN} \cdot \text{m}$$

轴向力标准值：$N_{AK1} = G_{K1} = 10.944 \text{kN}$ （柱顶上砌体）

G_{K2} 作用下，柱底内力为：

$$V_{AK2} = 0$$

$$M_{AK2} = 0$$

合计：A 柱柱底内力为：

$$V_{AK}=V_{A恒}+V_{A活}+V_{AK1}=-1.300-0.225+0.135=-1.390kN$$

$$M_{AK}=M_{A恒}+M_{A活}+M_{AK1}=-1.950-0.337+0.202=-2.085kN \cdot m$$

A 柱柱底轴向力标准值合计：

$$N_{AK1}=G_{K1}=10.944kN$$

$$N_{AK2}=G_{K2}=57.978kN$$

所以 $N_{AK}=\sum_{GK}=68.922kN$

7. 左风

左风按如图 9-4 所示计算，内力分析如下：

根据公式：$\Delta V_{AK}=\dfrac{\eta}{2}\times q_1-\left(\dfrac{3}{8}-0.305\eta\right)\cdot q_1 \cdot H$

有 $V_1=\dfrac{0.7}{2}\times 1.82-\left(\dfrac{3}{8}-0.305\times 0.7\right)\times 1.82\times 4.5=-0.686kN$

$\Delta V_{BK}=\dfrac{\eta}{2}\times q_2+(0.305\eta-0.234)\cdot q_2 \cdot H$

有 $V_2=\dfrac{0.7}{2}\times 1.14+(0.305\times 0.7-0.234)\times 1.14\times 4.5=0.294kN$

柱底内力：

$$M_{AK}=V_1 H+\dfrac{1}{2}qH^2$$

$$=-0.686\times 4.5+\dfrac{1}{2}\times 1.82\times 4.5^2=15.341kN \cdot m$$

$$M_{BK}=V_2 H+0.3125qH^2$$

$$=0.294\times 4.5+0.3125\times 1.82\times 4.5^2=12.840kN \cdot m$$

$$V_{AK}=V_1+qH$$

$$=-0.686+1.82\times 4.5=7.504kN$$

$$V_{BK}=V_2+\dfrac{5}{8}qH$$

$$=0.294+\dfrac{5}{8}\times 1.82\times 4.5=5.413kN$$

8. 右风

将左风反向，既得右风的内力。

$$V_1'=-V_2=-0.294kN$$

$$V_2'=-V_1=0.686kN$$

$$M_{AK}'=-M_{BK}=-12.840kN \cdot m$$

$$M_{BK}'=-M_{AK}=-15.341kN \cdot m$$

$$V_{AK}'=-V_{BK}=-5.413kN$$

$$V_{BK}'=-V_{AK}=-7.504kN$$

作用在柱上的垂直风荷载均为零。

9. 内力组合

以 A 柱为例：则 A 柱的内力组合为：

第一种：永久荷载＋0.85（风荷载＋可变荷载）；

第二种：永久荷载＋可变荷载；

第三种：永久荷载＋风荷载。

即：　（1）1.2恒载标准值＋0.85（1.4风荷载标准值＋1.4活荷载标准值）；

（2）1.2恒载标准值＋1.4活荷载标准值；

（3）1.2恒载标准值＋1.4风荷载标准值。

A柱的内力组合如表9-5所示。

A柱内力组合　　　　　　　　　　　表9-5

内力情况		荷载情况					M、V N_{max}	N、V M_{max}	N、V M_{min}	N、V M_{max}	N、V M_{min}
		屋面		墙体	风荷载						
		恒载	活载	ΣG_K	左	右		(1+3) +0.85 (2+4)	(1+3) +0.85 (2+5)	(1+3) +1.0×(4)	(1+3) +1.0×(5)
		1	2	3	4	5	1+2+3				
主荷载标准值作用下	M_K	−1.95	−0.337	−2.085	15.341	−12.840	−4.372	8.718	−15.236	11.306	−16.875
	N_K	105.43	18.20	68.922	0	0	192.552	189.822	189.822	174.352	174.352
	V_K	−1.30	−0.225	−1.390	7.504	−5.413	−2.915	6.181	−5.890	6.406	−6.511
荷载系数 γ		1.2	1.4	1.2	1.4	1.4	—				
主荷载设计值作用下	γM_K	−2.34	−0.472	2.502	21.477	−17.976	−0.310	18.016	−15.519	21.639	−17.814
	γN_K	126.516	25.480	82.706	0	0	234.702	230.880	230.880	209.222	209.222
	γV_K	−1.56	−0.315	−1.668	10.506	−7.578	−3.543	5.434	−9.937	7.278	−10.806

10. 承载力计算

以1.2倍的恒载标准值的组合控制柱截面设计，因此，将1.2倍恒载标准值项进行承载力验算，见表9-6所示。

以上计算结果说明，对于给定的截面，各种情况都满足要求。

（三）基础设计

根据泵房的结构特点及北方地区条件，该设计选用毛石基础。

（1）基础承受的荷载

内力组合后承载力验算　　　　　　　　　表9-6

M_K	4.372	8.718	15.236	11.306	16.875
N_K	192.552	189.822	189.822	174.352	174.352
$e=M_K/N_K$	0.023	0.046	0.080	0.065	0.097
e/h_T	0.059	0.118	0.205	0.116	0.248
$\beta=H_0/h_T$	10.742	10.742	10.742	10.742	10.742
φ	0.726	0.576	0.435	0.505	0.445
$N_u=\varphi f A_1$	675.725	536.112	404.876	470.029	414.184
N	234.702	230.880	230.880	209.222	209.222
是否满足	满足	满足	满足	满足	满足

注：表中 $h_T=391$mm$=0.391$m；$f=1.5$N/mm^2；$A_1=620500$mm^2

窗台以下墙体重量：

$G_{K3}=19\times1.5\times(4-2.2)\times0.24+0.45\times2.4\times1.8=14.256$kN

墙体总重量：

$$G_{K1}+G_{K2}+G_{K3}=10.944+57.978+14.256$$
$$=83.178\text{kN}$$

屋面恒荷载：$N_{AK1}=105.43\text{kN}$

屋面活荷载：$N_{AK2}=18.2\text{kN}$

基础荷载：$P=83.178+105.43+18.2$
$$=206.808\text{kN}\approx207\text{kN}$$

设基础宽度为 0.8m，则：

$$\sigma_0=\frac{207}{0.8\times2.2}=118\text{kN/m}^2$$

查刚性基础宽高比表 11-5：$100\leqslant P\leqslant200$，故在其范围内，符合要求。

根据毛石基础构造的要求，基础设计尺寸如图 9-23 所示。

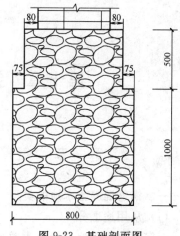

图 9-23　基础剖面图

思考题与习题

1. 何为砌体结构？有哪几类砌体？

2. 怎样理解单层混合结构房屋的荷载传递过程？

3. 简述刚性方案房屋荷载传递过程并绘制简化的内力计算图？

4. 荷载的基本组合要求是什么？

5. 墙柱高厚比是如何控制的？

6. 轴心受压构件和偏心受压构件承载力计算公式有何异同？偏心影响系数 φ 是如何确定的？

7. 什么是砌体局部抗压强度提高系数？《规范》是如何取值的？

8. 简述砌体局部受压承载力计算的三种情况。

9. 设置刚性垫块的构造要求。

10. 有一截面尺寸为 200mm×500mm 的钢筋混凝土梁支承在厚 370mm 的砖墙上，作用形式如图 9-13（b）所示，墙面材料选用 MU10 标准砖和 M5 水泥砂浆砌筑。作用在砖墙上的轴向力 $N_0=240\text{kN}$，梁端荷载设计值 $N_1=62\text{kN}$，试验算受压砌体的局部承载力。（设 $\eta=0.7$）

11. 试验算某泵房外纵墙梁端下部砌体局部受压承载力。已知：外纵墙窗间墙 1600×370mm²，作用形式如图 9-13（c）所示，采用 MU10 标准砖和 M5 混合砂浆砌筑，承受截面 $b\times h=200\text{mm}\times500\text{mm}$ 的梁，梁跨 $l=4800\text{mm}$，梁端的支承压力标准值 $N_{1K}=85\text{kN}$；设计值 $N_1=110\text{kN}$，支承长度 $a=240\text{mm}$。上层传来的轴向力标准值 $N_{0K}=190\text{kN}$，设计值 $N_0=250\text{kN}$。设 $\eta=0.7$，求：梁端砖砌体的局部受压承载力。

第十章　钢筋混凝土水池结构设计

第一节　钢筋混凝土水池的类型和结构形式

一、钢筋混凝土水池的类型

（1）从用途上分

钢筋混凝土水池一般分为两大类，一类是废水处理净化池，比如：初沉池，沉砂池、氧化沟、配水池等；另一类是贮水池，比如：水池、水箱、水塔等。前一类池的类型与设计主要由工艺设计特点决定，后一类池的形状、容量等由工艺、结构特点、经济性和施工条件决定。

（2）从平面形状上分

水池常用的平面形状为圆形或矩形，其池体结构由池壁、顶盖和底板三部分组成。从工艺角度上分有顶盖和无顶盖之分，即封闭式水池和开敞式水池（图10-1）。一般水处理水池为开敞式水池，贮水池为封闭式水池。

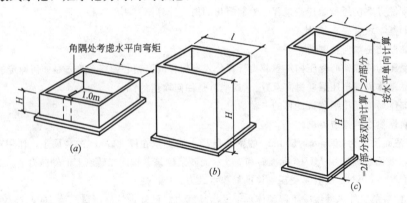

图 10-1　矩形水池的分类

(a) $l/H > 3$；(b) $0.5 \leqslant l/H \leqslant 3$；(c) $l/H < 0.5$

二、钢筋混凝土水池结构形式

（1）矩形水池和圆形水池

设计时是否选用矩形水池或圆形水池，要结合场地情况、工艺要求、经济性等方面的因素综合考虑。就场地环境来讲，矩形水池对场地的适应性强，尤其大型水池和狭长地带建造水池对节约土地和少开挖土方量都有意义。就经济角度来说，在一般水池深度为3.5～5.0m 时，对于单个水池，容积为200～3000m³ 以上，采用圆形水池比矩形水池经济性好，容量超过3000m³，采用矩形水池经济性较好。通过经济分析比较得知，就每立方米容量的造价、水泥用量和钢材用量等经济性指标随容量的增大而降低，但容积超过

190

$3000m^3$ 时，矩形水池的各项经济指标基本趋于稳定。

（2）等壁厚和不等壁厚水池

根据水池内力大小与分布特点，可以将水池做成等厚和不等厚。现浇整体式钢筋混凝土水池容量在 $1000m^3$ 以下时，一般采用等厚池壁，容量大于或等于 $1000m^3$ 时，采用不等厚池壁较经济。装配式预应力混凝土圆形水池通常做成等厚池壁。

（3）现浇式和装配式

目前，国内除预应力圆形水池多采用装配式池壁外，一般钢筋混凝土圆形水池都采用现浇整体式池壁。矩形水池的池壁绝大多数采用现浇整体式，也有少数工程采用装配整体式池壁。采用装配整体式池壁可以节约模板，使壁板生产工厂化和加快施工进度；缺点是壁板接缝处水平钢筋焊接工作量大，二次混凝土灌缝施工不方便，连接部位施工质量难以保证，设计时要注意。贮水池的顶盖和底板大多采用平顶和平底。整体式无梁顶盖和无梁底板应用较广。20 世纪 80 年代后，由于工具化钢模板在混凝土工程中应用越来越多，使现浇整体式混凝土结构已成为主流。

（4）地下式、半地下式和地上式

按照水池在地面上下位置不同，水池有地下式、半地下式和地上式。为了尽量缩小水池由于温度变化而产生变形的影响，水池应优先采用地下式、半地下式。在北方寒冷地区，对于有顶盖的水池，顶盖以上应覆土保温。同时，水池底板标高尽可能高于地下水位，以避免地下水对水池的浮托作用，当必须建造在地下水位以下时，池顶覆土又是有效的抗浮措施。地震区的水池最好采用地下式或半地下式。

三、水池的构造

1. 池壁最小厚度

池壁厚度一般大于 180mm，但对于单面配筋的小型池壁，可大于 70mm。现浇整体式顶板的厚度，一般采用肋梁顶盖时，要大于 100mm，采用无梁板时，要大于 120mm。底板的厚度一般采用肋梁时，要大于 120mm，采用平板或无梁板时，要大于 150mm。

2. 池壁钢筋和保护层厚度

池壁环向钢筋的直径应不小于 6mm，竖向钢筋的直径不小于 8mm，钢筋间距应不小于 70mm；壁厚在 150mm 以内时，钢筋间距不大于 200mm；壁厚超过 150mm 时，不大于 1.5 倍的壁厚，但在任何情况下，钢筋最大间距不宜超过 250mm。

环向钢筋通常采用搭接接头，搭接长度应符合《混凝土结构设计规范》（GB 50010—2002）的规定。且不小于 $40d$（d 为钢筋直径）。

受力钢筋的最小保护层厚度，对池壁顶板的钢筋和基础底板的上层钢筋，一般为 25mm；当与污水接触或受水气影响时，应取 30mm。基础底板的下层钢筋，当有垫层时，为 35mm；无垫层时，为 70mm。池内的梁、柱受力钢筋，保护层最小厚度一般为 30mm；当与污水接触或受水气影响时应取 35mm。梁、柱箍筋及构造钢筋的保护层最小厚度一般为 20mm；当与污水接触或受水气影响时，应取 25mm。

3. 池壁与顶盖和底板的连接

池壁与顶盖和底板的连接如图 10-2 和图 10-3 所示。

4. 地震区水池的抗震构造要求

加强结构的整体性是水池抗震构造措施的基本原则。水池的整体性主要取决于与各部

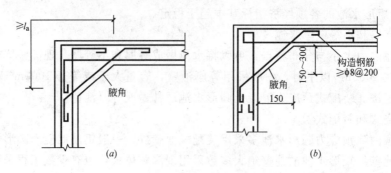

图 10-2　池壁与顶盖的连接

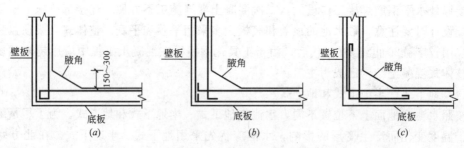

图 10-3　池壁与底板的连接

分构件之间连接的可靠程度以及结构本身的刚度和强度。对顶盖有支柱的水池来说，顶盖与池壁的可靠连接是保证水池整体性的关键。因此，当采用预制装配式顶盖时，在每条板缝内配置不少于 1ϕ6 钢筋，并用 M10 水泥砂浆灌缝；预制板应通过预埋铁件与大梁焊接，每块板应不少于三个角与大梁焊接在一起。当设防烈度在 9 度时，应在预制板上浇筑二期钢筋混凝土叠合层。钢筋混凝土池壁的顶部也应设置预埋件，以便与顶盖构件通过预埋件互相焊接。

柱子对水平地震力比较敏感，故其配筋应适当增加。当设防烈度为 8 度时，柱内纵筋的总配筋率不宜小于 0.6%，而且在柱两端 1/8 高度范围内的箍筋应加密到间距不大于 100mm；当设防烈度为 9 度时，柱内纵筋的总配筋率不宜小于 0.8%，而且在柱两端 1/6 高度范围内的箍筋应加密到间距不大于 100mm，柱与顶盖应连接牢靠。

第二节　水池荷载与水池结构受力分析

一、水池荷载

水池的荷载如图 10-4 所示。池顶、池底和池壁荷载必须分别进行计算，必要时应考虑温度、湿度变化和地震等因素对水池结构的作用。

1. 池顶

作用在水池顶板上的竖向荷载，包括顶板自重、防水层重、覆土重、雪荷载和活荷载。顶板自重及防水层重按实际计算。一般现浇整体式池顶的防水层只需用冷底子油打底再刷一道热沥青即可，其重量可以忽略不计。池顶覆土的作用是保温与抗浮。保温要求的覆土厚度根据室外计算最低气温来确定。当计算最低气温在 −10℃ 以上时，覆土厚度可取 0.3m；−10～−20℃ 时，可取 0.5m；−20～−30℃ 时，可取 0.7m；低于 −30℃ 时，应

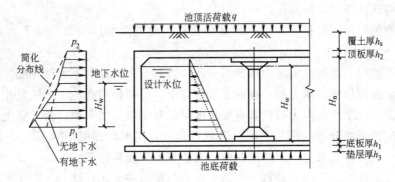

图 10-4　作用在水池上的主要荷载

取 1.0m。覆土重度一般取 18kN/m³。

雪荷载标准值应根据《建筑结构荷载规范》(GB 50009—2001) 的全国基本雪压分布图及计算雪荷载的有关规定来确定。

活荷载是考虑上人、临时堆放少量材料的重量，活荷载标准值一般取 2.0kN/m²。建造在靠近道路处的地下式水池，应使覆土顶面高出附近地面至少 30～50cm，或采用其他措施以避免车辆开上池顶。

雪荷载和活荷载不同时考虑，即仅在这两种荷载中选择数值较大的一种进行结构计算。我国除新疆最北部少数地区的基本雪压值超过 1.0kN/m² 外，其他广大地区均在 0.8kN/m² 以内，故一般都取雪荷载进行计算。

2. 池底

当采用整体式底板时，底板就相当一个筏板基础。池底荷载是指将底板产生的弯矩和剪力的那部分地基反力或地下水浮力，它的计算公式如下：

$$池底荷载(设计值)＝池顶荷载(kN/m^2)＋\frac{支柱总重＋池壁总重}{底板面积}kN/m^2 \qquad (10\text{-}1)$$

池底荷载的作用方向为垂直向上。当无地下水时，池底荷载是由地基反力所引起；当有地下水时，池底荷载是由地下水浮力和地基土反力共同引起。地下水浮力使地基土反力减小，但作用于底板上的总的反力不变。

由公式 (10-1) 计算出池底反力相当于从地基反力中扣除了底板和垫层的自重以及池内水重。这是由于直接作用于底板上的池内水重和底板、垫层的自重将与其引起的部分地基反力直接抵消而不会使底板产生弯矩和剪力。

3. 池壁

池壁承受的荷载除池壁自重和池顶荷载引起的竖向压力和可能的端弯矩外，主要是作用于水平方向的水压力和土压力。

水压力按三角形分布，池内底面处的最大水压力标准值为

$$p_{wk}＝\gamma_w H_w \qquad (10\text{-}2)$$

式中　p_{wk}——池底处的水压力标准值，kN/m²；

　　　γ_w——水的重度，可取 10kN/m³；

　　　H_w——设计水深，m。

虽然设计水位一般在池内顶面以下 200～300mm，但为简化计算，计算时常取水压力

的分布高度等于池壁的计算高度。

池壁外侧的侧压力包括土压力、地面活荷载引起的附加压力及有地下水时的地下水压力。

当无地下水时，池壁外侧压力按梯形分布；当有地下水且地下水位在池顶以下时，以地下水为界，分两段按梯形分布。在地下水位以下，除必须考虑地下水压力外，还应考虑地下水位以下土由于水的浮力而使其有效重度降低对土压力的影响。为了简化计算，通常将有地下水时按折线分布的侧压力图形取成直线分布图形，如图10-4所示。因此，不论有无地下水，只需将池壁上、下两端的侧压力值算出来就可以了。

池壁土压力按主动土压力计算，顶端土压力标准值按下式计算。

$$p_{epk2} = \gamma_s(h_s + h_2)\tan^2\left(45° + \frac{\varphi}{2}\right) \tag{10-3}$$

池壁底端土压力标准值，当无地下水时为

$$p_{epk1} = \gamma_s(h_s + h_2 + H_n)\tan^2\left(45° - \frac{\varphi}{2}\right) \tag{10-4}$$

当有地下水时，池壁底端土压力标准值为

$$p'_{epk1} = [\gamma_s(h_s + h_2 + H_n - H'_w) + \gamma'_s H'_w]\tan^2\left(45° - \frac{\varphi}{2}\right) + \gamma_w H'_w \tag{10-5}$$

地面活荷载引起的附加侧压力沿池壁高度为一常数，其标准值可按下式计算

$$p_{qk} = q_k\tan^2\left(45° - \frac{\varphi}{2}\right) \tag{10-6}$$

以上式中　γ_s——回填土重度，一般可取 $18kN/m^3$；

　　　　γ'_s——地下水位以下回填土的有效重度，一般可取 $10kN/m^3$；

　　　　φ——回填土的内摩擦角，根据土壤试验确定，当缺乏试验资料时，可取 $30°$；

　　　　q_k——地面活荷载标准值，一般取 $2.0kN/m^2$，当池壁外侧地面可能有堆积荷载时，应取堆积荷载标准值，一般可取 $10kN/m^2$；

h_s，h_2，H_n——分别为池顶覆土厚、顶板厚和池壁净高；

　　　　H'_w——地下水位至池壁底部的距离，m。

池壁上下两端的外部侧压力应根据实际情况取上述各种侧压力的组合值。对于大多数水池来讲，池顶处于地下水位以上，则顶端外侧压力组合标准值为

$$p_{k2} = p_{qk} + p_{epk2} \tag{10-7}$$

若地下水位在池壁底端以下时，则池壁底端侧压力组合标准值为

$$p_{k1} = p_{qk} + p_{epk1} \tag{10-8}$$

当池壁底端处于地下水位以下时，池壁底端侧压力组合标准值为

$$p_{k1} = p_{qk} + p'_{epk1} \tag{10-9}$$

4. 其他作用对水池结构的影响

除上述荷载作用外，温度和湿度变化、地震作用等也将在水池结构中引起附加内力，

在设计时应予以考虑。

5. 荷载组合

以上所述各项荷载的取值，均指标准值。在按荷载效应的基本组合进行承载力极限状态设计时，各项荷载的标准值也就是其代表值，而荷载设计值则是荷载代表值与荷载分项系数的乘积。水池荷载分项系数，对于在《建筑结构荷载规范》（GB 50009—2001）中已有明确规定的荷载，可按该规范的规定取值。

水池一般应根据下列三种不同荷载组合分别计算内力。

（1）池内满水，池外无土；

（2）池内无水，池外有土；

（3）池内满水，池外有土。

第一种组合出现在回填土以前的试水阶段。第二、第三两种组合是正常使用期间的放空和满水时的荷载状态。当然，这是指有覆土的水池。对于无覆土的且有保温措施的地上式水池，只需考虑第一种荷载组合。

一般来说，第一、第二两种荷载组合是引起相反的最大内力的两种最不利状态。但是，若绘制池壁最不利内力包络图，则在包络图极值点以外的某些区段内，第三种荷载组合很可能起控制作用，这对池壁的配筋会有影响。而这种情况常常发生在池壁两端为弹性固定的水池中。若能判断出第三种荷载组合在池壁的任何部位均不会引起最不利内力，则在计算中可以不考虑这种荷载组合。池壁两端支承条件为自由、铰支和固定时，往往就属于这种情况。

水池结构按正常使用极限状态设计时，应考虑哪些荷载组合，可根据正常使用极限状态的设计要求决定。水池结构构件正常使用极限状态的设计要求主要是裂缝控制。当荷载效应为轴心受拉或小偏心受拉时，其裂缝控制应按不允许开裂考虑，此时，承载力极限状态设计时必须考虑的各种荷载组合，在抗裂验算时都应予以考虑；当荷载弯矩为受弯、大偏心受压或大偏心受拉时裂缝控制按限制最大裂缝宽度考虑，此时，只考虑使用阶段的荷载组合，但可不计入活荷载短期作用的影响。正常使用极限状态设计所采用的荷载组合，均以各种荷载的标准值计算，即不考虑荷载分项系数。在计算荷载长期效应组合时，池顶荷载的准永久值系数可参照上人的平屋顶，采用 0.4。

二、水池结构受力分析与设计方案比较

（一）水池结构受力分析

圆形水池池壁在环向荷载（池内水压力或池外土压力）及顶盖传下来的竖向荷载作用下，产生的内力为环向处于轴心受压和轴心受拉状态；竖向处于受弯状态，且受力比较均匀。矩形水池池壁在侧向力（池内水压或池外土压力）及顶盖传下来的竖向荷载作用下，产生的内力为沿竖向处于受弯（有时尚应考虑偏心受压）状态；沿水平方向处于受弯和受拉状态。

水池池壁由其内力大小及其分布情况，可以做成等厚或变厚的。变厚池壁的厚度按直线变化，变化率以 2‰～5‰ 为宜（每米高增厚 20～50mm）。无顶盖水池壁厚变化可以适当加大。

（二）设计方案比较

结构设计是给水排水工程与环境工程结构中的一个不可忽视的重要组成部分，它与工艺设计是紧密相连、有机组合而成的整体。

在给水排水工程和环境工程设计中，结构设计的任务需要受到工艺的要求、设计规模、地质条件、气象特点、材料供应情况、施工条件等因素的制约。结构设计方案确定是在选择整体结构方案、结构构件的形式，必须由上述制约条件为前提，根据结构构件的受力特点，然后确定计算简图，再进行结构计算，绘出施工图。

一般结构构件设计通常需要对满足工艺要求的各种构筑物布置方案或结构方案进行技术经济指标的综合分析对比，才能最后确定相应的最佳方案。在方案选择时，主要考虑以下因素：

（1）合理选择结构构件的边界条件，绘出计算简图。圆形水池池壁的上下端较合理的边界条件为池壁下端为固定、或弹性固定、或铰接；池壁上端为自由、铰接或弹性固定。池壁和池底的连接是一个比较重要的问题，它既要符合计算假定，又要保证足够的抗渗能力。一般采用固定或弹性固定连接为好，但对于大型水池，采用这两种连接可能会使池壁产生过大的竖向弯矩，另外当地基较弱时，这两种连接实际工作性能与计算假定的差距可能较大，故此时最好采用铰接。

（2）根据工艺要求、容量以及构筑物所处的地理环境，选择构筑物的形式，进行结构构件的受力分析。

（3）在保证结构设计的质量（包括工程的坚固性、工程的适用性）的前提下，满足经济的要求，选择合理的结构构件设计方案。

三、水池结构内力计算

1. 水池顶盖、底板的内力计算

当水池直径较小时（$D \leqslant 6m$），可采用无支柱圆板，如图 10-5 所示。若水池直径较大时（$D = 6 \sim 10m$），为避免圆板过厚及配筋过多，可在圆板中心加一支柱，即成为有中心支柱的圆形平板。设计圆板时，需求出圆板各处的径向弯矩 M_r、切向弯矩 M_t 和剪力 V。下面以有中心圆板的水池为例，介绍水池池顶盖、底板的内力计算。

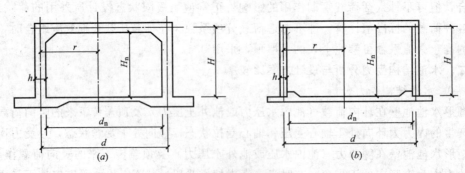

图 10-5　池壁的计算尺寸

（1）选定计算简图，确定边界条件。圆形水池顶盖或底板的边界条件一般为固定、铰支或弹性固定。

（2）周边铰支或固定的圆板在均布荷载作用下，板中离圆心 x 处单位长度上的径向弯矩及切向弯矩可按下列简化公式计算。

$$M_r = \overline{K}_r q r^2 \tag{10-10}$$

$$M_t = \overline{K}_t q r^2 \qquad (10\text{-}11)$$

式中 $\overline{K}_r$，$\overline{K}_t$——径向和切向弯矩系数。可根据圆板周边支承情况及柱帽相对有效宽度 c/d，由《给水排水工程结构设计手册》表 1.2.3-107 或表 1.2.3-105 查得。

（3）当池壁与圆板整体连接而且池壁的抗弯刚度与圆板的抗弯刚度相差不大时，则应考虑池壁与圆板的变形连续性，即按周边为弹性固定的圆板进行内力计算，这时可先假定圆板周边为铰支，并利用《给水排水工程结构设计手册》表 1.2.3-107 及公式求出径向弯矩 M_{r1} 和切向弯矩 M_{t1}，然后视圆板周边为固定，求出支座处的径向固端弯矩，以 $\overline{M}_{s1}$ 表示，并同时考虑池壁顶端固端弯矩 $\overline{M}_w$，用弯矩分配法进行一次弯矩分配，即得到圆板支座处径向弹性固定弯矩的近似值 M_{s1}。M_{s1} 也可以用下式表示。

$$M_{s1} = \overline{M}_{s1} - (\overline{M}_{s1} + \overline{M}_w)\frac{K_{s1}}{K_{s1} + K_w} \qquad (10\text{-}12)$$

式中 $\overline{M}_{s1}$——圆板周边单位长度上的固端弯矩，$\overline{M}_{s1} = -0.125qr^2$；

$\overline{M}_w$——池壁顶端单位宽度上的固端弯矩；

K_{s1}——圆板沿周边单位宽度的边缘抗弯刚度；$K_{s1} = 0.104\dfrac{Eh_{s1}^3}{r}$；

h_{s1}——圆板厚度；

r——圆板半径；

K_w——单位宽度池壁的边缘抗弯刚度，等厚池壁的线刚度为 $K_w = k_{M\beta}\dfrac{Eh_w^3}{H}$；

$k_{M\beta}$——池壁的边缘刚度系数，可由《给水排水工程结构设计手册》表 1.2.4-41 查得；

E——混凝土的弹性模量；

h_w——池壁厚度；

H——池壁计算高度。

将求得的 M_{s1} 看作是作用于铰支圆板周边的外力矩，在这个力矩作用下，圆板内各点的径向弯矩 M_{r2} 和切向弯矩 M_{t2} 均等于外力矩 M_{s1}，即

$$M_{r2} = M_{t2} = M_{s1}$$

最后，将 M_{r1} 和 M_{r2}，M_{t1} 和 M_{t2} 分别进行叠加，即得到圆板与池壁为弹性固定时的弯矩。

$$M_r = M_{r1} + M_{r2}$$
$$M_t = M_{t1} + M_{t2}$$

（4）顶盖结构内力计算。根据选定的计算简图，列表计算顶板弯矩（表 10-1、表 10-2），周边剪力 $V_{s1,2} = \dfrac{(g_{s1,2} + q_{s1,2}) \times \dfrac{\pi d_n^2}{4} - N_t}{\pi d_n}$ 及支柱轴心压力 N_t。绘出径向弯矩和切向弯矩的草图。

（5）底板内力计算。根据选定的计算简图和边界条件计算第二、三荷载组合下，列表

计算底板弯矩（表 10-3、表 10-4），周边剪力 $V_{s1,2}=\dfrac{(g_{s1,2}+q_{s1,2})\times\dfrac{\pi d_n^2}{4}-N_t}{\pi d_n}$ 及支柱轴心压力 N_t。绘出径向弯矩和切向弯矩的草图。

顶板的径向弯矩 M_r 表 10-1

计算截面 $\xi=\dfrac{x}{r}$	$g_{s1,2}+q_{s1,2}$ 作用下的 $M_r/(\mathrm{kN\cdot m/m})$		$M_{s1,2}$ 作用下的 $M_r/(\mathrm{kN\cdot m/m})$		$M_r/(\mathrm{kN\cdot m/m})$	$M_r\times2\pi x/(\mathrm{kN\cdot m})$
	$\overline{K}_r$	$\overline{K}_r(g_{s1,2}+q_{s1,2})r^2$	$\overline{K}_r$	$\overline{K}_r M_{s1,2}$		
	①	②	③	④	⑤=②+④	⑤×2πx

顶板的切向弯矩 M_t 表 10-2

计算截面 $\xi=\dfrac{x}{r}$	$g_{s1,2}+q_{s1,2}$ 作用下的 $M_t/(\mathrm{kN\cdot m/m})$		$M_{s1,2}$ 作用下的 $M_t/(\mathrm{kN\cdot m/m})$		$M_t/(\mathrm{kN\cdot m/m})$
	$\overline{K}_t$	$\overline{K}_t(g_{s1,2}+q_{s1,2})r^2$	$\overline{K}_t$	$\overline{K}_t M_{s1,2}$	
	①	②	③	④	②+④

底板的径向弯矩 M_r 表 10-3

计算截面 $\xi=\dfrac{x}{r}$	$g_{s1,1}+q_{s1,1}$ 作用下的 $M_r/(\mathrm{kN\cdot m/m})$		$M_{s1,1}$ 作用下的 $M_r/(\mathrm{kN\cdot m/m})$		$M_r/(\mathrm{kN\cdot m/m})$	$M_r\times2\pi x/(\mathrm{kN\cdot m})$
	$\overline{K}_r$	$\overline{K}_r(g_{s1,1}+q_{s1,1})r^2$	$\overline{K}_r$	$\overline{K}_r M_{s1,1}$		
	①	②	③	④	⑤=②+④	⑤×2πx

底板的切向弯矩 M_t 表 10-4

计算截面 $\xi=\dfrac{x}{r}$	$g_{s1,1}+q_{s1,1}$ 作用下的 $M_t/(\mathrm{kN\cdot m/m})$		$M_{s1,1}$ 作用下的 $M_t/(\mathrm{kN\cdot m/m})$		$M_t/(\mathrm{kN\cdot m/m})$
	$\overline{K}_t$	$\overline{K}_t(g_{s1,1}+q_{s1,1})r^2$	$\overline{K}_t$	$\overline{K}_t M_{s1,1}$	
	①	②	③	④	②+④

2. 池壁内力计算

圆形水池在荷载的作用下其微分体各截面上有以下内力作用。在垂直截面上，只有环向力 N_θ 和环向弯矩 M_θ；在水平截面上，只有竖向弯矩 M_x 和剪力 V_x（图 10-6）。

内力计算公式如下：

环向力 $N_\theta=k_{N\theta}qr$ (10-13)

竖向弯矩 $M_x=k_{Mx}qH^2$ (10-14)

环向弯矩 $M_\theta=\nu M_x$ (10-15)

剪力 $V_x=k_{Vx}qH$ (10-16)

式中　$k_{N\theta}$，$k_{M\theta}$，k_{Vx}——环向力、竖向弯矩和剪力的内力系数。根据池壁上下两端的边界条件可直接查《给水排水工程结构设计手册》表 1.2.4；

ν——泊松比，对混凝土取 $\nu=1/6$；

q——池壁底端截面处的最大侧压力。最大水压力，取 $q=\gamma_m H$；最大土压力，取 $q=P_{k1}$。

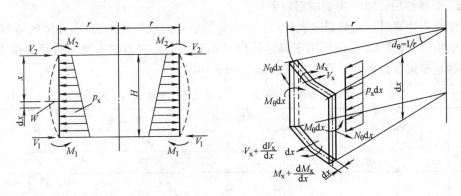

图 10-6 池壁内力计算

荷载及内力的符号规定如下。P_x 以朝外指向为正，N_θ 以受拉为正，M_x 和 M_θ 以池壁外侧受拉为正，V_x 以朝外指向为正。

若边界条件为弹性固定时，计算顶板、底板的固端弯矩 $M_{s1,2}$、$M_{s1,1}$ 和池壁的弹性固定边界弯矩 M_2，M_1。池壁应分三种荷载组合（池内有水、池外无土；池内无水，池外有土；池内有水，池外有土）分别进行计算。其计算公式如下。

$$M_i=\overline{M}_i-(M_i+\overline{M}_{s1,i})\frac{K_w}{K_{s1,i}+K_w} \qquad (10\text{-}17)$$

式中　M_i——池壁底端（$i=1$）或顶端（$i=2$）的边缘弯矩；

$\overline{M}_i$——池壁底端或顶端的固端弯矩，可利用《给水排水工程结构设计手册》表 1.2.4-1 中端部为固定时，在池壁侧压力作用下的弯矩系数确定，对底端 $\overline{M}_1$，取 $x=1.0H$；对顶端 $\overline{M}_2$，取 $x=0$；

$\overline{M}_{s1,i}$——底板（$i=1$）或顶板（$i=2$）固端弯矩；

$K_{s1,i}$——底板或顶板沿周边单位弧长的边缘抗弯刚度。

公式中各项弯矩的符号均以使节点反时针方向转动为正。

边界弯矩确定以后，可将弹性固定支承取消，代之以铰接和边界弯矩，池壁内力即可用叠加法求得。

现以两端均为弹性固定，池内作用有水压力的长壁圆水池为例，其内力计算工程可用图 10-7 来表示。

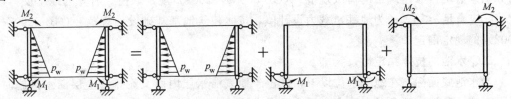

图 10-7 长壁圆水池内力计算

在图中，等号右边的第二、三两项中，根据长壁圆水池的特点，忽略了远端影响，因此，把没有边界力作用的一端看成是自由端。第一、二两项计算简图均有现成的内力系数可以直接利用，第三项计算简图只要将《给水排水工程结构设计手册》表 1.2.4-34 和表 1.2.4-25 倒转使用，即 x 由底端起向上量。

池壁内力计算时，应分别列表计算三种荷载组合下的池壁环向力 N_θ 及竖向弯矩 M_x。绘制池壁内力 N_θ 及 M_x 包络图用于确定池壁最不利内力，剪力值取绝对值最大值 V_{max}。以第一种荷载组合为例，计算格式见表 10-5 和表 10-6。

		第一种荷载组合（池内满水、池外无土）下的环向力 N_θ					表 10-5

$\dfrac{x}{H}$	$\dfrac{x}{m}$	水压力作用		底端 M_1 作用		顶端 M_2 作用		$N_\theta/(kN/m)$
		kN_θ	$kN_\theta p_w r$	kN_θ	$kN_\theta M_1/h$	kN_θ	$kN_\theta M_2/h$	
		①	②	③	④	⑤	⑥	②+④+⑥

注：x 从顶端算起。

		第一种荷载组合（池内满水、池外无土）下的竖弯矩 M_x					表 10-6

$\dfrac{x}{H}$	$\dfrac{x}{m}$	水压力作用		底端 M_1 作用		顶端 M_2 作用		$M_x/(kN \cdot m/m)$
		kM_x	$kM_x p_w H^2$	kM_x	$kM_x M_1$	kM_x	$kM_x M_2$	
		①	②	③	④	⑤	⑥	②+④+⑥

注：x 从顶端算起。

第三节　地基承载力与水池的抗浮稳定性验算

一、地基承载力

采用分离式底板时，地基承载力按池壁下条形基础验算；当采用整体式底板时，应按筏板基础验算。除了比较大型的无中间支柱水池，在地基比较软弱的情况下宜按弹性地基上的板考虑外，一般可假设地基反力为均匀分布，此时底板底面处的地基应力（即单位面积上的地基反力）设计值按荷载基本组合的设计值计算。计算公式如下：

$$\sigma = 池顶活荷载及覆土荷载 (kN/m^2) + \frac{水池总重量}{池底面积} (kN/m^2)$$
$$+ 底板单位面积上的水重 (kN/m^2) + 单位面积垫层重 (kN/m^2) \quad (10-18)$$

上式等号右边各项荷载中除直接作用在基础顶面的土重分项系数取 1.0 外，其余荷载的分项系数均按《建筑结构荷载规范》（GB 50009—2001）规定取值。所算的地基反力设计值 σ 应满足 $\sigma \leqslant f$。f 为地基承载力设计值，按《建筑地基基础设计规范》（GB 50007—2002）的规定确定。

二、水池的抗浮稳定性

当水池底面标高在地下水位以下，或位于地表滞水层内而又无排除上层滞水措施时，地下水或地表滞水就会对水池产生浮力。当水池处于空池状态时就有被浮托起来或池底板和顶板被浮力顶裂的危险，此时，应对水池进行抗浮稳定性验算。

水池的抗浮稳定性验算一般包括整体抗浮和抗浮力分布均匀性（局部抗浮）两个方面。进行水池整体抗浮稳定性验算是为了使水池不至于整体向上浮动。其验算公式如下：

$$\frac{0.9(G_{tk}+G_{sk})}{p_{buo}A}\geqslant1.05 \qquad (10\text{-}19)$$

式中　G_{tk}——水池自重标准值；

　　　G_{sk}——池顶覆土重标准值；

　　　0.9——荷载分项系数；

　　　A——算至池壁外周边的水池底面积；

　　　p_{buo}——水池底面单位面积上的地下水浮托力。按下式计算：

$$p_{buo}=\gamma_m(H'_w+h_1)\eta_{red}$$

　　　η_{red}——浮托力折减系数，对非岩质地基取 1.0；对岩质地基应按其破碎程度确定；一般在 $0.35\sim0.95$ 范围内取值，考虑安全时可取大值；

　H'_w+h_1——由池底面算起的地下水高度。

对有中间支柱的封闭式水池，如果按式（10-19）得到满足，但抗浮力分布不够均匀，通过池壁传递的抗浮力在总抗浮力中所占比例过大，每个支柱所传递的抗浮力过小，则均匀分布在底板下的地下水浮力有可能使中间支柱发生轴向上移而形成变形。这就相当于顶板和底板的中间支座产生了位移，必将引起计算中未曾考虑的附加内力，很可能使底板和顶板被顶裂而破坏。为了避免这种危险，对有中间支柱的封闭式水池，除了按式（10-19）验算整体抗浮稳定性以外，尚应按下式验算抗浮力分配的均匀性。

$$\frac{0.9\left(g_{sk}+g_{s1,1k}+g_{s1,2k}+\dfrac{G_{ck}}{A_{cal}}\right)}{p_{buo}}\geqslant1.05 \qquad (10\text{-}20)$$

式中　　　g_{sk}——池顶单位面积覆土重标准值；

　$g_{s1,1k}$，$g_{s1,2k}$——分别为底板和顶板单位面积自重标准值；

　　　　G_{ck}——单根支柱自重标准值；

　　　A_{cal}——单根支柱所辖的计算板单位面积，对两个方向柱距为 l_x 和 l_y 的正交柱网，$A_{cal}=l_x l_y$。

此项验算习惯上称为局部抗浮验算。开敞式水池和无支柱的封闭式水池不必验算局部抗浮。

第四节　水池截面设计和施工图绘制

水池结构构件的截面设计包括配筋计算和变形及裂缝宽度（抗裂度）验算。

一、水池截面设计

1. 顶盖、底板配筋计算

（1）顶盖、底板配筋计算。辐射钢筋截面面积按某一整个圆周上所需钢筋面积计算，为便于布筋，环形钢筋截面面积沿着半径方向以长度内的钢筋面积计算。计算辐射钢筋和环形钢筋截面有效高度 h_0 时均按钢筋置于内层确定。计算结果列表确定（表 10-7 和表 10-8）。

辐射钢筋计算表 表 10-7

截面		$M_r/(10^6 \text{N} \cdot \text{mm/m})$	h_0	$a_s = \dfrac{M_r}{1000 h_0 \alpha_1 f_c}$	ξ	$A_s = \dfrac{2\pi x M_r}{f_y \gamma_s h_0} \text{mm}^2$	配筋
$\dfrac{x}{r}$	x/mm						

环形钢筋计算表 表 10-8

截面		$M_t/(10^6 \text{N} \cdot \text{mm/m})$	$a_s = \dfrac{M_t}{1000 h_0 \alpha_1 f_c}$	ξ	$A_s = \dfrac{2\pi x M_t}{f_y \gamma_s h_0} \text{mm}^2$	配筋
$\dfrac{x}{r}$	x/mm					

（2）顶盖、底板边缘斜截面抗剪承载力验算，$V_{s1,1}$，$V_{s1,2} \leqslant 0.7 f_t b h_0$。

（3）有中心支柱的顶盖、底盖须进行受冲切承载力验算，$F_1 \leqslant 0.7 f_t u_m h_0$。

（4）顶盖、底板裂缝宽度验算。此项验算以径向和环向分别进行，取各自配筋区段内最大弯矩绝对值按受弯构件裂缝宽度验算方法进行验算。

2. 池壁截面配筋与裂缝宽度验算

池壁截面计算分环向和竖向进行。

（1）环向钢筋以环向力 N_θ 的内力包络图沿池壁高度分段列表计算配筋；按环向力最大值 $N_{\theta,\max}$ 作用下的抗裂度要求验算池壁的厚度，同样需进行斜截面抗剪承载力验算。

（2）竖向钢筋分壁顶、壁底，分别按偏心受压构件进行配筋计算。在竖向弯矩最大处的最不利截面按受弯构件进行最大裂缝宽度验算。

3. 中心支柱截面设计

池内有中心支柱时，其截面设计按轴心受压构件进行。根据板边的支承条件计算板传给中心支柱的轴向压力。

在均布荷载作用下，当板周边为铰支或固定时

$$N = K_N q r^2$$

当板周边为铰支，且板边缘作用有均匀弯矩 M_{s1} 时

$$N = K_N M_{s1}$$

式中 K_N——中心支柱的荷载系数，可由表 10-9 查得。

有中心支柱圆板的中心支柱荷载系数 K_N 及板边抗弯刚度系数 K 表 10-9

c/d		0.05	0.10	0.15	0.20	0.25
中心支柱荷载系数 K_N	均布荷载周边固定	0.839	0.919	1.007	1.101	1.200
	均布荷载周边铰支	1.320	1.387	1.463	1.542	1.625
	沿周边作用 M	8.160	8.660	9.290	9.990	10.810
圆板抗弯刚度系数 k		0.290	0.309	0.332	0.358	0.387

在进行柱的截面设计时，轴向压力尚应计入柱的自重。柱的计算长度 l_0 可近似按下

式确定。

$$l_0 = 0.7\left(H - \frac{c_t + c_b}{2}\right) \tag{10-21}$$

式中 H——柱在顶板和底板之间的净高;

c_t，c_b——分别为柱顶部柱帽和底板反向柱帽的有效高度。

中心支柱按轴心受压构件进行配筋计算。

二、施工图绘制

1. 顶盖、底板施工图

平面图中钢筋不必全部绘出,可以简明绘制每种钢筋直径、长度、间距一根,并以引出线标明。

根数、直径、间距,表示方式为 $\frac{n\phi}{l@s}$,其中 n 为钢筋的编号,l 为 n 号钢筋的长度,s 为钢筋的间距。

图中应详细标明各个构件及钢筋的位置、尺寸,以便于施工。同时,要充分利用构件的对称性,简化绘图。

2. 池壁及支柱配筋图

(1) 池壁立、剖面图

池壁的配筋图以绘制立剖面图表达。图中画出池壁与顶盖及底板的连接配筋和池壁与基础的连接配筋,池壁内(外)层配筋的钢筋网展开图(图10-8)。钢筋重叠时,宜在附近适当位置另绘钢筋示意图。

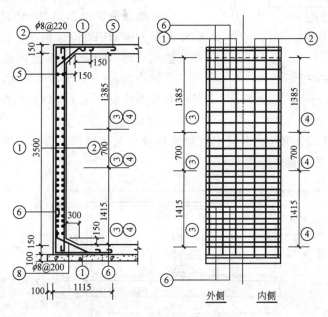

图 10-8　池壁立面图与展开图

(2) 支柱配筋图

中心支柱的配筋图应以立、剖面图表达。图中画出柱与顶盖及底板的连接配筋和柱与基础的连接配筋,同时应绘出柱帽(柱基)构造的配筋平面图,如附图五所示。

3. 钢筋明细表

根据钢筋的编号绘出钢筋表，应包括构件名称、编号、简图、简单计算、直径、根数及总长等。

4. 说明与总要求

每张施工图中都应有说明的内容。包括必要介绍、单位、材料等级、施工要求及水池的抗渗、抗冻和抗腐蚀等措施。施工图应按规范标准制图，尺寸齐全，图面清晰，字迹端正。

第五节　圆形钢筋混凝土清水池结构设计（实例）

一、设计任务书

1. 设计资料

（1）某给水厂地下式钢筋混凝土圆形清水池，容量为 200m³，结构和主要尺寸如图 10-9、图 10-10 所示。池顶覆土厚 700mm。

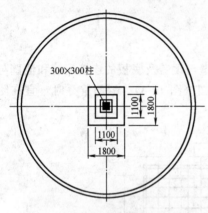

图 10-9　200m³ 圆形清水池平面图

（2）当地最低温度为 −20℃，月平均温度为 −10℃。

（3）自然地坪下 1.0m 内为腐殖杂用土，地下水位线在池底以上 1.8m 处，地基土壤为亚黏土，内摩擦角 $\varphi = 30°$，地基承载力设计值 $f = 100kN/m³$，土容重可近似取 $18kN/m³$。

（4）池顶荷载按 2.0kN/m³ 计算，池体材料为 C20 混凝土和 HPB235 级钢筋。底板下设置 C10 混凝土垫层，厚 100mm，水池内壁、顶、底板以及支柱表面均为 1:2 水泥砂浆抹面，厚 20mm。水池外壁和顶部均刷冷底子油、热沥青各一道。

2. 完成任务

依据所给资料，应用钢筋混凝土水池结构设计基本原理及方法，完成设计计算书一份，2 号施工图 3 张（要求应用 CAD 绘制）。

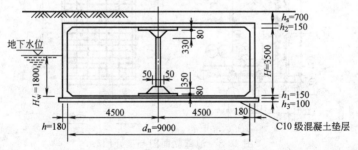

图 10-10　200m³ 圆形清水池剖面图　单位：mm

二、设计要求

1. 设计与计算书的内容

（1）钢筋混凝土结构水池应选型和布置合理，符合国家规范基本要求。设计内容应包括各构件结构截面尺寸选型；平剖面结构构件的布置和各布置边界条件的选择；绘出计算简图及相关尺寸；

（2）进行分项内力组合及计算；

（3）进行水池结构的地基承载力及抗浮稳定性验算；

（4）进行水池结构计算说明、选筋和配筋说明；

（5）进行水池各构件裂缝宽度及变形验算。

2. 结构与构件选型要求

选取结构构件截面尺寸时，首先应满足截面变形与裂缝宽度的要求。设计时，池顶板厚度不宜小于 120mm，当覆土厚超过 700mm 时，池顶板厚度大于 150mm；池底板厚度应大于池顶板厚度且大于 150mm；池内中心支柱的截面尺寸 $b_c \times h_c$，应满足 $h_c \geqslant b_c \geqslant l_0 \geqslant 300$mm，且取 50 的倍数，$l_0$ 为柱的计算长度；当荷载较大（$P \geqslant 5$kN/m²）时，截面尺寸还应满足不利内力组合的抗剪、抗弯承载力的要求：

对于板　　$M \leqslant \alpha_s \alpha_1 f_c b h_0^2$，$\rho \leqslant 0.6\%$，且 $V \leqslant 0.7 f_t b h_0$；

对于支柱　$N \leqslant 0.6 f_c b_c h_c$；要求 $h_c \geqslant b_c \geqslant 300$mm，$N = N_t +$ 柱重设计值，N_t 为顶板传给中心支柱的轴向力。

3. 施工图内容

初步绘制钢筋混凝土水池的平面图、剖面图、配筋图、局部大样图，列出钢筋表和总说明。

三、水池结构设计

1. 水池自重标准值

水池自重标准值由下列各部分组成：

池盖重（包括粉刷）$= 25 \times \left(\dfrac{\pi d_n^2}{4} \times h_2 \right) + 18 \times \left(\dfrac{\pi d_n^2}{4} \times 0.02 \right)$

$\qquad = 25 \times \left(\dfrac{\pi}{4} \times 9.0^2 \times 0.15 \right) + 18 \times \left(\dfrac{\pi}{4} \times 9.0^2 \times 0.02 \right)$

$\qquad = 261.33$kN

池壁重（包括粉刷）$= 25 \times \left[\pi (d_n + h) h \times (H_n + h_1 + h_2) \right] + 18 \times (\pi d_n H_n \times 0.02)$

$\qquad = 25 \times \left[\pi (9.0 + 0.18) \times 0.18 \times (3.5 + 0.15 + 0.15) \right] +$

$\qquad\qquad 18 \times (\pi \times 9 \times 3.5 \times 0.02)$

$\qquad = 528.52$kN

池底重（包括粉刷）$= 25 \times \left(\dfrac{\pi d_n^2}{4} \times h_1 \right) + 18 \times \left(\dfrac{\pi d_n^2}{4} \times 0.02 \right)$

$\qquad = 25 \times \left(\dfrac{\pi}{4} \times 9.0^2 \times 0.15 \right) + 18 \times \left(\dfrac{\pi}{4} \times 9.0^2 \times 0.02 \right)$

$\qquad = 261.33$kN

支柱重（包括粉刷）$= 25 \times \left[(0.08 + 0.08) \times 1.8^2 + (3.5 - 0.35 - 0.33 - 2 \times 0.08) \times 0.3^2 \right.$

$\qquad \left. + \dfrac{0.33}{6} \times (0.3^2 + 0.96^2 + 1.26^2) + \dfrac{0.35}{6} \times (0.4^2 + 1.1^2 + 1.5^2) \right]$

$\qquad + 18 \times \left[(3.5 - 0.35 - 0.33 - 0.08 \times 2) \times 0.30 \times 4 \times 0.02 \right]$

$\qquad = 28.95$kN

说明：支柱混凝土体积是上、下帽顶板体积、柱身体积、上下柱帽体积之和；计算支柱柱身的抹面砂浆体积时，柱帽锥体表面积的抹面砂浆忽略不计。

水池总自重标准值 $G_{tk}=261.33+528.52+261.33+28.95=1080.13kN$

(1) 整体抗浮验算

总浮力 $=\gamma_w(H'_w+h_1)\eta_{red}A$

$$=10\times(1.8+0.15)\times1.0\times\frac{\pi}{4}\times(9.0+2\times0.18)^2=1341.08kN$$

说明：式中浮托力折减系数取 1.0。

池顶覆土标准值 $G_{sK}=\gamma_s\times\frac{\pi}{4}(d_n+2h)^2\times h_s$

$$=18\times\frac{\pi}{4}(9.0+2\times0.18)^2\times0.7=866.55kN$$

整体抗浮验算结果

$$\frac{0.9(G_{tk}+G_{sk})}{总浮力}=\frac{0.9\times(1080.13+866.55)}{1341.08}=1.31>1.05\ 满足要求。$$

(2) 局部抗浮

池顶单位面积覆土重标准值 $g_{sk}=18\times0.7=12.6kN/m^2$

池底板单位面积自重标准值 $g_{s1,k1}=25\times0.15+18\times0.02=4.11kN/m^2$

池顶板单位面积自重标准值 $g_{s1,k2}=25\times0.15+18\times0.02=4.11kN/m^2$

按底面积每平方米计算的柱重标准值 $\dfrac{G_{ck}}{A_{cal}}=\dfrac{28.95}{\frac{\pi}{4}\times4.5^2}=1.82kN/m^2$

说明：上式近似取中心支柱自重分布在直径为 $\dfrac{d_n}{4}$ 的中心区域。d_n 为水池内净空直径，等于 9.0m。

局部抗浮验算结果为：$\dfrac{0.9\left(g_{sk}+g_{s1,k1}+g_{s1,k2}+\dfrac{G_{ck}}{G_{cal}}\right)}{\gamma'_w(H'_w+h_1)\eta_{red}}$

$$=\frac{0.9\times(12.6+4.11+4.11+1.82)}{10\times(1.8+0.15)\times1.0}=1.045\approx1.05$$

满足要求。

2. 地基承载力验算

覆土重、水池自重及垫层重的荷载分项系数取 1.2，混凝土的垫层的重度取 $\gamma_c=25kN/m^3$，池顶活荷载标准值 $q_k=2.0kN/m^2$，荷载分项系数取 1.4，则地基土壤应力设计值为：$\sigma=\dfrac{1.2G_{tk}}{\frac{\pi}{4}(d_n+2h)^2}+1.2\gamma_s h_s+1.4q_k+1.2\gamma_w H_w+1.2\gamma_c h_3$

$$=\frac{1.2\times1080.13}{\frac{\pi}{4}(9.0+2\times0.18)^2}+1.2\times18\times0.7+1.4\times2.0+1.2\times10\times3.5+1.2\times25$$

$$\times0.10$$

$$=81.767kN/m^2<f=100kN/m^2\ （满足要求）$$

3. 结构内力计算

(1) 计算简图的确定

池壁和顶板及底板的连接设计成弹性固定，水池各部分尺寸已初步确定，如图 10-11 所示，则池壁的计算高度为 $H=H_n+\dfrac{h_1}{2}+\dfrac{h_2}{2}=3.5+\dfrac{0.15}{2}+\dfrac{0.15}{2}=3.65\text{m}$

水池的计算直径为：$d=d_n+h=9.0+0.18=9.18\text{m}$

顶板与底板均按有中心支柱的圆板计算，顶板中心支柱的柱帽计算宽度为：

$$c_t=0.96+2\times0.08=1.12\text{m}$$

底板中心支柱的柱帽计算宽度为：

$$c_b=1.10+2\times0.08=1.26\text{m}$$

水池计算简图如图 10-11 所示。

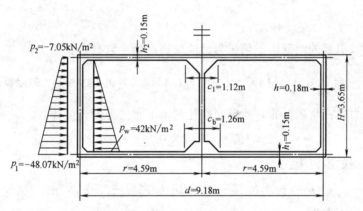

图 10-11　水池计算简图

(2) 荷载计算

1）池顶均布荷载设计值：

板自重	$1.2\times4.11=4.93\text{kN/m}^2$
覆土重	$1.2\times12.6=15.12\text{kN/m}^2$
池顶活荷载	$1.4\times2.0=2.8\text{kN/m}^2$

内力计算必须考虑无覆土和有覆土两种荷载组合。

无覆土时，池顶荷载仅考虑上列第一项，为恒载：$g_{sl,2}=4.93\text{kN/m}^2$

有覆土时，应为上列各项之和，包括恒载与活荷载：

$$g_{sl,2}+q_{sl,2}=(4.93+15.12)+2.80=22.85\text{kN/m}^2$$

2）池底均布荷载设计值：

池顶无覆土时，池底均布荷载为：

$$g_{sl,1}=4.93+\frac{528.52\times1.2+28.95\times1.2}{\frac{\pi}{4}(9.0+2\times0.18)^2}=14.66\text{kN/m}^2$$

池顶有覆土时，池底均布荷载应考虑池顶活荷载及覆土重使地基土壤产生反力，池底均布荷载为：

$$g_{sl,1}+q_{sl,1}=(4.93+15.12+9.73)+2.8=32.58 \text{kN/m}^2$$

3）池壁水压力及土压力设计值：

池底处最大水压力设计值为：

$$p_w=1.2\gamma_w H_w=1.2\times10\times3.5=42 \text{kN/m}^2$$

池壁顶端土压力设计值为：

$$p_{cp,2}=-1.2\gamma_s(h_s+h_2)\tan^2\left(45°-\frac{\theta}{2}\right)=-1.2\times18\times(0.7+0.15)\tan^2\left(45°-\frac{30°}{2}\right)$$
$$=-6.12 \text{kN/m}^2$$

底端土压力设计值为：

$$p_{cp,1}=-1.2\left[\gamma_s(h_s+h_2+H_n-H'_w)+\gamma'_w\times H'_w\right]\tan^2\left(45°-\frac{\theta}{2}\right)$$
$$=-1.2\times\left[18\times(0.7+0.15+3.5-1.8)+10\times1.8\right]\times0.333$$
$$=-25.54 \text{kN/m}^2$$

地面活荷载引起的池壁附加侧压力沿池壁高度为一常数，其值为：

$$p_q=-1.4q_k\tan^2\left(45°-\frac{\theta}{2}\right)=-1.4\times2.0\times0.333=-0.93 \text{kN/m}^2$$

地下水压力按三角形分布，池壁底端处的地下水压力设计值为：

$$p'_w=-1.2\gamma_w H'_w=-1.2\times10\times1.8=-21.6 \text{kN/m}^2$$

故池顶外侧的压力为：

$$p_2=p_q+p_{ep,2}=-0.93-6.12=-7.05 \text{kN/m}^2$$

池底外侧的压力为：

$$p_1=p_q+p_{ep,1}+p'_w=-0.93-25.54-21.6=-48.07 \text{kN/m}^2$$

（3）顶板、底板及池壁的固端弯矩设计值

1）顶板固端弯矩：

由《给水排水工程结构设计手册》表 1.2.3-105 查得：当 $\beta=\dfrac{c_t}{d}=\dfrac{1.12}{9.18}=0.122$，$\rho=\dfrac{x}{r}=$ 1.0 时，顶板固端弯矩系数为 -0.0519。

当无覆土时，顶板固端弯矩为：

$$\overline{M}_{sl,2}=-0.0519\times g_{sl,2}\times r^2=-0.0519\times4.93\times4.59^2=-5.39 \text{kN·m/m}$$

当有覆土时的固端弯距为：

$$\overline{M}_{sl,2}=-0.0519\times(g_{sl,2}+q_{sl,2})\times r^2=-0.0519\times22.85\times4.59^2=-24.98 \text{kN·m/m}$$

2）底板固端弯矩：

由《给水排水工程结构设计手册》表 1.2.3-105 查得：当 $\beta=\dfrac{c_b}{d}=\dfrac{1.26}{9.18}=0.137$，$\rho=\dfrac{x}{r}=$ 1.0 时，顶板固端弯矩系数为 -0.0502。

当无覆土时，底板固端弯矩为：

$$\overline{M}_{sl,1}=-0.0502\times g_{sl,1}\times r^2=-0.0502\times14.66\times4.59^2=-15.51 \text{kN·m/m}$$

当有覆土时，底板固端弯矩为：

$$\overline{M}_{sl,1} = -0.0502 \times (g_{sl,1} + q_{sl,1}) \times r^2 = -0.0502 \times 32.58 \times 4.59^2 = -34.46 \text{kN} \cdot \text{m/m}$$

3）池壁固端弯矩：

池壁特征系数为：$\dfrac{H^2}{dh} = \dfrac{3.65^2}{9.18 \times 0.18} = 8.063 \approx 8.0$

当池内满水，池外无土时，池壁固端可利用《给水排水工程结构设计手册》中表1.2.4-3进行计算。即底端（$x = 1.0H$）

$$\overline{M}_1 = -0.0149 p_w H^2 = -0.0149 \times 42 \times 3.65^2 = -8.34 \text{kN} \cdot \text{m/m（壁内受拉）}$$

顶端（$x = 0.0H$）

$$\overline{M}_2 = -0.0038 p_w H^2 = -0.0038 \times 42 \times 3.65^2 = -2.13 \text{kN} \cdot \text{m/m（壁内受拉）}$$

当池内无水，池外有土时，将梯形分布的外侧压力分解为两部分，一部分为三角形荷载，一部分为矩形荷载，然后利用《给水排水工程结构设计手册》表1.2.4-3和表1.2.4-14，用叠加法进行计算池壁固端弯矩。即底端（$x = 1.0H$）

$$\begin{aligned}
\overline{M}_1 &= -0.0149(p_1 - p_2)H^2 - 0.0186 p_2 H^2 \\
&= -0.0149 \times (-48.07 + 7.05) \times 3.65^2 + 0.0186 \times 7.05 \times 3.65^2 \\
&= 9.89 \text{kN} \cdot \text{m/m（壁外受拉）}
\end{aligned}$$

顶端（$x = 0.0H$）

$$\begin{aligned}
\overline{M}_2 &= -0.0038(p_1 - p_2)H^2 - 0.0186 p_2 H^2 \\
&= -0.0038 \times (-48.07 + 7.05) \times 3.65^2 + 0.0186 \times 7.05 \times 3.65^2 \\
&= 3.82 \text{kN} \cdot \text{m/m（壁外受拉）}
\end{aligned}$$

将上述两种荷载组合的固端弯矩叠加，即可得到池内满水、池外有土时的固端弯矩。

底端　$\overline{M}_1 = -8.34 + 9.89 = 1.55 \text{kN} \cdot \text{m/m（壁外受拉）}$

　　　$\overline{M}_2 = -2.13 + 3.82 = 1.69 \text{kN} \cdot \text{m/m（壁外受拉）}$

（4）顶板、底板及池壁的弹性固定边界力矩

池壁特征系数 $\dfrac{H^2}{dh} = \dfrac{3.65^2}{9.18 \times 0.18} = 8.063 \approx 8.0$，故属于长壁圆水池范畴，计算边界弯矩时，可忽略两边边界力的互相影响，边界弯矩用式（10-12）计算确定。

各构件的边缘弯矩抗弯刚度为

底板　$K_{sL,1} = k_{sl,1} \dfrac{E h_1^3}{r} = 0.327 \times \dfrac{E \times 0.15^3}{4.59} = 2.40 E \times 10^{-4}$

顶板　$K_{sL,2} = k_{sl,2} \dfrac{E h_2^3}{r} = 0.320 \times \dfrac{E \times 0.15^3}{4.59} = 2.35 E \times 10^{-4}$

式中，系数 $k_{sl,1}$，$k_{sl,2}$ 分别由 $\dfrac{c_b}{d} = 0.137$ 及 $\dfrac{c_t}{d} = 0.122$ 从表10-9查得。

池壁　$K_w = k_{M\beta} \dfrac{E h^3}{H} = 0.8963 \times \dfrac{E \times 0.18^3}{3.65} = 1.432 E \times 10^{-3}$

式中，系数 $k_{M\beta}$ 由 $\dfrac{H^2}{dh} = 8.0$ 从《给水排水工程结构设计手册》表1.2.4-41查得。

1）第一种荷载组合（池内满水、池外无土）时的边界弯矩各构件固端弯矩为：

$\overline{M}_1 = 8.34 \text{kN} \cdot \text{m/m}$ $\qquad$ $\overline{M}_2 = -2.13 \text{kN} \cdot \text{m/m}$

$\overline{M}_{sl,1} = 15.51 \text{kN} \cdot \text{m/m}$ $\qquad$ $\overline{M}_{sl,2} = -5.39 \text{kN} \cdot \text{m/m}$

注意上列弯矩符号已按力矩分配法的规则作了调整，即以使节点反时针转动为正。于是各构件的弹性固定边界弯矩可计算如下。

底端 $\quad M_1 = \overline{M}_1 - (\overline{M}_1 + \overline{M}_{sl,1}) \times \dfrac{K_w}{K_w + K_{sl,1}}$

$$= 8.34 - (8.34 + 15.51) \times \frac{1.432E \times 10^{-3}}{1.432E \times 10^{-3} + 2.40E \times 10^{-4}}$$

$$= -12.13 \text{kN} \cdot \text{m/m} \text{（壁外受拉）}$$

$\quad M_{sl,1} = \overline{M}_{sl,1} - (\overline{M}_{sl,1} + \overline{M}_1) \times \dfrac{K_{sl,1}}{K_w + K_{sl,1}}$

$$= 15.51 - (15.51 + 8.34) \times \frac{2.40E \times 10^{-4}}{1.432E \times 10^{-3} + 2.40E \times 10^{-4}}$$

$$= 12.13 \text{kN} \cdot \text{m/m} \text{（板外受拉）}$$

顶端 $\quad M_2 = \overline{M}_2 - (\overline{M}_2 + \overline{M}_{sl,2}) \times \dfrac{K_w}{K_w + K_{sl,2}}$

$$= -2.13 - (-2.13 - 5.39) \times \frac{1.432E \times 10^{-3}}{1.432E \times 10^{-3} + 2.35E \times 10^{-4}}$$

$$= +4.33 \text{kN} \cdot \text{m/m} \text{（壁外受拉）}$$

$\quad M_{sl,2} = \overline{M}_{sl,2} - (\overline{M}_{sl,2} + \overline{M}_2) \times \dfrac{K_{sl,2}}{K_w + K_{sl,2}}$

$$= -5.39 - (-5.39 - 2.13) \times \frac{2.35E \times 10^{-4}}{1.432E \times 10^{-3} + 2.35E \times 10^{-4}}$$

$$= -4.33 \text{kN} \cdot \text{m/m} \text{（板外受拉）}$$

2）第二种荷载组合（池内无水、池外有土）时的边界弯矩此时各构件的固端弯矩为：

$\overline{M}_1 = -9.89 \text{kN} \cdot \text{m/m}$ $\qquad$ $\overline{M}_2 = 3.82 \text{kN} \cdot \text{m/m}$

$\overline{M}_{sl,1} = 34.46 \text{kN} \cdot \text{m/m}$ $\qquad$ $\overline{M}_{sl,2} = -24.98 \text{kN} \cdot \text{m/m}$

计算得到各构件的弹性固定边界弯矩如下（计算过程从略）

底端 $\quad M_1 = -30.85 \text{kN} \cdot \text{m/m}$（壁外受拉）

$\qquad M_{sl,1} = +30.85 \text{kN} \cdot \text{m/m}$（板外受拉）

顶端 $\quad M_2 = +23.00 \text{kN} \cdot \text{m/m}$（壁外受拉）

$\qquad M_{sl,2} = -23.00 \text{kN} \cdot \text{m/m}$（板外受拉）

3）第三种荷载组合（池内有水、池外有土）时的边界弯矩此时各构件的固端弯矩为：

$\overline{M}_1 = -1.55 \text{kN} \cdot \text{m/m}$ $\qquad$ $\overline{M}_2 = 1.69 \text{kN} \cdot \text{m/m}$

$\overline{M}_{sl,1} = 34.46 \text{kN} \cdot \text{m/m}$ $\qquad$ $\overline{M}_{sl,2} = -24.98 \text{kN} \cdot \text{m/m}$

计算得到各构件的弹性固定边界弯矩如下（计算过程从略）

底端 $\quad M_1 = -30.52 \text{kN} \cdot \text{m/m}$（壁外受拉）

$\qquad M_{sl,1} = 30.52 \text{kN} \cdot \text{m/m}$（板外受拉）

顶端 $\quad M_2 = +21.70 \text{kN} \cdot \text{m/m}$（壁外受拉）

$\qquad M_{sl,2} = -21.70 \text{kN} \cdot \text{m/m}$（板外受拉）

（5）顶盖结构内力计算

1）顶板弯矩。从以上计算结果可以看出，使顶板产生最大跨中正弯矩的应是第三种荷载组合，而使顶板产生最大边缘负弯矩的应是第二种荷载组合。但是，这两种不同荷载组合下的边界弯矩接近相等，故为了简化计算，均以第二种荷载组合进行计算。

此时，顶板可取如图 10-12 所示。顶板弯矩利用《给水排水工程结构设计手册》中表 1.2.3-105 以叠加法求得。径向弯矩和切向弯矩的设计值分别见表 10-10 和表 10-11，径向弯矩和切向弯矩的分布如图 10-13 所示。

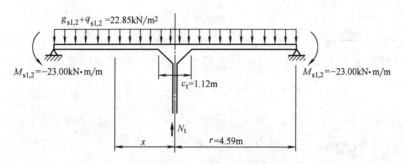

图 10-12　顶板计算简图

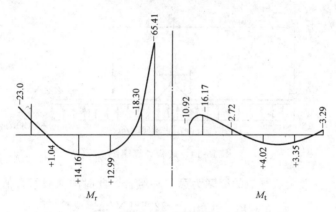

图 10-13　顶板弯矩

2）顶板传给中心支柱的轴压力。可以利用表 10-9 的系数和表 10-10 按下式计算。

$$N_t = 1.42(g_{s1,2}+q_{s1,2})r^2 + 8.94M_{s1,2} = 1.42 \times 481.41 + 8.94 \times (-23.00) = 477.98\text{kN}$$

顶板的径向弯矩 M_r　　　　　　　　　　　　　　　　　　表 10-10

计算截面 $\xi = \dfrac{x}{r}$	$g_{s1,2}+q_{s1,2}$ 作用下的 $M_r/(\text{kN}\cdot\text{m/m})$		$M_{s1,2}$ 作用下的 $M_r/(\text{kN}\cdot\text{m/m})$		$M_r/(\text{kN}\cdot\text{m/m})$	$M_r \times 2\pi x/(\text{kN}\cdot\text{m})$
	$\overline{K}_r$	$\overline{K}(g_{s1,2}+q_{s1,2})r^2$	$\overline{K}_r$	$\overline{K}_r M_{s1,2}$	⑤＝②＋④	⑤×2πx
	①	②	③	④		
0.122	-0.2224	-107.06	-1.8107	$+41.65$	-65.41	-230.02
0.20	-0.0729	-35.09	-0.7300	$+16.79$	-18.30	-105.50
0.40	$+0.0341$	$+16.42$	$+0.1491$	-3.43	$+12.99$	$+149.78$
0.60	$+0.0554$	$+26.67$	$+0.5439$	-12.51	$+14.16$	$+244.90$
0.80	$+0.0406$	$+19.54$	$+0.8042$	-18.50	$+1.04$	$+23.98$
1.00	0	0	$+1.0000$	-23.00	-23.00	-662.98

注：$(g_{s1,2}+q_{s1,2})r^2 = 22.85 \times 4.59^2 = 481.41\text{kN}\cdot\text{m/m}$，$M_{s1,2} = -23.00\text{kN}\cdot\text{m/m}$。

计算截面 $\xi=\dfrac{x}{r}$	$g_{s1,2}+q_{s1,2}$ 作用下的 $M_t/(kN \cdot m/m)$		$M_{s1,2}$ 作用下的 $M_t/(kN \cdot m/m)$		$M_t/(kN \cdot m/m)$
	$\overline{K}_t$	$\overline{K}_t(g_{s1,2}+q_{s1,2})r^2$	$\overline{K}_t$	$\overline{K}_t M_{s1,2}$	
	①	②	③	④	②+④
0.122	−0.0371	−17.86	−0.3018	+6.94	−10.92
0.20	−0.0590	−28.4	−0.5318	+12.23	−15.17
0.40	−0.0176	−8.47	−0.2500	+5.75	−2.72
0.60	+0.0100	+4.81	+0.0343	−0.79	+4.02
0.80	+0.0192	+9.24	+0.2558	−5.88	+3.36
1.00	+0.0139	+6.69	+0.4337	−9.98	−3.29

3）顶板周边剪力。沿顶板周边单位弧长上的剪力可按下式计算。

$$V_{s1,2}=\left[(g_{s1,2}+q_{s1,2})\times\frac{\pi d_n^2}{4}-N_t\right]\Big/(\pi d_n)=\left[22.85\times\frac{\pi\times9.0^2}{4}-477.98\right]\Big/(\pi\times9.0)$$
$$=34.50kN/m$$

（6）底板内力计算

1）底板弯矩。底板的计算简图如图 10-14 所示。

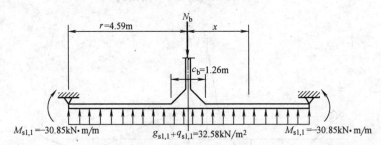

图 10-14 底板计算简图

使底板周边产生最大负弯矩的荷载为第二种组合，此时的荷载组合值为：

$$g_{s1,1}+q_{s1,1}=32.58kN/m^2$$
$$M_{s1,1}=-30.85kN \cdot m/m（板外受拉）$$

使底板跨间产生最大正弯矩的荷载组合为第三种组合，这时的荷载组合值为：

$$g_{s1,1}+q_{s1,1}=32.58kN/m^2$$
$$M_{s1,1}=30.52kN \cdot m/m（板外受拉）$$

但两种组合仅 $M_{s1,1}$ 有微小的差别（相对差不超过 5%），故底板内力均按第二种组合计算。弯矩图见图 10-15。底板的径向弯矩和切向弯矩设计值分别见表 10-12 和表 10-13。

2）底板周边剪力。公式为：

$$V_{s1,2}=\left[(g_{s1,1}+q_{s1,1})\times\frac{\pi d_n^2}{4}-N_b\right]\Big/(\pi d_n)$$

式中 N_b 为中心支柱底端对底板的压力，可按公式计算：

$$N_b=N_t+柱自重设计值=477.98+1.2\times28.95=512.72kN$$

于是 $V_{s1,1}=\left[32.58\times\frac{\pi\times9.0^2}{4}-512.72\right]\Big/(\pi\times9.0)=55.16kN/m$

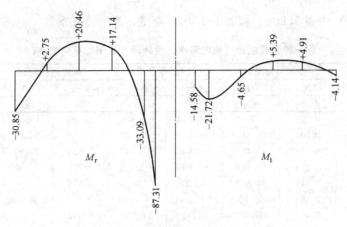

图 10-15　底板弯矩图

底板的径向弯矩 M_r　　　　　　　　　　　　　　表 10-12

计算截面 $\xi=\dfrac{x}{r}$	$g_{s1,1}+q_{s1,1}$ 作用下的 M_r/(kN·m/m)		$M_{s1,1}$ 作用下的 M_r/(kN·m/m)		M_r/(kN·m/m)	$M_r\times2\pi x$/(kN·m)
	$\overline{K}_r$	$\overline{K}_r(g_{s1,1}+q_{s1,1})r^2$	$\overline{K}_r$	$\overline{K}_rM_{s1,1}$		
	①	②	③	④	⑤=②+④	⑤×2πx
0.137	−0.2037	−139.81	−1.7019	+52.50	−87.31	−344.79
0.20	−0.0858	−58.89	−0.8364	+25.80	−33.09	−190.77
0.40	+0.0302	+20.72	+0.1161	−3.58	+17.14	+197.62
0.60	+0.0536	+36.79	+0.5293	−16.33	+20.46	+353.86
0.80	+0.0399	+27.38	+0.7985	−24.63	+2.75	+63.42
1.00	0	0	+1.0000	−30.85	−30.85	−889.26

注：$(g_{s1,1}+q_{s1,1})r^2=32.58\times4.59^2=686.40\text{kN·m/m}$，$M_{s1,1}=-30.85\text{kN·m/m}$。

底板的切向弯矩 M_t　　　　　　　　　　　　　　表 10-13

计算截面 $\xi=\dfrac{x}{r}$	$g_{s1,1}+q_{s1,1}$ 作用下的 M_t/(kN·m/m)		$M_{s1,1}$ 作用下的 M_t/(kN·m/m)		M_t/(kN·m/m)
	$\overline{K}_t$	$\overline{K}_t(g_{s1,1}+q_{s1,1})r^2$	$\overline{K}_t$	$\overline{K}_tM_{s1,1}$	
	①	②	③	④	②+④
0.137	−0.0340	−23.33	−0.2836	+8.75	−14.58
0.20	−0.0535	−36.72	−0.4862	+15.00	−21.72
0.40	−0.0182	−12.49	−0.2541	+7.84	−4.65
0.60	+0.0090	+6.18	+0.0257	−0.79	+5.39
0.80	+0.0183	+12.56	+0.2481	−7.65	+4.91
1.00	+0.0132	+9.06	+0.4280	−13.20	−4.14

（7）池壁内力计算

① 第一种荷载组合（池内满水、池外无土）。根据图 10-7 所示的原则进行计算。池壁承受的荷载设计值为：

底端最大水压力　　$p_w=42\text{kN/m}^2$

底端边界弯矩　　　$M_1=12.13\text{kN·m/m}$（壁外受拉）

顶端边界弯矩　　　$M_2=4.33\text{kN·m/m}$（壁外受拉）

池壁环向力的计算见表 10-14，其中系数由《给水排水工程结构设计手册》中表 1.2.4-6 和表 1.2.4-35 查得，池壁竖向弯矩的计算见表 10-15。其中系数由《给水排水工程结构设计手册》中表 1.2.4-5 和表 1.2.4-34 查得。池壁特征系数 $\dfrac{H^2}{dh}=8.0$。

第一种荷载组合（池内满水、池外无土）下的环向力 N_θ　　　　　　表 10-14

$\dfrac{x}{H}$	$\dfrac{x}{m}$	水压力作用		底端 M_1 作用		顶端 M_2 作用		$N_\theta/(\text{kN/m})$
		kN_θ	$kN_\theta p_w r$	kN_θ	$kN_\theta M_1/h$	kN_θ	$kN_\theta M_2/h$	
		①	②	③	④	⑤	⑥	②+④+⑥
0.0	0.00	0.000	0	−0.014	−0.943	0.000	0	−0.943
0.1	0.365	0.103	19.856	−0.033	−2.224	1.011	24.325	41.957
0.2	0.730	0.210	40.484	−0.047	−3.167	1.039	24.998	62.315
0.3	1.095	0.323	62.268	−0.045	−3.033	0.712	17.131	76.366
0.4	1.460	0.444	85.594	0.000	0	0.366	8.806	94.400
0.5	1.825	0.563	108.535	0.126	8.491	0.126	3.032	120.058
0.6	2.190	0.661	127.428	0.366	24.665	0.000	0	152.093
0.7	2.555	0.699	134.753	0.712	47.982	−0.045	−1.083	181.652
0.8	2.920	0.624	120.295	1.039	70.018	−0.047	−1.131	189.182
0.9	3.285	0.386	74.413	1.011	68.131	−0.033	−0.794	141.750
1.0	3.650	0.000	0	0.000	0	−0.014	−0.337	−0.337

注：1. x 从顶端算起。

　　2. 表中 $p_w r=42\times4.59=192.78\text{kN/m}$；$\dfrac{M_1}{h}=\dfrac{12.13}{0.18}=67.39\text{kN/m}$；$\dfrac{M_2}{h}=\dfrac{4.33}{0.18}=24.06\text{kN/m}$。

第一种荷载组合（池内满水、池外无土）下的竖弯矩 M_x　　　　　　表 10-15

$\dfrac{x}{H}$	$\dfrac{x}{m}$	水压力作用		底端 M_1 作用		顶端 M_2 作用		$M_x/(\text{kN}\cdot\text{m/m})$
		kM_x	$kM_x p_w H^2$	kM_x	$kM_x M_1$	kM_x	$kM_x M_2$	
		①	②	③	④	⑤	⑥	②+④+⑥
0.0	0.00	0	0	0	0	1.000	4.330	4.330
0.1	0.365	−0.0001	−0.056	0.002	0.024	0.514	2.226	2.194
0.2	0.730	−0.0002	−0.112	−0.008	−0.097	0.176	0.762	0.553
0.3	1.095	−0.0002	−0.112	−0.023	−0.279	0.001	0.004	−0.387
0.4	1.460			−0.043	−0.522	−0.061	−0.264	−0.786
0.5	1.825	0.0007	0.392	−0.063	−0.764	−0.063	−0.273	−0.645
0.6	2.190	0.0020	1.120	−0.061	−0.740	−0.043	−0.186	0.194
0.7	2.555	0.0038	2.126	0.001	0.012	−0.023	−0.100	2.038
0.8	2.920	0.0056	3.133	0.176	2.135	−0.008	−0.035	5.233
0.9	3.285	0.0054	3.022	0.514	6.235	0.002	0.008	9.265
1.0	3.650	0	0	1.000	12.130	0	0	12.130

注：1. x 从顶端算起。

　　2. 表中 $p_w H^2=42\times3.65^2=559.55\text{kN}\cdot\text{m/m}$；$M_1=12.13\text{kN/m}$；$M_2=4.33\text{kN}\cdot\text{m/m}$。

池壁两端剪力计算如下：

底端　$V_1=-0.096p_w H+5.227\dfrac{M_1}{H}$

　　　　　$=-0.096\times42\times3.65+5.227\times\dfrac{12.13}{3.65}=2.65\text{kN/m}$（向外）

　　　$V_2=0.001p_w H+5.227\dfrac{M_2}{H}=0.001\times42\times3.65+5.227\dfrac{4.33}{3.65}$

　　　　　$=6.35\text{kN/m}$（向外）

以上剪力计算公式及剪力系数，见《给水排水工程结构设计手册》中系数表 1.2.4-6 和表 1.2.4-35。

② 第二种荷载组合（池内无水、池外有土）。这时池壁承受的荷载为：

土压力（图 10-8）　　　　$p_1 = -48.07\text{kN/m}^2$

　　　　　　　　　　　　$p_2 = -7.05\text{kN/m}^2$

底端边界弯矩　　　$M_1 = 30.85\text{kN·m/m}$（壁外受拉）

　　　　　　　　　$M_2 = 23.00\text{kN·m/m}$（壁外受拉）

根据《给水排水工程结构设计手册》中表 1.2.4 的荷载条件，必须将梯形分布荷载分解成两部分（图 10-16），其中三角形部分的底端最大值为：

$$q = p_1 - p_2 = -48.07 - (-7.05) = -41.02\text{kN/m}^2$$

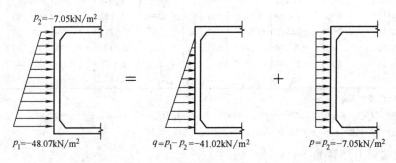

图 10-16　梯形分布荷载的分解

矩形部分为：$p_1 = p_2 = -7.05\text{kN/m}^2$

这种荷载组合下的环向力计算见表 10-16，竖向弯矩计算见表 10-17。表中矩形荷载作用下的环向力系数 $k_{N\theta}$ 和竖向弯矩系数 k_{Mx}，分别由《给水排水工程结构设计手册》中系数表 1.2.4-17 和 1.2.4-16 查得。

第二种荷载组合（池内无水、池外有土）下的环向力 N_θ　　　表 10-16

$\dfrac{x}{H}$	$\dfrac{x}{m}$	三角形荷载作用		矩形荷载作用		底端 M_1 作用		顶端 M_2 作用		$N_\theta/(\text{kN/m})$
		kN_θ	$kN_\theta qr$	kN_θ	$kN_\theta pr$	kN_θ	$kN_\theta M/h$	kN_θ	$kN_\theta M/h$	
		①	②	③	④	⑤	⑥	⑦	⑧	②+④+⑥+⑧
0.0	0.00	0.000	0	0	0	−0.014	−2.40	0.000	0	−2.40
0.1	0.365	0.103	−19.39	0.489	−15.82	−0.033	−5.66	1.011	129.28	88.41
0.2	0.730	0.210	−39.54	0.833	−26.96	−0.047	−8.06	1.039	132.76	58.2
0.3	1.095	0.323	−60.81	1.023	−33.10	−0.045	−7.71	0.712	90.98	−10.64
0.4	1.460	0.444	−83.60	1.105	−35.76	0.000	0	0.366	46.77	−72.59
0.5	1.825	0.563	−106.00	1.127	−36.47	0.126	21.60	0.126	16.10	−104.77
0.6	2.190	0.661	−124.45	1.105	−35.76	0.366	62.73	0.000	0	−97.48
0.7	2.555	0.699	−131.61	1.023	−33.10	0.712	122.03	−0.045	−5.75	−48.43
0.8	2.920	0.624	−117.49	0.833	−26.96	1.039	178.07	−0.047	−6.01	+28.05
0.9	3.285	0.386	−72.68	0.489	−15.82	1.011	173.28	−0.033	−4.22	+80.56
1.0	3.650	0.000	0	0.000	0	0.000	0	−0.014	−1.79	−1.79

注：1. x 从顶端算起。

　　2. 表中 $qr = -41.02 \times 4.59 = -188.28\text{kN/m}$；$pr = -7.05 \times 4.59 = -32.36\text{kN/m}$；

$$\frac{M_1}{h} = \frac{30.85}{0.18} = 171.39\text{kN/m}; \quad \frac{M_2}{h} = \frac{23.00}{0.18} = 127.78\text{kN/m}。$$

矩形荷载作用下的剪力系数由《给水排水工程结构设计手册》中系数表 1.2.4-17 查得。

$\dfrac{x}{H}$	$\dfrac{x}{m}$	三角形荷载作用		矩形荷载作用		底端 M_1 作用		顶端 M_2 作用		$M_x/(\mathrm{kN \cdot m/m})$
		kM_x	$kM_x qH^2$	kM_x	$kM_x pH^2$	kM_x	$K_{M_x}M_1$	kM_x	$K_{M_x}M_2$	
		①	②	③	④	⑤	⑥	⑦	⑧	②+④+⑥+⑧
0.0	0.00	0	0	0	0	0	0	1.000	23.00	23.00
0.1	0.365	−0.0001	0.055	0.0053	−0.498	0.002	0.062	0.514	11.822	11.441
0.2	0.730	−0.0002	0.109	0.0053	−0.498	−0.008	−0.247	0.176	4.048	3.412
0.3	1.095	−0.0002	0.109	0.0036	−0.338	−0.023	−0.710	0.001	0.023	−0.916
0.4	1.460	0	0	0.0020	−0.188	−0.043	−1.326	−0.061	−1.403	−2.917
0.5	1.825	0.0007	−0.383	0.0013	−0.122	−0.063	−1.943	−0.063	−1.449	−3.897
0.6	2.190	0.0020	−1.093	0.0020	−0.188	−0.061	−1.882	−0.043	−0.989	−4.152
0.7	2.555	0.0038	−2.077	0.0036	−0.338	0.001	0.031	−0.023	−0.529	−2.913
0.8	2.920	0.0056	−3.060	0.0053	−0.498	0.176	5.430	−0.008	−0.184	1.688
0.9	3.285	0.0054	−2.951	0.0053	−0.498	0.514	15.875	0.002	0.046	12.454
1.0	3.650			0.0053	−0.498	1.000	30.85	0.000	0	30.850

注：1. x 从顶端算起。

2. 表中 $qH^2 = -41.02 \times 3.65^2 = -546.49 \mathrm{kN \cdot m/m}$；$pH^2 = -7.05 \times 3.65^2 = -93.92 \mathrm{kN \cdot m/m}$；$M_1 = 30.85 \mathrm{kN \cdot m/m}$；$M_2 = 23.00 \mathrm{kN \cdot m/m}$。

池壁两端剪力计算如下：

底端 $V_1 = 0.096qH + 0.094pH + 5.227\dfrac{M_1}{H}$

$$= 0.096 \times 41.02 \times 3.65 + 0.094 \times 7.05 \times 3.65 + 5.227 \times \frac{30.85}{3.65}$$

$$= 60.97 \mathrm{kN/m}（向外）$$

顶端 $V_2 = 0.001qH + 0.094pH + 5.227\dfrac{M_2}{H}$

$$= 0.001 \times 41.02 \times 3.65 + 0.094 \times 7.05 \times 3.65 + 5.227 \times \frac{23.00}{3.65}$$

$$= 35.51 \mathrm{kN/m}（向外）$$

③ 第三种荷载组合（池内满水、池外有土）。这时池壁同时承受水压力和土压力，其两端边界弯矩为：

$$M_1 = 30.52 \mathrm{kN \cdot m/m}（壁外受拉）$$
$$M_2 = 21.70 \mathrm{kN \cdot m/m}（壁外受拉）$$

利用图 10-17 所示的叠加原理计算荷载组合的内力时，水压力和土压力同时作用所引起是那部分内力可以利用前两种组合的计算结果，边界弯矩所引起的那部分内力则必须另行计算。

池壁环向力和竖向弯矩的计算分别见表 10-18 和表 10-19。

池壁两端剪力计算如下。

底端 $V_1 = -0.096(p_w + q)H + 0.094pH + 5.227\dfrac{M_1}{H}$

$$= -0.096 \times (42.0 - 41.02) \times 3.65 + 0.094 \times 7.05 \times 3.65 + 5.227 \times \frac{30.52}{3.65}$$

$$= 45.78 \mathrm{kN/m}（向外）$$

$\dfrac{x}{H}$	$\dfrac{x}{m}$	水压力作用	土压力作用		底端 M_1 作用		顶端 M_2 作用		$N_\theta/(\text{kN/m})$
			三角形荷载	矩形荷载	kN_θ	$kN_\theta\dfrac{M_1}{h}$	kN_θ	$kN_\theta\dfrac{M_2}{h}$	
		①	②	③	④	⑤	⑥	⑦	①+②+③+⑤+⑦
0.0	0.00	0	0	0	−0.014	−2.37	0	0	−2.370
0.1	0.365	19.856	−19.39	−15.82	−0.033	−5.60	1.011	121.89	100.936
0.2	0.730	40.484	−39.54	−26.96	−0.047	−7.97	1.039	125.26	91.274
0.3	1.095	62.268	−60.81	−33.10	−0.045	−7.63	0.712	85.84	46.568
0.4	1.460	85.594	−83.60	−35.76	0	0	0.366	44.12	10.354
0.5	1.825	108.535	−106.00	−36.47	0.126	21.37	0.126	15.19	2.625
0.6	2.190	127.428	−124.45	−35.76	0.366	62.06	0	0	29.278
0.7	2.555	134.753	−131.61	−33.10	0.712	120.73	−0.045	−5.43	85.343
0.8	2.920	120.295	−117.49	−26.96	1.039	176.17	−0.047	−5.67	146.345
0.9	3.285	74.413	−72.68	−15.82	1.011	171.43	−0.033	−3.98	153.363
1.0	3.650	0	0	0	0	0	−0.014	−1.69	−1.690

注：1. x 从顶端算起。

2. 表中 $\dfrac{M_1}{h}=\dfrac{30.52}{0.18}=169.56\text{kN/m}$；$\dfrac{M_2}{h}=\dfrac{21.70}{0.18}=120.56\text{kN/m}$。

$\dfrac{x}{H}$	$\dfrac{x}{m}$	水压力作用	土压力作用		底端 M_1 作用		顶端 M_2 作用		$M_x/(\text{kN}\cdot\text{m/m})$
			三角形荷载	矩形荷载	k_{Mx}	$k_{Mx}M_1$	k_{Mx}	$k_{Mx}M_2$	
		①	②	③	④	⑤	⑥	⑦	①+②+③+⑤+⑦
0.0	0.00	0	0	0	0	0	1.000	21.700	21.700
0.1	0.365	−0.056	0.055	−0.498	−0.002	−0.061	0.514	11.154	10.594
0.2	0.730	−0.112	0.109	−0.498	−0.008	−0.244	0.176	3.819	3.522
0.3	1.095	−0.112	0.109	−0.338	−0.023	−0.702	0.001	0.022	−1.021
0.4	1.460	0	0	−0.188	−0.043	−1.312	−0.061	−1.324	−2.824
0.5	1.825	0.392	−0.383	0.122	−0.063	−1.923	−0.063	−1.367	−3.162
0.6	2.190	1.120	−1.093	−0.188	−0.061	−1.862	−0.043	−0.933	−2.956
0.7	2.555	2.126	−2.077	−0.338	0.001	0.030	−0.023	−0.499	−0.758
0.8	2.920	3.133	−3.060	−0.498	0.176	5.372	−0.008	−0.174	4.773
0.9	3.285	3.022	−2.951	−0.498	0.514	15.687	0.002	0.043	15.303
1.0	3.650	0	0	0	1.000	30.520	0	0	30.520

注：1. x 从顶端算起。

2. 表中 $M_1=30.52\text{kN}\cdot\text{m/m}$；$M_2=21.70\text{kN}\cdot\text{m/m}$。

顶端 $V_2=0.001(p_w+q)H+0.094pH+5.227\dfrac{M_{21}}{H}$

$$=0.001\times(42.0-41.02)\times3.65+0.094\times7.05\times3.65+5.227\times\dfrac{21.70}{3.65}$$

$$=33.50\text{kN/m}（向外）$$

④ 池壁最不利内力的确定——内力叠合图的绘制。根据以上计算结果所绘制的环向力和竖向弯矩叠合图，如图 10-17 所示。叠合图的外包线即最不利内力图，由图中可以看出，环向拉力由第一、三种荷载组合控制，竖向弯矩主要由第二种荷载组合控制。

剪力只需选择绝对值最大者作为计算依据。比较前面的计算结果，可知最大剪力产生于第二种荷载组合下的底端，即 $V_{max}=60.97\text{kN/m}$。

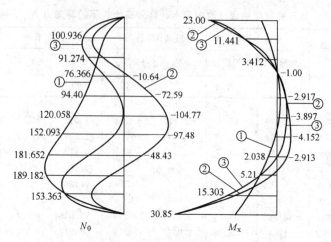

图 10-17　池壁内力叠合图
①第一种荷载组合②第二种荷载组合③第三种荷载组合

4. 截面设计

（1）顶盖结构

① 顶板钢筋计算。采用径向钢筋和环向钢筋来抵抗两个方向的弯矩，为了便于排列，径向钢筋按计算点处整个圆周上所需的钢筋截面面积来计算。

取钢筋净保护层为 25mm。径向钢筋置于环向钢筋的外侧，则径向钢筋的 a_s 取 30mm，在顶板边缘及跨间，截面有效高度均为 $h_0 = 150 - 30 = 120mm$；在中心支柱柱帽周边处，板厚应包括柱帽顶板厚在内，则 $h_0 = 230 - 30 = 200mm$。

径向钢筋的计算见表 10-20。

$$a_s = \frac{M_r}{\alpha_1 f_c b h_0^2} = \frac{M_r}{1.0 \times 9.6 \times 1000 h_0^2} = \frac{M_r}{9.6 \times 10^3 h_0^2}$$

$$A_s = \xi b h_0 \frac{\alpha_1 f_c}{f_y} = \xi \times 2\pi x h_0 \frac{1.0 \times 9.6}{210} = 0.287 \xi x h_0$$

A_s 为半径 x 的整个圆周上所需钢筋面积。当混凝土强度等级为 C20 时，板的最小配筋率为 $\rho_{min} = 0.2\%$，故对应的 A_{smin} 为

$$A_s = 0.002 \times 2\pi x h_0 = 0.01256 x h_0$$

径向钢筋计算　　　　　　　　　　　　　　　　　　　　表 10-20

截　　面		M_r /(10^6 N·mm/m)	h_0	$a_s = \frac{M_r}{9.6 \times 10^3 h_0^2}$	ξ	$A_s = 0.287 \times \xi x h_0 /mm^2$	配　筋
x/r	x/(mm)						
0.122	560	−65.41	200	0.170	0.176	5657	30ϕ16，A_s=6033mm²
0.2	918	−18.30	120	0.132	0.143	4521	
0.4	1836	+12.99	120	0.094	0.099	6251	54ϕ12，A_s=6107mm²
0.6	2754	+14.16	120	0.102	0.108	1.225	108ϕ12，A_s=12215mm²
0.8	3672	+1.04	120	0.008	0.008	1012	
1.0	4590	−23.00	120	0.166	0.183	28952	234ϕ12，A_s=26465mm²

因此，当 $\xi \leqslant \frac{0.01256}{0.287} = 0.0437$ 时，应按上式确定钢筋截面面积。

环向钢筋的计算见表 10-21。表中 A_s 为每米宽度内的钢筋截面面积。环向钢筋置于

径向钢筋内侧，取 $a_s = 45mm$，各截面的有效高度 $h_0 = 150 - 45 = 105mm$，因此，有：

$$a_s = \frac{M_t}{\alpha_1 f_c b h_0^2} = \frac{M_t}{1.0 \times 9.6 \times 1000 \times 105^2} = \frac{M_t}{1.058 \times 10^8}$$

$$A_s = \xi b h_0 \frac{\alpha_1 f_c}{f_y} = \xi \times 1000 \times 105 \times \frac{1.0 \times 9.6}{210} = 4800\xi$$

环向钢筋计算　　　　　　　　　　　　　　表 10-21

截 面		$M_t/(10^6 N \cdot mm/m)$	$a_s = \dfrac{M_t}{1.058 \times 10^8}$	ξ	$A_s = 4800\xi/(mm^2/m)$	配 筋
x/r	$x/(mm)$					
0.122	560	−10.92	0.103	0.109	5232 ⎫	$\phi 10@100, A_s = 785mm^2/m$
0.2	918	−15.17	0.153	0.167	800 ⎬	
0.4	1836	−2.72	0.026	0.026	125 ⎭	$\phi 6@180, A_s = 157mm^2/m$
0.6	2754	+4.02	0.038	0.039	186	$\phi 6@160, A_s = 177mm^2/m$
0.8	3672	+3.36	0.032	0.032	155	$\phi 6@160, A_s = 177mm^2/m$
1.0	4590	−3.29	0.031	0.031	151.7	$\phi 6@180, A_s = 157mm^2/m$

根据最小配筋率 $\rho_{min} = 0.2\%$，应满足 $A_s \geqslant 210mm^2$。

② 顶板裂缝宽度验算。

a. 径向弯矩作用下的裂缝宽度验算

$x = 0.122r = 0.56m$ 处，$M_r = -65.41kN \cdot m/m$。全圈配筋 $30\phi16$，相当于每米长内的钢筋截面面积为：

$$A_s = \frac{6033}{2\pi \times 0.56} = 1714.6mm^2/m$$

有效受拉混凝土截面面积为 $A_{te} = 0.5bh = 0.5 \times 1000 \times 230 = 115000mm^2$

按 A_{te} 计算的配筋率为 $\rho_{te} = A_s/A_{te} = 1714.6/115000 = 0.0149$

池顶荷载设计值与标准值的比值为：

$$\gamma = \frac{22.85}{4.11 + 12.6 + 2.0} = 1.221$$

则：用于正常极限状态计算的按荷载效应组合值计算的径向弯矩值 $M_{r,k}$ 可按下式计算：

$$M_{r,k} = \frac{M_r}{\gamma} = \frac{-65.41}{1.221} = -53.57kN \cdot m/m$$

裂缝截面的钢筋拉应力为：$\sigma_{sk} = \dfrac{M_{r,k}}{0.87 h_0 A_S} = \dfrac{53.57 \times 10^6}{0.87 \times 200 \times 1714.6} = 179.6N/mm^2$

钢筋应变不均匀系数为：

$$\varphi = 1.1 - 0.65 \frac{f_{tk}}{\rho_{te}\sigma_{sk}} = 1.1 - 0.65 \times \frac{1.54}{0.0149 \times 179.6} = 0.726$$

裂缝宽度验算如下：

$$\omega_{max} = 2.7\varphi \frac{\sigma_{sk}}{E_s}\left(1.9c + 0.08\frac{d_{eq}}{\rho_{te}}\right)$$

$$= 2.7 \times 0.726 \times \frac{179.6}{2.1 \times 10^5} \left(1.9 \times 25 + 0.08 \frac{16}{0.0149} \right)$$

$$= 0.222\text{mm} < 0.25\text{mm} \text{（满足要求）}$$

$x = 0.4r = 1.836\text{m}$、$x = 1.0r = 4.59\text{m}$ 等截面按经验算，裂缝宽度均未超过允许限值，其计算过程从略。

b. 切向弯矩作用下的裂缝宽度验算。

从表 10-21 可以判断只需验算 $x = 0.2r = 0.918\text{m}$ 处的裂缝宽度，该处 $M_t = -16.17\text{kN} \cdot \text{m/m}$，按荷载效应组合计算的切向弯矩值 $M_{t,k} = \frac{M_t}{\gamma} = \frac{-16.17}{1.221} = -13.24$ $\text{kN} \cdot \text{m/m}$，每米宽度内的钢筋截面面积为 $A_s = 785\text{mm}^2/\text{m}$，$\rho_{te} = \frac{785}{0.5 \times 1000 \times 150} = 0.0105$，则：

$$\rho_{sk} = \frac{M_{t,k}}{0.87h_0 A_s} = \frac{13.24 \times 10^6}{0.87 \times 105 \times 785} = 184.63\text{N/mm}^2$$

$$\varphi = 1.1 - 0.65 \frac{f_{tk}}{\rho_{te}\sigma_{sk}} = 1.1 - 0.65 \times \frac{1.54}{0.0105 \times 184.63} = 0.584$$

$$\omega_{max} = 2.7\varphi \frac{\sigma_{sk}}{E} \left(1.9c + 0.08 \frac{d_{eq}}{\rho_{te}} \right)$$

$$= 2.7 \times 0.584 \times \frac{184.63}{2.1 \times 10^5} \left(1.9 \times 40 + 0.08 \frac{10}{0.0105} \right)$$

$$= 0.066\text{mm} < 0.25\text{mm} \text{（满足要求）}$$

③ 顶板边缘受剪承载力验算。顶板边缘每米弧长内的剪力设计值为 $V_{s1,2} = 34.50\text{kN/m}$，顶板边缘每米弧长内的受剪承载力为：

$$V_u = 0.7f_t bh_0 = 0.7 \times 1.1 \times 1000 \times 120 = 92400\text{N/m} = 92\text{kN/m} > 34.50\text{kN/m}。$$

满足要求。

④ 顶板受冲切承载力验算。顶板在中心支柱的反力作用下，应按图 10-18 所示验算是否可能沿Ⅰ—Ⅰ截面或Ⅱ—Ⅱ截面发生冲切破坏。

a. Ⅰ—Ⅰ截面验算，有中心支柱圆板的受冲切承载力，当未配抗冲切钢筋时，对Ⅰ—Ⅰ截面冲切力计算具体化为：$F_1 = N_t - (g_{s1,2} + q_{s1,2})(a + 2h_{0\text{Ⅰ}})^2$

前面已经算得支柱反力，即支柱顶端所承受轴向力 $N_t = 477.98\text{kN}$，顶板荷载 $(g_{s1,2} + q_{s1,2}) = 22.85\text{kN/m}^2$，而 $a = 1800\text{mm}$，$h_{0\text{Ⅰ}} = 120\text{mm}$，则：

$$F_1 = 477.98 - 22.85 \times (1.8 + 2 \times 0.12)^2 = 382.89\text{kN}$$

Ⅰ—Ⅰ截面的计算周长为：$u_m = 4(a + h_{0\text{Ⅰ}}) = 4 \times (1800 + 120) = 7680\text{mm}$

Ⅰ—Ⅰ截面的受冲切承载力为：$0.7f_t u_m h_{0\text{Ⅰ}} = 0.7 \times 1.1 \times 7680 \times 120 = 709632\text{N}$

$$= 709.6\text{kN} > F_1 = 382.89\text{kN}$$

满足要求。

b. Ⅱ—Ⅱ截面验算。Ⅱ—Ⅱ截面的冲切力为

$$F_1 = N_t - (g_{s1,2} + q_{s1,2})(c + 2h_{0\text{Ⅰ}})^2$$

$$= 477.98 - 22.85 \times (1.12 + 2 \times 0.12)^2 = 435.72\text{kN}$$

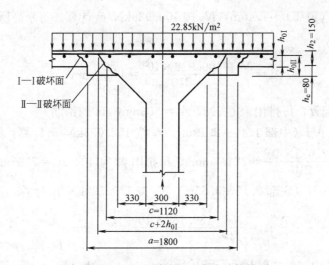

图 10-18　柱帽处受冲切承载力计算简图

计算周长为：$u_m = 4(c - 2h_c + h_{0X}) = 4 \times (1120 - 2 \times 80 + 200) = 4640\text{mm}$

Ⅱ—Ⅱ截面的受冲切承载力为：$0.7f_t u_m h_{0X} = 0.7 \times 1.1 \times 4640 \times 200 = 714560\text{N}$
$$= 714.6\text{kN} > F_1 = 435.72\text{kN}$$

⑤ 中心支柱配筋计算。中心支柱按轴心受压构件计算。轴向压力设计值为

$$N = N_t + 柱重设计值 = 477.98 + 28.95 \times 1.2 = 512.72\text{kN}$$

式中：28.95kN 包括上、下帽顶板及柱帽自重在内的柱重标准值。严格说，柱重不包括下端柱帽及帽顶板的重量，但此项重量在 N 值中所占比率甚微，不扣除偏于安全，故为简化计算，未予扣除。

支柱计算长度近似取为：

$$l_0 = 0.7\left(H - \frac{c_1 + c_b}{2}\right) = 0.7 \times \left(3.5 - \frac{1.12 + 1.26}{2}\right) = 1.62\text{m}$$

柱截面尺寸为 300mm×300mm，则柱长细比为：$\dfrac{l_0}{b} = \dfrac{1620}{300} = 5.4 < 8.0$

可取 $\varphi = 1.0$，则由 $N \leqslant 0.9\varphi(f_c A + f'_y A'_s)$

变形后有　$A'_s = \dfrac{\dfrac{N}{0.9\varphi} - f_c A}{f'_y} = \dfrac{\dfrac{512.72 \times 10^3}{0.9 \times 1.0} - 9.6 \times 300^2}{210} = -1402 < 0$

故按构造配筋，选用 $4\phi14$，$A'_s = 615\text{mm}^2$；配筋率

$$\rho' = \frac{A'_s}{bh} = \frac{615}{300 \times 300} = 0.683\% > 0.6\%，符合要求，箍筋采用 \phi6@180。$$

（2）底板的截面设计和验算

这一部分内容和方法与顶板相同，略。

（3）池壁

① 环向钢筋计算。根据图 10-17 的 N_θ 叠合图，考虑环向钢筋沿池壁高度分三段配置，即：

a. 0~0.4H（顶部0~1.46m）N_θ按100.926kN/m计算。每米高所需的环向钢筋截面面积为：

$$A_s = \frac{N_\theta}{f_y} = \frac{100.926 \times 10^3}{210} = 480.6 \text{mm}^2/\text{m}$$

分内外两排配置，每排用$\phi 8@200$，$A_s = 503 \text{mm}^2/\text{m}$的钢筋。

b. 0.4H~0.6H（中部1.46~2.19m）N_θ按152.093kN/m计算，则

$$A_s = \frac{N_\theta}{f_y} = \frac{152.093 \times 10^3}{210} = 724.3 \text{mm}^2$$，每排用$\phi 8@140$，$A_s = 719 \text{mm}^2/\text{m}$的钢筋。

c. 0.6H~1.0H（底部2.19~3.65m）N_θ按189.182kN/m计算，则

$$A_s = \frac{N_\theta}{f_y} = \frac{189.182 \times 10^3}{210} = 900.9 \text{mm}^2$$

每排用$\phi 8@110$，$A_s = 914 \text{mm}^2/\text{m}$的钢筋。

② 池壁厚度验算。池壁的环向抗裂验算属于正常使用极限状态验算，应按荷载效应组合标准值计算的最大环拉力$N_{\theta k \max}$进行。$N_{\theta k \max}$可用最大环拉力设计值$N_{\theta k \max}$除以一个综合的荷载分项系数γ来确定。前面已经算得$N_{\theta k \max}$为189.182kN/m，此值是由第一种荷载组合引起的，根据前面的荷载分项系数取值情况，可取$\gamma = 1.2$，则

$$N_{\theta k \max} = \frac{189.182}{1.2} = 157.65 \text{kN/m}$$

由$N_{\theta k \max}$引起的池壁环向拉力计算如下：

$$\sigma_{ck} = \frac{N_{\theta k \max}}{A_c + 2\alpha_E A_s} = \frac{157.65 \times 10^3}{180 \times 1000 + 2 \times \frac{2.1 \times 10^5}{2.25 \times 10^4} \times 914} = 0.8 \text{N/mm}^2$$

所以$\sigma_{ck} = 0.8 \text{N/mm}^2 < \alpha_{ct} f_{tk} = 0.87 \times 1.54 = 1.34 \text{N/mm}^2$，抗裂符合要求。

③ 斜截面受剪承载力验算。已知$V_{\max} = 60.97 \text{kN/m}$，池壁钢筋净保护层厚度取25mm，则对竖向钢筋可取$a_s = 30 \text{mm}$，$h_0 = h - a_s = 180 - 30 = 150 \text{mm}$，受剪承载力为：

$$0.7 f_t b h_0 = 0.7 \times 1.1 \times 1000 \times 150 = 115500 \text{N/m}$$
$$= 115 \text{kN/m} > V_{\max} = 60.97 \text{kN/m} \text{（符合要求）}$$

④ 竖向钢筋计算。

a. 顶端。$M_2 = +23.00 \text{kN} \cdot \text{m/m}$（壁外受拉），由第二种荷载组合引起，相应的每米宽池壁轴向压力设计值即为顶板周边每米弧长的剪力设计值，即

$$N_{x2} = V_{s1,2} = 34.50 \text{kN/m}$$

相对偏心距为：$\quad \dfrac{e_0}{h} = \dfrac{M_2}{N_{x2}h} = \dfrac{23.00}{34.50 \times 0.18} = 3.70 > 2.0$

在这种情况下，通常可以忽略轴向力的影响，而按受弯构件计算，有：

$$\alpha_s = \frac{M_2}{\alpha_1 f_c b h_0^2} = \frac{23.00 \times 10^6}{1.0 \times 9.6 \times 1000 \times 150^2} = 0.106$$

相应的$\gamma_s = 0.944$，则

$$A_s = \frac{M_2}{\gamma_s h_0 f_y} = \frac{23.00 \times 10^6}{0.944 \times 150 \times 210} = 773.47 \text{mm}^2/\text{m}$$

考虑到顶板和池壁顶端的配筋连续性，池壁顶端也和顶板边缘抗弯钢筋一样，采用 $\phi 12@125$，$A_s = 905 \text{mm}^2/\text{m}$，配筋率为 $\rho = \dfrac{A_s}{bh_0} = \dfrac{905}{1000 \times 150} = 0.603\% > \rho_{\min} = 0.2\%$，整个池壁的钢筋根数为 234 根，与顶板是一致的。

b. 底端。$M_1 = +30.85 \text{kN} \cdot \text{m}/\text{m}$（壁外受拉），由第二种荷载组合引起，相应的每米宽池壁轴向压力可按下式确定：

$$N_{x1} = V_{s1,2} + \text{每米宽池壁自重设计值} = 34.50 + \frac{528.52 \times 1.2}{\pi \times 9.18} = 56.50 \text{kN}/\text{m}$$

相对偏心距为： $\quad \dfrac{e_0}{h} = \dfrac{M_1}{N_{x1}h} = \dfrac{30.85}{56.50 \times 0.18} = 3.03 > 2.0$

受弯构件计算有：

$$\alpha_s = \frac{M_1}{\alpha_1 f_c bh_0^2} = \frac{30.85 \times 10^6}{1.0 \times 9.6 \times 1000 \times 150^2} = 0.143$$

相应的 $\gamma_s = 0.923$，则

$$A_s = \frac{M_1}{\gamma_s h_0 f_y} = \frac{30.85 \times 10^6}{0.923 \times 150 \times 210} = 1095.9 \text{mm}^2/\text{m}$$

采用 $\phi 14@125$，$A_s = 1068 \text{mm}^2/\text{m}$，作用池壁外侧。

c. 外侧跨中及内侧配筋。外侧跨中钢筋按构造配置，可将两端按计算确定的钢筋，中部采用 $\phi 12@250$ 沿壁高通长布置，其余部分按弯矩图截断；也可将两端按计算确定的受力钢筋全部按弯矩图截断，而中部另配 $\phi 8@250$ 构造钢筋搭接于两端的受力钢筋上。但当两端受力钢筋的实际截断点距离很近时，后一种配筋方式不一定经济，反而会增加构造上的麻烦。池壁内侧钢筋由使内侧受拉的弯矩计算确定。如图 10-17 所示，使内侧受拉的弯矩最大值位于 $x = 0.6H(x = 2.19\text{m})$ 处，其值 $M_x = -4.152 \text{kN} \cdot \text{m}/\text{m}$。该处相应的轴向压力可取 $V_{s1,2} + 0.6H$ 的一段池壁自重设计值，即

$$N_x = 34.50 + \frac{528.52 \times 1.2}{\pi \times 9.18} \times 0.6 = 47.70 \text{kN}$$

相对偏心距为： $\quad \dfrac{e_0}{h} = \dfrac{M_x}{N_x h} = \dfrac{4.152}{47.70 \times 0.18} = 0.484 < 2.0$

应按偏心受压构件计算。由于 $\dfrac{e_0}{h} = 0.484 > 0.3$，显然可以按大偏心受压计算。

对于 $b \times h_0 = 1000\text{mm} \times 150\text{mm}$ 的截面来说，N_x 与 M_x 值甚小，故可先按构件配筋，只需复核截面承载力。如果承载力不够，即证明按构造配筋成立。根据偏心受压构件受拉钢筋配筋率不应小于 $\rho_{\min} = 0.2\%$ 的要求，受拉一侧（池壁内侧）钢筋截面面积应不小于 $A_{s\min} = 0.002bh_0 = 0.002 \times 1000 \times 150 = 300 \text{mm}^2/\text{m}$，故采用 $\phi 10@220$，$A_s = 357 \text{mm}^2$。受压钢筋的最小配筋率 $\rho'_{\min} = 0.2\%$，故受压钢筋（池壁外侧）截面面积不小于 $A_{s\min} = 0.002bh_0 = 0.002 \times 1000 \times 150 = 300 \text{mm}^2/\text{m}$，采用前面所述的一种配筋方式，即将两端抵

抗使外侧受拉钢筋中的 $\phi12@250$ 沿壁高通长布置，则 $A_s=452mm^2$，现按此配筋验算截面承载力。

将 N_x 作用点转移到能产生偏心力距 M_x 的地方，N_x 对受拉钢筋合力作用点的偏心距为：$e=e_0+h/2-a_s=\dfrac{M_x}{N_x}+h/2-a_s=\dfrac{4.152\times10^6}{47.70\times10^3}+\dfrac{180}{2}-30=147.0mm$

考虑到内力甚小，首先按不考虑受压钢筋的作用验算，即：

$$x=(h_0-e)+\sqrt{(h_0-e)^2+\frac{2f_yA_se}{\alpha_1f_cb}}$$

$$=(150-147.0)+\sqrt{(150-147.0)^2+\frac{2\times210\times357\times147.0}{1.0\times9.6\times1000}}$$

$$=51.0mm<2a'_s=60mm$$

说明不考虑受压钢筋作用成立，则截面承载力为：

$$N_u=\alpha_1f_cbx-f_yA_s=1.0\times9.6\times1000\times51.0-210\times357$$

$$=414630N/m=414.63kN/m>N_x=47.70kN/m$$

说明按构造筋配筋成立。

⑤ 竖向弯矩作用下的裂缝宽度验算。长壁顶部弯矩与配筋均和顶板相同，顶板边缘经验算裂缝宽度未超过允许值，故可以判断池壁顶部裂缝宽度也不会超过允许值。池壁中部弯矩值很小，配筋由构造控制，超出受力很多，裂缝宽度不必验算。

在底部，为了确定按荷载效应组合标准计算的弯矩值 M_{1k}，近似且偏于安全地取综合荷载系数 $\gamma=1.2$，则 $M_{1k}=\dfrac{M_1}{\gamma}=\dfrac{30.85}{1.2}=25.708kN\cdot m/m$

裂缝截面钢筋应力为 $\sigma_{sk}=\dfrac{M_{1k}}{0.87h_0A_s}=\dfrac{25.708\times10^6}{0.87\times150\times1068}=184.45N/mm^2$

按混凝土有效受压区面积计算的受拉钢筋配筋率为

$$\rho_{sk}=\frac{A_s}{A_{te}}=\frac{1068}{0.5\times1000\times180}=0.0119>0.01$$

钢筋应变不均匀系数为

$$\varphi=1.1-\frac{0.65f_{tk}}{\rho_{te}\sigma_{te}}=1.1-\frac{0.65\times1.54}{0.0119\times184.45}=0.644$$

由于采用了两种不同直径的钢筋 $\phi12@125$ 和 $\phi14@125$，即池壁每米宽度内 $4\phi12+4\phi14$，故裂缝计算应采用等效直径，即：

$$d_{eq}=\frac{\sum n_id_i^2}{\sum n_iv_id_i}=\frac{4\times(12^2+14^2)}{4\times1\times(12+14)}=13.08mm$$

最大裂缝宽度为：$\omega_{max}=2.7\varphi\dfrac{\sigma_{sk}}{E_s}\left(1.9c+0.08\dfrac{d_{eq}}{\rho_{te}}\right)$

$$=2.7\times0.644\times\frac{184.45}{2.1\times10^5}\times\left(1.9\times25+0.08\times\frac{13.08}{0.0119}\right)$$

$$=0.21mm<0.25mm\text{（符合要求）}$$

224

5. 绘制施工图

顶板内径向钢筋及池壁内竖向钢筋的截断点位置，可以通过绘制材料图并结合构造要求来确定。如图 10-19 所示为顶板径向钢筋截断点的确定，必须注意，由于径向钢筋是按整个周长上的总量考虑的，故最不利弯矩图也必须是按周长计算的全圈总径向弯矩图，即 $2\pi xM_r$ 的分布图，$2\pi xM_r$ 值已列入表 10-10 的最后一栏。

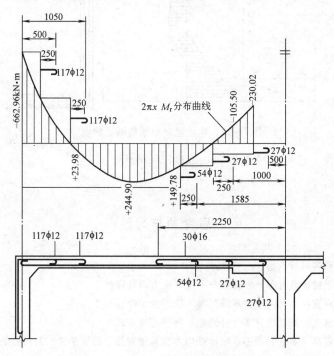

图 10-19　顶板径向钢筋切断点的确定

截面的抵抗弯矩可按下式确定：$M_u = \gamma_s h_0 A_s f_y$

式中　A_s——半径为 x 处的圆周上实际位置的径向钢筋总截面面积；

γ_s——内力壁系数，根据配筋指标 ξ 的确定，ξ 按下式计算：

$$\xi = \frac{A_s f_y}{2\pi x h_0 \alpha_1 f_c}$$

这里与普通钢筋混凝土梁不同，即纵然 A_s 不变，M_u 图也不是平行于横坐标轴的水平线。随 x 值的减小，M_u 分布线为略带倾斜的直线。中心支柱顶部的径向负弯矩钢筋全部伸过负弯矩区后一次截断。这部分的材料图可以不画，但其伸过反弯点的长度，既要满足锚固长度要求，又必须到达切向弯矩分布图的弯矩变号处，以便于架立柱帽上的环向负弯矩钢筋。根据这一原则本设计所确定的实际切断点在离柱轴线 2250mm 处。

如图 10-20 所示为池壁 1m 宽竖条的竖向弯矩包络图及竖向钢筋材料图，其切端点画法与普通梁没有区别。池壁内侧钢筋因不截断，故内侧钢筋的材料图不必画。

如附图四所示顶板配筋，考虑到构造的方便，支柱顶部负弯矩径向钢筋改为 32ϕ16。如附图五所示为池壁及支柱配筋。柱帽钢筋和池壁上下端腋角处的钢筋是按构造配置的。

6. 结论

通过设计结果知道，计算所确定的各部分截面尺寸基本上是合理的，考虑到中心支柱

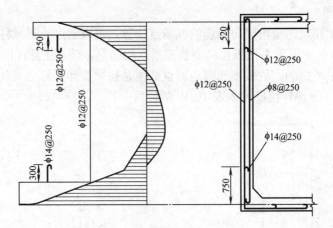

图 10-20　池壁竖向钢筋切断点的确定

截面尺寸的经济性，还可以减小为 250mm×250mm。

思考题与习题

1. 水池的种类和各自特点是什么？

2. 作用在水池上的荷载有哪些？荷载分别沿什么方向传递？

3. 对水池有中间支柱的封闭水池应进行哪些抗浮稳定性验算？

4. 圆形水池池壁上、下端边界条件分别包括哪些连接方式？

5. 水池的构造要求有哪些？圆形水池池壁内力计算中有几个假定条件？其内容是什么？

6. 简述水池截面设计的基本内容。

7. 简单说明水池施工图绘制的相关内容。

8. 实地参观某污水处理池或贮水池的结构和构造特点。

第十一章 地基基础

第一节 土的物理性质及工程分类

一、土的组成

土是一种松散的颗粒堆积物。它是由固体颗粒、液体和气体三部分组成。土的固体颗粒一般由矿物质组成，有时含有胶结物和有机物，这一部分构成土的骨架。土的液体部分是指水和溶解于水中的矿物质。空气和其他气体构成土的气体部分。土骨架间的孔隙相互连通，被液体和气体充满。土的三相组成决定了土的物理力学性质。

（一）土的固体颗粒

土骨架对土的物理力学性质起决定性的作用。分析研究土的状态，就要研究固体颗粒的状态指标，即粒径的大小及其级配、固体颗粒的矿物成分、固体颗粒的形状。

1. 固体颗粒的大小

土中固体颗粒的大小及其含量，决定了土的物理力学性质。颗粒的大小通常用粒径表示。实际工程中常按粒径大小分组，粒径在某一范围之内的分为一组，称为粒组。粒组不同其性质也不同。常用的粒组有：砾石粒、砂粒、粉粒、黏粒、胶粒。以砾石和砂粒为主要组成成分的土称为粗粒土。以粉粒、黏粒和胶粒为主的土，称为细粒土。土的工程分类见本章第三节。各粒组的具体划分和粒径范围见表11-1。

土粒粒组的划分 表 11-1

粒组统称	粒组名称	粒径范围(mm)	一 般 特 性
巨粒	漂石(块石)粒	$d>200$	透水性很大，无黏性，无毛细水
	卵石(碎石)粒	$200 \geqslant d > 60$	
粗粒	砾粒　粗砾 细砾	$60 \geqslant d > 20$ $20 \geqslant d > 2$	透水性大，无黏性，毛细水上升高度不超过粒径大小
	砂粒	$2 \geqslant d > 0.075$	易透水，无黏性，遇水不膨胀，干燥时松散，毛细水上升高度不大
细粒	粉粒	$0.075 \geqslant d > 0.005$	透水性小，湿时稍有黏性，遇水膨胀小，干时稍有收缩，毛细水上升高度较大，易冻胀
	黏粒	$d \leqslant 0.005$	透水性很小，湿时有黏性、可塑性，遇水膨胀大，干时收缩显著，毛细水上升高度大，但速度慢

土中各粒组的相对含量称土的粒径级配。具体含义是指一个粒组中的土粒质量与干土总质量之比，一般用百分比表示。土的粒径级配直接影响土的性质，如土的密实度、土的透水性、土的强度、土的压缩性等。

2. 固体颗粒的成分

土中固体颗粒的成分绝大多数是矿物质，或有少量有机物。颗粒的矿物成分一般有两大类，一类是原生矿物，另一类是次生矿物。土粒的矿物成分决定于母岩的成分及所经受的风化过程。粗大土粒如漂石、卵石、圆砾都是岩石的碎屑，其矿物成分与母岩相同；砂粒大部分是母岩的单矿物颗粒，如石英、长石、云母等；粉粒的矿物成分主要是一些难溶盐，如 $MgCO_3$、$CaCO_3$ 等；黏粒的矿物成分主要有黏土矿物、氧化物、氢氧化物及各种难溶盐类，它们都是次生矿物。

3. 固体颗粒的形状

原生矿物的颗粒一般较粗，多呈粒状；次生矿物的颗粒一般较细，多呈片状或针状。土的颗粒愈细，形状愈扁平，其表面积与质量之比愈大。

（二）土中的水

土中的水一部分以结晶水的形式存在于固体颗粒的内部，形成结合水；另一部分存在于土颗粒的孔隙中，形成自由水。土中水按其形态可分为液态、固态、气态。土中水的含量不同，土的性质也不同。

1. 土中液态水

液态水主要有结合水和自由水。

（1）结合水

结合水是受土粒表面电场吸引的水，分强结合水和弱结合水。特点是包围在土颗粒四周，不传递静水压力，不能任意流动。在最靠近土粒表面，静电引力大于扩散力，水分子被牢固吸附在颗粒表面，形成强结合水（又称固定层）。在离土粒表面较远的地方，静电引力比较小，水分子的活动性比较大，从而形成弱结合水层（又称扩散层）。

（2）自由水

不受电场引力作用的水称为自由水。自由水又可分为毛细水和重力水。

重力水是存在于地下水位以下透水土层中的水，它能在重力或压力差作用下运动，对土颗粒有浮力作用。

毛细水是存在于地下水位以上透水层中的水。它是由于水与空气交界处表面张力作用而产生。毛细管直径越小，毛细水的上升高度越高。因此，黏性土中毛细水的上升高度比砂类土要大。

在施工现场常常可以看到稍湿状态的砂堆，能保持垂直陡壁达几十厘米高而不塌落，就是因为砂粒间具有毛细黏聚力的缘故。在饱水的砂或干砂中，土粒之间的毛细压力消失，原来的陡壁就变成斜坡，其天然坡面与水平面所形成的最大坡角称为砂土的自然坡度角。在工程中，要注意毛细上升水的上升高度和速度，因为毛细水的上升对于建筑物地下部分的防潮措施和地基土的浸湿和冻胀等有重要影响。

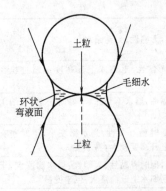

图 11-1　毛细压力示意图

此外，在干旱地区，地下水中的可溶盐随毛细水上升后不断蒸发，盐分便积聚于靠近地表处而形成盐渍土。土中毛细水的上升高度可用试验方法测定。

2. 土中固态水

当地层的温度降至 0℃ 以下时，土中水便结冰，形成固态水。水结冰，体积会增大，因此，土中水结冰，可吸收周围未结冰的水，使土体产生冻胀，破坏土的结构。冻胀力会使路基破坏、基础上抬；冻土融化后，基土结构破坏，含水量增大，形成翻浆冒泥，又使土体强度大大降低，道路开裂，房屋建筑产生大量下沉。

（三）土的气体部分

在非饱和土中，土颗粒间的孔隙由液体和气体充满。土中气一般以下面两种形式存在于土中：一种是四周被颗粒和水封闭的封闭气体，另一种是与大气相通的自由气体。当土的饱和度较低，土中气体与大气相通时，土体在外力作用下，气体很快从孔隙中排出，则土的强度和稳定性提高。当土的饱和度较高，土中出现封闭气体时，土体在外力作用下，则体积缩小；外力减小，则体积增大。因此，土中封闭气体增加了土的弹性。同时，土中封闭气体的存在还能阻塞土中的渗流通道，减小土的渗透性。

二、土的物理性质指标

（一）指标的意义

土是由固体颗粒、土中水、气三相组成。三相的相对含量不同，对土的工程性质有重要的影响，表示土的三相组成比例关系的指标，称为土的三相比例指标，三相比例指标共 9 个，为了形象、直观地表示土的三相组成比例关系，常用三相图来表示土的三相组成，如图 11-2 所示。在三相图左侧，表示三相组成的质量，三相图的右侧，表示三相组成的体积。

由于土是由固体颗粒、液体和气体三部分组成，各部分含量的比例关系，直接影响土的物理性质和土的状态。例如，同样一种

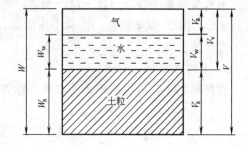

图 11-2　土的三相组成示意图

土，松散时强度较低，经过外力压密后，强度会提高。对于黏性土，含水量不同，其性质也有明显差别，含水量多则软；含水量少则硬。

W_s——土粒质量；

W_w——土中水质量；

W——土的总质量，$W = W_s + W_w$；

V_s——土粒体积；

V_w——土中水体积；

V_a——土中气体积；

V_v——土中孔隙体积，$V_v = V_w + V_a$；

V——土的总体积，$V = V_s + V_w + V_a$

1. 土粒相对密度 d_s

土粒质量与同体积的 4℃时纯水的质量之比，称为土粒相对密度（无量纲），即：

$$d_s = \frac{W_s}{V_s \cdot \gamma_{w1}} \tag{11-1}$$

式中　γ_{w1}——纯水在 4℃时的重度（单位体积水所受的重力），等于 10kN/m³。

土粒相对密度常用比重瓶法测得。天然土的颗粒是由不同的矿物组成的，它们的相对密度一般并不相同。试验测得的是土粒的相对密度的平均值。土粒的相对密度变化范围较小，砂土一般在 2.65 左右，黏性土一般在 2.75 左右；若土中的有机质含量增加，则土的相对密度将减小。

2. 土的含水量 w

土中含水的质量与土粒质量之比，称为土的含水量，以百分数计，即：

$$w = \frac{W_w}{W_s} \times 100\%$$ (11-2)

含水量 w 是标志土的湿度的一个重要物理指标。天然状态下土层的含水量称天然含水量，其变化范围很大，它与土的种类、埋藏条件及其所处的自然地理环境等有关。一般干的粗砂土，其值接近于零，而饱和砂土，可达 40%；坚硬的黏性土的含水量约小于 30%，而饱和状态的软黏性土（如淤泥），则可达 60% 或更大。一般说来，同一类土，当其含水量增大时，则其强度就降低。

土的含水量一般用"烘干法"测定。先称小块原状土样的湿土质量，然后置于烘箱内维持 100~105℃烘至恒重，再称干土质量，湿、干土质量之差与干土质量的比值，就是土的含水量。

3. 土的重度 γ

自然状态下，单位体积土的重量，称为土的重度，单位为 kN/m³，即：

$$\gamma = \frac{W}{V} = \frac{W_s + W_w}{V_s + V_w + V_a}$$ (11-3)

天然状态下土的重度变化范围较大，一般黏性土 $\gamma = 18 \sim 20 \text{kN/m}^3$；砂土 $\gamma = 16 \sim 20 \text{kN/m}^3$；腐殖土 $\gamma = 15 \sim 17 \text{kN/m}^3$。

4. 土的干重度 γ_d

土的干重度是指土单位体积中固体颗粒部分的重量，即：

$$\gamma_d = \frac{W_s}{V}$$ (11-4)

在工程上常把干重度作为评定土体紧密程度的标准，以控制填土工程的施工质量。

5. 土的饱和重度 γ_{sat}

土孔隙中充满水时，单位体积的重量，称为土的饱和重度，即

$$\gamma_{sat} = \frac{W_s + V_v \gamma_w}{V}$$ (11-5)

6. 土的浮重度（有效重度）γ'

土的浮重度是指在地下水位以下，土体中土粒的重量扣除浮力后，即为单位体积中土粒的有效重量，即：

$$\gamma' = \frac{W_s - V_v \gamma_w}{V}$$ (11-6)

7. 土的孔隙比 e 和孔隙率 n

(1) 土的孔隙比 e：土中孔隙体积与土粒体积之比，称为土的孔隙比，即：

$$e = \frac{V_v}{V_s} \tag{11-7}$$

天然状态下土的孔隙比是一个重要的物理性指标，可以用来评价天然土层的密实程度。一般 $e < 0.6$ 的土是密实的低压缩性土，$e > 1.0$ 的土是疏松的高压缩性土。

(2) 土的孔隙率 n：土中孔隙所占体积与总体积之比，用百分数表示，即：

$$n = \frac{V_v}{V} \times 100\% \tag{11-8}$$

一般黏性土的孔隙率为 $30\% \sim 60\%$，无黏性土为 $25\% \sim 45\%$。同一种土，孔隙比和孔隙率不同，土的密实程度也不同。粗粒土的孔隙率小，如砂类土的孔隙率一般在 30% 左右；细粒土的孔隙率大，如黏性土的孔隙率有时可高达 70%。

8. 土的饱和度 S_r

土中被水充满的孔隙体积与孔隙总体积之比，称为土的饱和度，以百分率计，即：

$$S_r = \frac{V_w}{V_v} \times 100\% \tag{11-9}$$

砂土根据饱和度 S_r 的指标值分为稍湿、很湿与饱和三种湿度状态。

（二）指标的换算

上述土的三相比例指标中，土粒相对密度 d_s、含水量 w 和密度 ρ 三个指标是通过试验测定的。在测定这三个基本指标后，可以导得其余各个指标。土的三相比例指标换算公式见表 11-2。

三、黏性土（细粒土）的物理状态指标

黏性土最主要的特征是它的稠度，稠度是指黏性土在某一含水量下的软硬程度和土体对外力引起的变形或破坏的抵抗能力。当土中含水量很低时，水被土颗粒表面的电荷吸附于颗粒表面，土中水为强结合水，土呈现固态或半固态。当土中含水量增加，吸附在颗粒周围的水膜加厚，土粒周围除强结合水外还有弱结合水。弱结合水不能自由流动，但受力时可以变形，此时土体受外力作用可以被捏成任意形状，外力取消后仍保持改变后的形状，这种状态称为塑态。所谓可塑状态，是指黏性土在某含水量范围内，可用外力塑成任何形状而不产生裂纹，并当外力移去后，仍能保持既得的形状，黏性土的这种特性叫做可塑性。土由一种状态转到另一种状态的分界含水量叫做界限含水量，如图 11-3 所示。

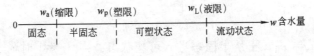

图 11-3　黏性土的物理状态与含水量关系

土从一种状态转变成另一种状态的界限含水量，称为稠度界限。工程上常用的稠度界限有液限和塑限。

指标名称	符号	表达式	单位	换算公式	备注
重度	γ	$\gamma=\dfrac{W}{V}$	kN/m^3	$\gamma=\dfrac{d_s+S_r \cdot e}{1+e}\gamma_w$ $\gamma=\dfrac{d_s(1+w)\gamma_w}{1+e}$	试验测定
相对密度	d_s	$d_s=\dfrac{W_s}{V_s} \cdot \dfrac{1}{\gamma_{w_1}}$		$d_s=\dfrac{S_r \cdot e}{w}$	试验测定
含水量	w	$w=\dfrac{W_w}{W_s}\times100\%$		$w=\dfrac{S_r \cdot e}{d_s}\times100\%$ $=\left(\dfrac{\gamma}{\gamma_d}-1\right)\times100\%$	试验测定
孔隙比	e	$e=\dfrac{V_v}{V_s}$		$e=\dfrac{d_s\gamma_w(1+w)}{\gamma}-1$	
孔隙率	n	$n=\dfrac{V_v}{V}\times100\%$		$n=\dfrac{e}{1+e}$	
饱和度	S_r	$S_r=\dfrac{V_w}{V_v}\times100\%$		$S_r=\dfrac{w \cdot d_s}{e}=\dfrac{w \cdot \gamma_d}{n \cdot \gamma_w}$	
干重度	γ_d	$\gamma_d=\dfrac{W_s}{V}$	kN/m^3	$\gamma_d=\dfrac{\gamma}{1+w}$	
饱和重度	γ_{sat}	$\gamma_{sat}=\dfrac{W_s+V_v \cdot \gamma_w}{V}$	kN/m^3	$\gamma_{sat}=\dfrac{d+e}{1+e}\gamma_w$	
浮重度	γ'	$\gamma'=\dfrac{W_s-V_s\gamma_w}{V}$	kN/m^3	$\gamma'=\gamma_{sat}-\gamma_w=\dfrac{(d_s-1)\gamma_w}{1+e}$	

1. 液限 （w_L）

液限指土从塑性状态转变为液性状态时的界限含水量。

2. 塑限 （w_P）

塑限指土从半固体状态转变为塑性状态时的界限含水量。

实验室测定液限使用液限仪，测定塑性用搓条法。实际上，由于黏性土从一种状态转变为另一种状态是渐变的，没有明确的界限，因此只能根据这些通用的试验方法测得的含水量代替界限含水量。

此外，为了表征土体天然含水量与界限含水量之间的相对关系，工程上还常用液性指数 I_L 和塑性指数 I_P 两个指标判别土体的稠度。

3. 塑性指数 I_P　　　　　　　　$I_P=w_L-w_P$　　　　　　　　　　　（11-10）

式中 w_L 为液限，w_P 为塑限。塑性指数越大，土性越黏，工程中根据塑性指数的大小对黏性土进行分类。

4. 液性指数 I_L

$$I_L=\frac{w-w_P}{w_L-w_P}$$ （11-11）

当 $I_L=0$ 时，$w=w_P$，土从半固态进入可塑状态。当 $I_L=1$ 时，土从可塑状态进入液态。因此，可以根据 I_L 的值直接判定土的软硬状态。工程上按液性指数 I_L 的大小，可把黏性土的状态区分开来：坚固状态（$I_L\leqslant0$）；可塑状态（$0<I_L\leqslant1.0$）；流动状态（$I_L>1.0$）。

四、土的工程分类

建筑工程中，土是作为地基以承受建筑物的荷载，分类着眼于土的工程性质，特别是强度与变形与地质成因的关系来进行分类，《建筑地基基础设计规范》（GB 50007—2002）将地基土（岩）分为岩石、碎石类土、砂土、粉土、黏性土和特殊土等。

（一）岩石的工程分类

岩石是指颗粒间牢固联结，呈整体或具有节理裂隙的岩体。岩石按坚硬程度分为硬质岩石、软质岩石；按风化程度分为未风化、微风化、中等风化、强风化、全风化岩石。

（二）碎石类土

碎石类土是粒径大于 2mm 的颗粒含量超过全重 50% 的土。碎石类土根据粒粗含量及颗粒形状分为漂石或块石（粒径大于 200mm 的颗粒超过 50%）、卵石或碎石（粒径大于 20mm 的颗粒含量超过 50%）、圆砾或角砾（粒径大于 2mm 的颗粒含量超过 50%）。

（三）砂土

粒径大于 2mm 的颗粒含量在 50% 以内，同时粒径大于 0.075mm 的颗粒含量超过 50% 的土属砂土。砂土根据粒组含量不同又分为砾砂（粒径大于 2mm 的颗粒含量占 25%~50%）、粗砂（粒径大于 0.5mm 的颗粒含量超过 50%）、中砂（粒径大于 0.25mm 的颗粒含量超过 50%）、细砂（粒径大于 0.075mm 的颗粒含量超过 85%）和粉砂（粒径大于 0.075mm 的颗粒含量 50%）五类。

（四）粉土

粒径大于 0.075mm 的颗粒含量小于 50% 且塑性指数小于等于 10 的土属粉土。该类土的工程性质较差，如抗剪强度低，防水性差，黏聚力小等。

（五）黏性土

粒径大于 0.075mm 的颗粒含量在 50% 以内，塑性指数大于 10 的土属黏性土。根据塑性指数的大小可细分为黏土（$I_p > 17$）和粉质黏土（$17 \geqslant I_p > 10$）。

（六）特殊土

1. 淤泥

淤泥为在静水或缓慢的流水环境中沉积，并经生物化学作用形成，其天然含水率大于液限、天然孔隙比大于或等于 1.5 的黏性土。当天然含水量大于液限而天然孔隙比小于 1.5 但大于或等于 1.0 的黏性土或粉土为淤泥质土。

2. 红黏土

红黏土为碳酸盐岩系的岩石经红土化作用形成的高塑性黏土。其液限一般大于 50，红黏土经再搬运后仍保留其基本特征，其液限大于 45 的土为次生红黏土。

3. 人工填土

人工填土根据其组成和成因，可分为素填土、压实填土、杂填土、冲填土。素填土为由碎石土、砂土、粉土、黏性土等组成的填土；经过压实或夯实的素填土为压实填土；杂填土为含有建筑垃圾、工业废料、生活垃圾等杂物的填土；冲填土为由水力冲填泥砂形成的填土。

4. 膨胀土

膨胀土为土中黏粒成分主要由亲水性矿物组成，同时具有显著的吸水膨胀和失水收缩特性，其自由膨胀率大于或等于 40% 的黏性土。

5. 湿陷性土

湿陷性土为浸水后产生附加沉降，其湿陷系数大于或等于 0.015 的土。

第二节 地基应力分析与压缩变形

一、地基自重应力、基底压力

地基土受到外荷载作用后将产生应力和变形，从而给建筑物带来土体的稳定和变形问题。如果外荷载在地基土中产生的剪应力在土的强度容许范围内，土体是稳定的；如果地基土中某一范围内的剪应力超过了土的强度，这一范围内的土体就会发生破坏。另外，如果地基土的变形超过土的允许变形量，即使土体不发生破坏，也会造成建筑物的破坏或失去正常使用的价值。

为了保证建筑物的安全和正常使用，必须研究地基土受到外荷载作用后土体内部的应力大小和分布规律及其可能产生的变形量。

按照不同的产生原因，地基土中应力可分为自重应力和附加应力。自重应力是由土体本身的有效重力作用所产生的，它在建筑物修建之前就已存在；附加应力是由外荷载在地基土中产生的，是使地基失稳和产生变形的主要因素。

（一）地基中的自重应力分析

地基中的自重应力在各种情况下的计算方法分述如下。

1. 均质土

根据假设，若地基土是均匀的半无限弹性体，在自重作用下，土体只能产生竖向变形而无侧向位移及剪切变形。因此，地面下任一深度 z 处水平面上作用的竖向自重应力等于单位面积上土柱的重力，见图 11-4，即

$$\sigma_{cz} = \gamma z \tag{11-12}$$

式中　γ——土的重度，kN/m³；

　　　z——土的自重应力计算点至天然地面的距离（m）。

从式 11-12 可看出，地基土的竖向自重应力随深度成线性增加，呈三角形分布，如图 11-4 所示。

2. 成层土

设地基土为层状土，各土层的厚度为 H_i，相应土的重度为 γ_i，则第 n 层底面处的自

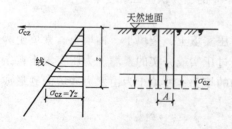

图 11-4　均质土的竖向自重应力及其分布

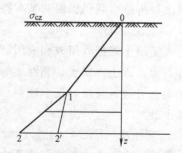

图 11-5　成层土的竖向自重应力及其分布

234

重应力为各层土的自重应力之和，即：

$$\sigma_{cz} = \gamma_1 H_1 + \gamma_2 H_2 + \gamma_3 H_3 + \cdots + \gamma_n H_n = \sum_{i=1}^{n} \gamma_i H_i \qquad (11\text{-}13)$$

当土层的重度不同时，成层土的自重应力分布是折线形的，即在分层面处自重应力出现转折。如图 11-5 所示，对于双层土地基，当 $\gamma_1 > \gamma_2$ 时，自重应力分布为图 11-5 中的 0-1-2′，当 $\gamma_1 < \gamma_2$ 时，自重应力分布为图 11-5 中的 0-1-2。

3. 土层中有地下水

一般情况下，当计算点在地下水位以下时，由于地下水对土粒的浮力作用，使土的重度减小，计算土的竖向自重应力时，水下采用土的有效重度（即浮重度）。但若地下水位以下埋藏有不透水层时，由于不透水层水存在水的浮力，单位体积中，土颗粒所受的重力扣除浮力后的重度称为土的有效重度 γ'，即：

$$\gamma' = \gamma_{sat} - \gamma_w \qquad (11\text{-}14)$$

式中 γ_w——水的重度，一般取 $10\text{kN}/\text{m}^3$。

需要指出的是，大量抽取地下水，会使地下水位大幅度下降，从而引起地基土中自重应力的变化，造成地表的大面积下沉，如图 11-6（a）、11-6（b）所示。

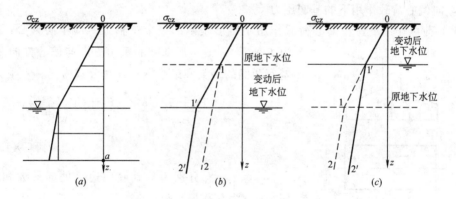

图 11-6 土层中有地下水时的竖向自重应力

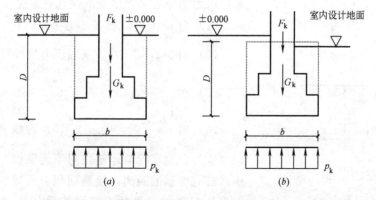

图 11-7 竖向荷载作用下的基底压力分布

（a）内墙或内柱基础；（b）外墙或外柱基础

235

（二）基底压力分析

建筑物的荷载是通过基础底面传递给地基土的，在基础与地基之间存在着接触压力，这个接触压力，既是经由基础底面作用于地基的压力，称为基底压力（方向向下）；又是地基反作用于基础的反力，称为地基反力（方向向上）。基底压力的分布形态，与基础刚度、地基土的性质、基础埋深及荷载大小等因素有关，工程中常采用简化的方法，近似地按线性分布来考虑基底压力的分布，这样就可用材料力学公式计算基底压力。

1. 竖向中心荷载作用下的基底压力

作用于基础上的竖向荷载，合力通过基础底面形心时，可简化为轴心受压基础，基底压力为均匀分布（图 11-7）。

如基础为矩形，基底压力可按下式计算：

$$p_k = \frac{F_k + G_k}{A} \tag{11-15}$$

式中　p_k——基底平均压力，kPa；

　　　　F_k——上部结构传至设计地面处的竖向荷载设计值，kN；

　　　　G_k——基础自重和基础上的土重，kN；

　　　　A——为基础底面积，m^2。

2. 竖向偏心荷载作用下的基底压力

在偏心荷载作用下，若偏心荷载作用于矩形基础的一个主轴上（即单向偏心，如图 11-8 所示），设矩形基础的短边方向与偏心方向一致，基底两侧的最大和最小压力计算公式为：

$$p_{min}^{max} = \frac{F_k + G_k}{A} \pm \frac{M_k}{W} = \frac{F_k + G_k}{A}\left(1 \pm \frac{6e}{b}\right) \tag{11-16}$$

p_{max}、p_{min}分别为基础底面边缘处的最大和最小压力，e 为荷载偏心距，m；

由式（11-16）可看出：按荷载偏心距 e 的大小，基底压力的分布可能出现下述几种情况：

（1）当 $e=0$ 时，基底压力为矩形；

（2）当 $0<e<\dfrac{b}{6}$ 时，基底压力呈梯形分布；

（3）$e=\dfrac{b}{6}$，$p_{min}=0$ 基底压力呈三角形分布；

（4）当 $e>\dfrac{b}{6}$ 时，则 $p_{min}<0$，意味着基底一侧出现拉应力。但基础与地基之间不能受拉，故该侧将出现基础与地基的脱离，接触面积有所减少，而出现应力重分布现象。此时不能再按叠加原理求最大应力值。其最大应力值为：

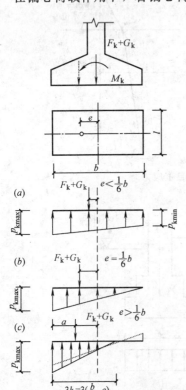

图 11-8　偏心荷载作用下的基底压力

$$p_{max} = \frac{2(F_k + G_k)}{3la} \qquad (11-17)$$

一般而言，工程上不允许基底出现拉力，因此，在设计基础尺寸时，应使合力偏心距满足①$e < \frac{b}{6}$的条件，以策安全。②为了减少因地基应力不均匀而引起过大的不均匀沉降，通常要求：$\frac{p_{max}}{p_{min}} \leqslant 1.5 \sim 3.0$；对压缩性大的黏性土应取小值；对压缩性小的无黏性土，可用大值。

3. 基础有埋深时的基底压力分布

建筑物基础均有一定的埋置深度，毫无疑义，基础埋深必将对地基中附加应力产生影响，要严格地计算这种影响是很困难的，目前采用概略的方法加以解决。

设基底面标高以上土的加权平均重度为 γ_0，基础埋深为 d，基底压力为 p_k，由于基坑开挖，基础底面处的接触压力应减少 $\gamma_0 \cdot d$，则基底面处的附加压力为：

$$\sigma_z = p_k - \gamma_0 \cdot d \qquad (11-18)$$

式中 γ_0——基底标高以上天然土层的加权平均重度，在地下水位以下时取为有效重度，kN/m³；

       d——基础的埋置深度，从天然地面起算，m。

上式表明，当建筑物基础有一定埋深时，基底面处实际增加的竖向压力是基底压力与埋深范围内土的自重应力的差值，这一增量通常称之为"基底净压力"或"基底附加压力"。在不考虑基坑开挖后发生回弹影响的情况下，应采用基底净压力来计算地基中的附加应力。

二、土的压缩变形

土的压缩性是指土在压力作用下体积缩小的性能。从理论上讲，土的压缩变形可能是：

(1) 土粒本身的压缩变形；

(2) 孔隙中不同形态的水和气体的压缩变形；

(3) 孔隙中水和气体有一部分被挤出，土的颗粒相互靠拢使孔隙体积减小。

研究表明，当压力在 $100 \sim 600 kPa$ 时，土颗粒与水的压缩量是很小的，与土的总压缩量相比，可忽略不计，因此，土的压缩主要是由于孔隙中的水分和气体被挤出，土粒相互移动靠拢，致使土的孔隙体积减小而引起的。

进行建筑设计时，必须知道由于建筑物荷载所产生的压力引起地基最终沉降量及其他特征变形是否超过建筑物的允许变形值，因此要进行地基沉降的计算。

对于黏性土，由于其透水性低，在荷载作用下孔隙水只能缓慢排除。因此当荷载作用在以黏性土为主的地基上时，地基的沉降不会马上完成，因而需计算沉降随时间的变化；对透水性大的无黏性土，在外荷载作用下，孔隙水很快即可排除，地基的沉降在短时间内即可完成。

(一) 压缩曲线与压缩指标

1. 压缩曲线

若以纵坐标表示在各级压力下试样压缩稳定后的孔隙比 e，以横坐标表示压力 p，根据压缩试验的结果，可以绘制出孔隙比与所受压力的关系曲线，称压缩曲线（即 $e\text{-}p$ 曲线，见图 11-9）。

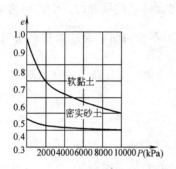

图 11-9　土的压缩曲线

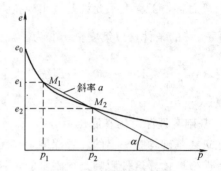

图 11-10　压缩系数的确定

压缩曲线的形状与土样的成分、结构、状态以及受力历史等有关。若压缩曲线较陡，说明压力增加时孔隙比减小得多，则土的压缩性高；若曲线是平缓的，则土的压缩性低。

2. 压缩系数 a

$e\text{-}p$ 曲线中某一压力范围的割线斜率称为压缩系数（图 11-10），用 a 表示，单位是 $1/\text{MPa}$。

$$a = \tan\alpha = \frac{e_1 - e_2}{p_2 - p_1} \quad \text{或} \quad a = -\frac{\Delta e}{\Delta p} = \frac{e_i - e_{i+1}}{p_{i+1} - p_i} \tag{11-19}$$

压缩系数是表示土的压缩性大小的主要指标，压缩系数大，表明在某压力变化范围内孔隙比减少得越多，压缩性就越高。土的压缩系数不是常数，随初始压力 p_1 和压力增量 $p_1\text{-}p_2$ 而变化。为了判断和比较土的压缩性，在工程实际中，常采用 $p_1 = 100\text{kPa}$、$p_2 = 200\text{kPa}$，根据土的室内压缩试验 $e\text{-}p$ 曲线来确定土的的压缩系数 a_{1-2}，作为判断土的压缩性高低的标准。但当压缩曲线较平缓时，也常用 $p_1 = 100\text{kPa}$ 和 $p_3 = 300\text{kPa}$ 之间的孔隙比减少量求得 a_{1-3}。

当 $a_{1-2} < 0.1\text{MPa}^{-1}$ 时，属低压缩性土；$0.1\ \text{MPa}^{-1} \leqslant a_{1-2} < 0.5\ \text{MPa}^{-1}$ 时，属中等压缩性土；$a_{1-2} \geqslant 0.5\ \text{MPa}^{-1}$ 时，属高压缩性土。

高压缩性土一般不宜直接作为建筑物地基，需进行加固后才能使用。

3. 压缩模量 E_s（MPa）

由 $e\text{-}p$ 曲线还可以得到类似弹性模量的一个衡量土压缩性的指标——压缩模量 E_s，它的定义是土在完全侧限条件下的竖向附加应力增量与相应的应变增量的比值。土的压缩模量包含土的弹性变形和塑性变形，与压缩系数 a 一样，压缩模量也是一个随压力而变化的数值，可按下式计算：

$$E_s = \frac{1 + e_1}{a} \tag{11-20}$$

式中　e_1——对应于初始压力 p_1 时土的孔隙比。

压缩模量与压缩系数之关系：E_s 越大，表明在同一压力范围内土的压缩变形越小，土的压缩性越低。

（二）基础的沉降计算

建筑物的沉降量，是指地基土压缩变形达到固结稳定的最大沉降量，或称地基沉降量。地基最终沉降量是指地基土在建筑物荷载作用下，变形完全稳定时基底处的最大竖向位移。

计算地基最终沉降量的目的：①确定建筑物的最大沉降量；②沉降差；③倾斜以及局部倾斜；④判断是否超过容许值，以便为建筑物设计值采取相应的措施提供依据，保证建筑物的安全。

目前在工程中广泛采用的方法是以无侧向变形条件下的压缩量计算基础的分层总和法。《建筑地基基础设计规范》（GB 50007—2002）提出的计算最终沉降量的方法，是基于分层总和法的思想，运用平均附加应力面积的概念，按天然土层界面以简化由于过分分层引起的繁琐计算，并结合大量工程实际中沉降量观测的统计分析，以经验系数 φ_s 进行修正，求得地基的最终变形量。

1. 地基的最终沉降量

$$s = \varphi_s s' = \varphi_s \sum_{i=1}^{n} (z_i a_i - z_{i-1} a_{i-1}) \frac{p_0}{E_{si}} \tag{11-21}$$

式中　s——地基的最终沉降量，mm；

　　　s'——按分层总和法求得的地基沉降量，mm；

　　　φ_s——沉降计算经验系数；

　　　n——地基沉降计算深度范围内天然土层数；

　　　P_0——基底附加应力，kPa；

　　　E_{si}——基底以下第 i 层土的压缩模量，按第 i 层实际应力变化范围取值，MPa；

z_i、z_{i-1}——分别为基础底面至第 i 层、$i-1$ 层底面的距离；

a_i、a_{i-1}——分别为基础底面到第 i 层、$i-1$ 层底面范围内中心点下的平均附加系数。

2. 沉降计算经验系数 φ_s

φ_s 综合反映了计算公式中一些未能考虑的因素，它是根据大量工程实例中沉降的观测值与计算值的统计分析比较而得的。φ_s 的确定与地基土的压缩模量 $\overline{E}_s$ 承受的荷载有关，具体见表 11-3 中。

沉降计算经验系数 φ_s 表 11-3

基底附加应力	$\overline{E}_s$（MPa）	2.5	4.0	7.0	15.0	20.0
黏性土	$p_0 = f_k$	1.4	1.3	1.0	0.4	0.2
	$p_0 < 0.75 f_k$	1.1	1.0	0.7	0.4	0.2
砂土		1.1	1.0	0.7	0.4	0.2

$\overline{E}_s$ 为沉降计算深度范围内的压缩模量的当量值，按下式计算：

$$\overline{E}_s = \frac{\sum A_i}{\sum \dfrac{A_i}{E_{si}}} \tag{11-22}$$

A_i——为第 i 层土的附加应力系数沿土层深度的积分值；

E_{si}——相应于该土层的压缩模量。

3. 地基沉降计算深度 z_n，应满足：

$$\Delta s'_n \leqslant 0.025 \sum_{i=1}^{n} \Delta s'_i \qquad (11\text{-}23)$$

式中　$\Delta s'_i$——计算深度范围内第 i 层土的沉降计算值；

　　　$\Delta s'_n$——计算深度处向上取厚度 Δz 的分层的沉降计算值。

Δz 的厚度选取与基础宽度 b 有关，见表 11-4。

Δz 值 　　　　　　　　　　　　　　　　　　　　　　　　　　　　　表 11-4

$b(\text{m})$	$b \leqslant 2$	$2 < b \leqslant 4$	$4 < b \leqslant 8$	$b > 8$
$\Delta z(\text{m})$	0.3	0.6	0.8	1.0

第三节　建筑地基基础计算

一、概述

地基基础设计是整个建筑物设计的一个重要组成部分。它与建筑物的安全和正常使用有着密切的关系。设计时，要考虑场地的工程地质和水文地质条件，同时也要考虑建筑物的使用要求，上部结构特点和施工条件等各种因素，使基础工程做到安全可靠、经济合理、技术先进和便于施工。

天然地基上的浅基础是工业与民用建筑中最常用的基础类型。当基础直接建造在未经加固的天然地层上时，称这种地基为天然地基；若天然地基很软弱，须先进行人工加固，再修建基础，称这种地基为人工地基。天然地基施工简单，造价较低，而人工地基一般比天然地基施工复杂，造价也高。因此在一般情况下，应尽量采用天然地基。

天然地基上的基础，按其埋置深度可分为浅基础和深基础。一般认为，埋置深度不超过 5m 的称为浅基础。实际上浅基础与深基础没有一个明确的界限。对于大多数基础埋深较浅，可用比较简单的施工方法修建（例如用明挖法施工）的，属浅基础。由于埋深浅，结构形式简单，施工方法简便，造价也较低，因此是建筑物最常用的基础类型。

埋置深的基础，若仍用明挖法施工，会产生基坑边坡支护、降低地下水位等问题，故一般要采用特殊的施工方法和设备修建，例如做成桩基、沉井、地下连续墙等类型基础，这些基础均称为深基础。

二、浅基础常用类型及适用条件

（一）扩展基础

上部结构通过墙、柱等承重构件传递的荷载，在其底部横截面上引起的压强通常远大于地基承载力。这就有必要在墙、柱之下设置水平截面向下扩大的基础——扩展基础，以便将墙或柱荷载扩散分布于基础底面，使之满足地基承载力和变形的要求。

扩展基础包括配筋或不配筋的条形墙基础和单独柱基础。

1. 无筋扩展基础（刚性基础）

无筋扩展基础的常用材料有砖、块石、毛石、素混凝土、三合土和灰土等，这些材料都具有较好的抗压性能，但抗拉、抗剪强度较低。设计时必须保证发生在基础内的拉应力和剪应力不超过相应的材料强度设计值。这种保证通常是通过对基础构造（图 11-11）的限制来实现的，即基础每个台阶的宽度与其高度之比不得超过如表 11-5 所列的台阶宽高比的允许值。在这样的限制下，基础的相对高度都比较大，几乎不发生挠曲变形，所以无筋扩展基础习惯上称为刚性基础，设计时一般先选择适当的基础埋置深度 d 和基础底面尺寸。设基底宽度为 b，则按上述限制，基础的构造高度应满足下列要求：

$$H_0 \geqslant \frac{b - b_0}{2\tan\alpha} \tag{11-24}$$

式中　b_0——基础顶面处的上部砌体宽度。

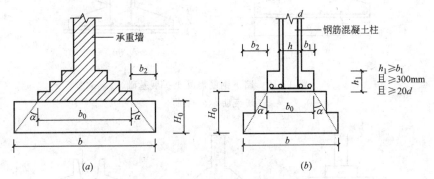

图 11-11　无筋扩展基础构造示意图

(a) 墙下无筋扩展基础；(b) 柱下无筋扩展基础

无筋扩展基础台阶宽高比的允许值　　　　　　表 11-5

基础材料	质量要求	台阶宽高比的允许值		
		$p_k \leqslant 100$	$100 < p_k \leqslant 200$	$200 < p_k \leqslant 300$
混凝土基础	C15 混凝土	1∶1.00	1∶1.00	1∶1.25
毛石混凝土基础	C15 混凝土	1∶1.00	1∶1.25	1∶1.50
砖基础	砖不低于 MU10、砂浆不低于 M5	1∶1.50	1∶1.50	1∶1.50
毛石基础	砂浆不低于 M5	1∶1.25	1∶1.50	—
灰土基础	体积比为 3∶7 或 2∶8 的灰土,其最小干密度:粉土 1.55t/m³、粉质黏土 1.50t/m³、黏土 1.45t/m³	1∶1.25	1∶1.50	—
三合土基础	体积比1∶2∶4～1∶3∶6(石灰∶砂∶骨料),每层约虚铺220mm,夯至150mm	1∶1.50	1∶2.00	—

注：1. p_k 为荷载效应标准组合时基础底面处的平均压力值（kPa）；
　　2. 阶梯形毛石基础的每阶伸出宽度，不宜大于 200mm；
　　3. 当基础由不同材料叠合组成时，应对接触部分作抗压验算；
　　4. 基础底面处的平均压力值超过 300kPa 的混凝土基础，尚应进行抗剪验算。

当基础荷载较大、因而按地基承载力确定的基础底面宽度 b 也较大时，按上式则 H_0 增大，此时，即使 $H_0 < d$，也还存在用料多，自重大的缺点。如果 $H_0 > d$，就不得不采取增大基础埋深来满足设计要求，这样做，还会对施工带来不便。所以，无筋扩展基础一般只可用于六层和六层以下（三合土基础不宜超过四层）的民用建筑和砌体承重的厂房。

2. 钢筋混凝土扩展基础

钢筋混凝土扩展基础包括钢筋混凝土独立基础和墙下钢筋混凝土条形基础。钢筋混凝土独立基础的形式主要有现浇柱锥形基础、预制柱杯形基础和高杯口基础。

钢筋混凝土扩展基础的抗弯和抗剪性能良好，可在竖向荷载较大、地基承载力不高以及承受水平力和力矩荷载等情况下使用。由于这类基础的高度不受台阶宽高比的限制，故适宜于需要"宽基浅埋"的场合下采用。例如当软土地基的表层具有一定厚度的所谓"硬壳层"、并拟利用该层作为持力层时，可考虑采用这类基础形式。

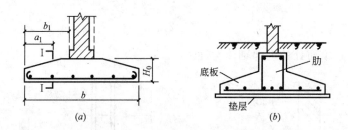

图 11-12　墙下钢筋混凝土扩展基础
(a) 无肋；(b) 有肋

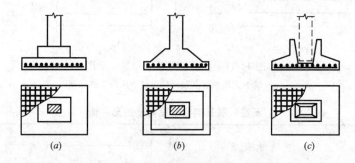

图 11-13　柱下钢筋混凝土扩展基础
(a) 阶形基础；(b) 锥形基础；(c) 杯口基础

（二）筏形和箱形基础

筏形和箱形基础都是房屋建筑常用的基础形式。

当立柱或承重墙传来的荷载较大，地基土质软弱又不均匀，采用单独或条形基础均不能满足地基承载力或沉降的要求时，可采用筏形钢筋混凝土基础，这样既扩大了基底面积又增加了基础的整体性，并避免建筑物局部发生不均匀沉降。

筏形基础在构造上类似于倒置的钢筋混凝土楼盖，它可以分为平板式（图 11-14a）和梁板式（图 11-14b）。平板式常用于柱荷载较小，而且柱子排列较均匀和间距也较小的情况。

为增大基础刚度，可将基础做成由钢筋混凝土顶板、底板及纵横隔墙组成的箱形基础（图 11-15），它的刚度远大于筏形基础，而且基础顶板和底板间的空间常可利用作地下室。它适用于地基较软弱，土层厚，建筑物对不均匀沉降较敏感或荷载较大而基础建筑面积不太大的高层建筑。

（三）独立基础

独立基础是配置于整个结构物之下的无筋或配筋的单个基础。这类基础与上部结构连

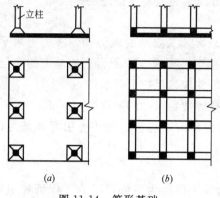

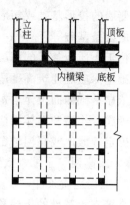

图 11-14　筏形基础　　　　　　　　　　　　　　　图 11-15　箱形基础

成一体，或自身形成一个块状实体，因此具有很大的整体刚度，一般可按常规方法设计。

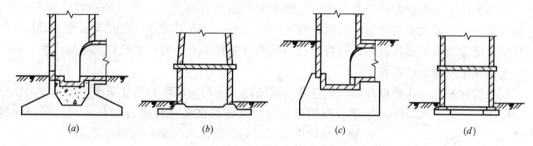

图 11-16　正、倒锥组合壳基础
（a）、（b）圆板基础；（c）实体基础；（d）圆环基础

　　烟囱、水塔、高炉等构筑物，经常采用钢筋混凝土圆板或圆环基础及混凝土实体基础（图 11-16），有时也可采用壳体基础，在基础工程中采用得较多的是正圆锥壳及其组合形式。前者可以用作柱基础，后者主要在烟囱、水塔、贮仓和中、小型高炉等筒形构筑物下使用（图 11-17）。

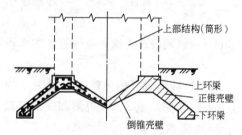

图 11-17　烟囱、水塔基础

　　壳体基础的底面积和基底竖向压力，可按水平投影面积及其形状相同的实体基础以常规方法计算。壳体的内力计算方法和构造，见现行国家标准《建筑地基基础设计规范》。

三、地基计算

（一）基础埋置深度的选择

　　选择基础的埋置深度是基础设计工作中的重要一环，因为它关系到地基是否可靠、施工的难易及造价的高低。影响基础埋深选择的因素很多，但就每项工程来说，往往只是其中一、二种因素起决定作用。设计时要善于从实际情况出发，首先抓住主要因素进行考虑。基础埋置深度按下列条件确定：

　　1. 与建筑物有关的条件

　　某些建筑物需要具备一定的使用功能或宜采用某种基础形式，这些要求常成为其基础埋深选择的先决条件，例如必须设置地下室或设备层的建筑物、半埋式结构物、须建造带封闭侧墙的筏形基础或箱形基础的高层或重型建筑、带有地下设施的建筑物、或具有地下部分的设备基础等。

位于土质地基上的高层建筑，由于竖向荷载大，又要承受风力和地震力等水平荷载，其基础埋深应随建筑高度适当增大，才能满足稳定性要求。位于岩石地基上的高层建筑，常须依靠基础侧面土体承担水平荷载，其基础埋深应满足抗滑要求。

烟囱、水塔和筒体结构的基础埋深应满足抗倾覆稳定性的要求。

确定冷藏库或高温炉窑一类建筑物基础的埋深时，应考虑热传导引起地基土的低温（冻胀）或高温（干缩）效应。

2. 工程地质条件

直接支承基础的土层称为持力层，其下的各土层称为下卧层。为了保证建筑物的安全，必须根据荷载的大小和性质给基础选择可靠的持力层。上层土的承载力大于下层土时，如有可能，宜取上层土作持力层，以减少基础的埋深。

当上层土的承载力低于下层土时，如果取下层土为持力层，所需的基础底面积较小，但埋深较大；若取上层土为持力层，情况相反。哪一种方案较好，有时要从施工难易、材料用量等方面作方案比较后才能肯定。当基础存在软弱下卧层时，基础宜尽量浅埋，以便加大基底至软弱层的距离。

在按地基条件选择埋深时，还经常要求从减少不均匀沉降的角度来考虑。例如当土层的分布明显不均匀或各部位荷载轻重差别很大时，同一建筑物的基础可采用不同的埋深来调整不均匀沉降量。

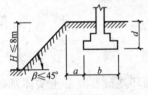

图 11-18 土坡坡顶处基础的最小埋深

对墙基础，如地基持力层顶面倾斜，必要时可沿墙长将基础底面分段做成高低不同的台阶状，以保证基础各段都具有足够的埋深。分段长度不宜小于相邻两段底面高差的 1～2 倍，且不宜小于 1m。

对修建于坡高（H）和坡角（β）不太大的稳定土坡坡顶的基础（图 11-18），当垂直于坡顶边缘线的基础底面边长 $b \leqslant 3m$，由基础底面外缘到坡顶边缘的水平距离 $a \geqslant 2.5m$ 时，基础埋深 d 应符合下式要求：

$$d \geqslant (\chi b - a)\tan\beta \tag{11-25}$$

则土坡坡面附近由修建基础所引起的附加应力不影响土坡的稳定性。式中系数 χ 取 3.5（条形基础）或 2.5（矩形和圆形基础）。

3. 水文地质条件

选择基础埋深时应注意地下水的埋藏条件和动态。对底面低于潜水面的基础，除应考虑基坑排水、坑壁围护以及保护基土不受扰动等措施外，还应考虑可能出现的其他施工与设计问题，例如：出现涌土、流砂现象的可能性；地下水对基础材料的化学腐蚀作用；地下室防渗；轻型结构物由于地下水顶托而上浮的可能性；地下水浮托力引起基础底板的内力变化等。

4. 地基冻融条件

季节性冻土是冬季冻结，天暖解冻的土层，在我国分布很广。细粒土（粉砂、粉土和黏性土）冻结前的含水量如果较高、而且结冰期间的地下水位低于冻结深度不足 1.5～2.0m，则有可能发生冻胀。位于冻胀区内的基础受到的冻胀力如大于基底以上的荷重，基础就有被抬起的可能，土层解冻融陷，建筑物就随之下沉。地基土的冻胀与融陷一般是不均匀的，容易导致建筑物开裂损坏。

对于埋置于可冻胀土中的基础，按《建筑地基基础设计规范》的有关规定确定。

5. 场地环境条件

基础埋深应大于因气候变化或树木生长而导致的地基土胀缩、以及其他生物活动形成孔洞等可能到达的深度，除岩石地基外，不宜小于 0.5m。为了保护基础，一般要求基础顶面低于设计地面至少 0.1m。

当存在相邻建筑物时，新建建筑物的基础埋深不宜大于原有建筑基础。当埋深大于原有建筑基础时，两基础间应保持一定净距。其值依原有基础荷载和地基土质而定，且不宜小于该相邻基础底面高差的 1～2 倍，否则应采取分段施工，设支护结构，或加固原有建筑物基础。

如果基础邻近有管道或沟、坑等设施时，基础底面一般应低于这些设施的底面。濒临河、湖等水体修建的建筑物基础，如受到流水或波浪冲刷的影响，其底面应位于冲刷线之下。

（二）地基承载力的确定及验算

1. 地基承载力计算

基础设计首先必须保证荷载作用下地基具有足够的承载力，地基承载力可由荷载试验或其他原位测试、公式计算并结合工程实践等方法综合确定。计算方法及要求见表 11-6。

地基承载力与变形计算表 表 11-6

计算内容	计 算 公 式	备 注
地基承载力计算	1. 轴心荷载作用时 $p_k = (F_k + G_k)/A \leqslant f_a$， 2. 偏心荷载作用时（偏心距 $e \leqslant \dfrac{b}{6}$）： $p_{kmax} = \dfrac{F_k + G_k}{A} + \dfrac{M_k}{W} \leqslant 1.2 f_a$ $p_{kmin} = \dfrac{F_k + G_k}{A} - \dfrac{M_k}{W} \geqslant 0$， $p_k = \dfrac{p_{kmax} + p_{kmin}}{2} \leqslant f_a$ 3. 当偏心距 $e > \dfrac{b}{6}$ 时 $p_{kmax} = \dfrac{2(F_k + G_k)}{3la} \leqslant 1.2 f_a$ 4. 当受力层范围内存在软弱下卧层（地基承载力显著低于持力层的土层）时， $\sigma_z + \sigma_{cz} \leqslant f_{az}$ 条形基础：$\sigma_z = \dfrac{b(p_k - p_c)}{b + 2z\tan\theta}$ 矩形基础：当上层土与下卧层土压缩模量比 $E_{s1}/E_{s2} \geqslant 3$ 时，附加压力 σ_z 采用应力扩散角理论的概念来计算： $\sigma_z = \dfrac{lb(p_k - p_c)}{(b + 2z\tan\theta)(l + 2z\tan\theta)}$	1. 当偏心距 $e \leqslant 0.033b$ 时，f_a 按下式计算： $f_a = M_b\gamma b + M_d\gamma_0 d + M_c c_k$ 2. 当基础宽度大于 3m 或埋深大于 0.5m 时，f_a 尚应按下式进行修正： $f_a = f_{ak} + \eta_b\gamma(b-3) + \eta_d\gamma_m(d-0.5)$ 对条形基础，仅考虑宽度方向的扩散，并沿基础纵向取 $l = 1m$ 为计算单元。 需要指出的是，持力层应有相当的厚度才能使压力扩散，一般认为厚度 z 小于 $b/4$ 时，便不再考虑压力的扩散作用，此时应取 $\theta = 0$，必要时，宜由试验确定。当 $z/b > 0.5$ 时，θ 值不变
基础底面面积计算	1. 轴心荷载作用时 （1）基础底面面积：$A \geqslant F_k/(f_a - \gamma d)$； （2）基础底面为正方形时：$b = l = A^{1/2}$； （3）条形基础：可沿基础长度方向取单位长度 1m 进行计算，$b \geqslant F_k/(f_a - \gamma d)$	

计算内容	计 算 公 式	备 注
基础底面面积计算	2. 偏心荷载作用时 (1)按轴心荷载作用条件,根据 $A \geqslant F_k/(f_a-\gamma d)$ 估算所需基底面积 A; (2)根据偏心距 e 的大小,将基础的底面积增大 $20\% \sim 40\%$,并以适当的比例(一般 b/l 控制在 $1 \sim 1.5$ 之间)确定基础底面的长度 b 和宽度 l; (3)计算基底的最大压力 p_{kmax} 与最小压力 p_{kmin},并应使其满足:$p_{kmax} = \dfrac{F_k+G_k}{A} + \dfrac{M_k}{W} \leqslant 1.2 f_a$ $p_k = \dfrac{p_{kmax}+p_{kmin}}{2} \leqslant f_a$,如不满足要求,应调整基础底面尺寸,直到满足为止	
变形计算	(1)最终变形量 $s = \psi_s s' = \psi_s \cdot \displaystyle\sum_{i=1}^{n} \frac{p_0}{E_{si}}(z_i \bar{a}_i - z_{i-1}\bar{a}_{i-1})$ (2)地基变形计算深度 $\Delta s'_n \leqslant 0.025 \displaystyle\sum_{i=1}^{n} \Delta s'_i$ (3)开挖基坑地基土的回弹变形量 $s_c = \psi_c \displaystyle\sum_{i=1}^{n} \frac{p_c}{E_{ci}}(z_i \bar{a}_i - z_{i-1}\bar{a}_{i-1})$	

注:表中符号:

p_k—相应于荷载效应标准组合时,基础底面处平均压力值。对偏压构件取
$$p_k = (p_{kmax}+p_{kmin})/2;$$

F_k—相应于荷载效应标准组合时,上部结构传至基础顶面的竖向力值;

G_k—基础自重和基础上的土重(kN);

A—基础底面积(m²);

d—基础埋置深度(m),一般自室外地面标高算起。在填方整平地区,可自填土地面标高算起,但填土在上部结构施工后完成时,应从天然地面标高算起。对于地下室,如采用箱形基础或筏基时,基础埋置深度自室外地面标高算起;当采用独立基础或条形基础时,应从室内地面标高算起;

p_{kmax}—相应于荷载效应标准组合时,基础底面边缘的最大压力值;

p_{kmin}—相应于荷载效应标准组合时,基础底面边缘的最小压力值;

f_a—修正后的地基承载力特征值;

f_{ak}—地基承载力特征值(kPa);

M_k—相应于荷载效应标准组合时,作用于基础底面的力矩值;

W—基础底面的抵抗矩;

M_b、M_d、M_c—承载力系数,按表 11-7 确定;

c_k—基底下一倍短边宽深度内土的黏聚力标准值;

η_b、η_d—基础宽度和埋深的地基承载力修正系数,见表 11-8;

γ—基础底面以下土的重度,地下水位以下取浮重度(kN/m³);

b—基础底面宽度(m),当宽度小于 3m 时,按 3m 取值,大于 6m 时,按 6m 取值;

γ_m—基础底面以上土的加权平均重度,地下水位以下取浮重度(kN/m³);

σ_z—相应于荷载效应标准组合时,软弱下卧层顶面处的附加压力值;

σ_{cz}—软弱下卧层顶面处土的自重压力值;

f_{az}—软弱下卧层顶面处经深度修正后地基承载力特征值;

l—垂直于力矩作用方向的基础底面边长;

a—合力作用点至基础底面最大压力边缘的距离;

z—基础底面至软弱下卧层顶面的距离;

θ—地基压力扩散线与垂直线的夹角,可按表 11-9 采用;

$\Delta s'_n$—在由计算深度向上取厚度为 Δ_z 的土层计算变形值,Δ_z 见图 11-并按表 11-4 确定;

$\Delta s'_i$—在计算深度范围内,第 i 层土的计算变形值;

s_c—地基的回弹变形量;

ψ_c—考虑回弹影响的沉降计算经验系数;

p_c—基坑底面以上土的自重压力(kPa),地下水位以下应扣除浮力;

E_{ci}—土的回弹模量,按《土工试验方法标准》(GB/T 50123—1999)确定。

承载力系数 M_b、M_d、M_c　　　　表 11-7

$\varphi_k(°)$	M_b	M_d	M_c	$\phi_k(°)$	M_b	M_d	M_c
0	0	1.00	3.14	22	0.61	3.44	6.04
2	0.03	1.12	3.32	24	0.80	3.87	6.45
4	0.06	1.25	3.51	26	1.10	4.37	6.90
6	0.10	1.39	3.71	28	1.40	4.93	7.40
8	0.14	1.55	3.93	30	1.90	5.59	7.95
10	0.18	1.73	4.17	32	2.60	6.35	8.55
12	0.23	1.94	4.42	34	3.40	7.21	9.22
14	0.29	2.17	4.69	36	4.20	8.25	9.97
16	0.36	2.43	5.00	38	5.00	9.44	10.80
18	0.43	2.27	5.31	40	5.80	10.84	11.73
20	0.51	3.06	5.66				

注：φ_k（°）为基底下一倍短边深度内土的内摩擦角标准值。

承载力修正系数　　　　表 11-8

土 的 类 别		η_b	η_d
淤泥和淤泥质土		0	1.0
人工填土 e 或 I_L 大于等于 0.85 的黏性土		0	1.0
红黏土	含水比 $a_w > 0.8$	0	1.2
	含水比 $a_w \leqslant 0.8$	0.15	1.4
粉土	黏粒含量 $\rho_c \geqslant 10\%$ 的粉土	0.3	1.5
	黏粒含量 $\rho_c < 10\%$ 的粉土	0.5	2.0
e 及 I_L 均小于 0.85 的黏性土		0.3	1.6
粉砂、细砂(不包括很湿与饱和时的稍密状态)		2.0	3.0
中砂、粗砂、砾砂和碎石土		3.0	4.4

注：强风化和全风化的岩石，可参照所风化成的相应土类取值，其他状态下的岩石不修正。

地基压力扩散角 θ　　　　表 11-9

E_{s1}/E_{s2}	z/b	
	0.25	0.5
3	6°	23°
5	10°	25°
10	20°	30°

注：E_{s1} 为上层土压缩模量；E_{s2} 为下层土压缩模量。

2. 变形验算

（1）地基变形的计算应满足建筑地基基础设计规范要求。

（2）建筑物的地基变形计算值 Δ 不应大于地基变形允许值，即：

$$\Delta \leqslant [\Delta] \tag{11-26}$$

式中 $[\Delta]$ 地基的允许变形值，它是根据建筑物的结构特点，使用条件和地基土的类别来确定的，见表 11-9。

地基的变形允许值对于不同类型的建筑物、不同的建筑物结构特点和使用要求、不同的上部结构、对不均匀沉降的敏感程度以及不同的结构安全储备要求，而有不同的要求，应针对具体工程采用不同的变形特征进行验算。

变 形 特 征		地基土类别	
		中、低压缩性土	高压缩性土
砌体承重结构基础的局部倾斜		0.002	0.003
工业与民用建筑相邻柱基的沉降差			
(1)框架结构		0.002L	0.003L
(2)砌体墙填充的边排柱		0.0007L	0.001L
(3)当基础不均匀沉降时不产生附加应力的结构		0.005L	0.005L
单层排架结构(柱距为 6m)柱基的沉降量(mm)		120	200
桥式吊车轨面的倾斜(按不调整轨道考虑)			
纵向		0.004	
横向		0.003	
多层和高层建筑的整体倾斜	$H_g \leqslant 24$	0.004	
	$24 < H_g \leqslant 60$	0.003	
	$60 < H_g \leqslant 100$	0.0025	
	$H_g > 100$	0.002	
体型简单的高层建筑基础的平均沉降量(mm)		200	
高耸结构基础的倾斜	$H_g \leqslant 20$	0.008	
	$20 < H_g \leqslant 50$	0.006	
	$50 < H_g \leqslant 100$	0.005	
	$100 < H_g \leqslant 150$	0.004	
	$150 < H_g \leqslant 200$	0.003	
	$200 < H_g \leqslant 250$	0.002	
高耸结构基础的沉降量(mm)	$H_g \leqslant 100$	400	
	$100 < H_g \leqslant 200$	300	
	$200 < H_g \leqslant 250$	200	

注：1. 本表数值为建筑物地基实际最终变形允许值；

2. 有括号者仅适用于中压缩性土；

3. L 为相邻柱基的中心距离（mm）；H_g 为自室外地面起算的建筑物高度（m）；

4. 倾斜指基础倾斜方向两端点的沉降差与其距离的比值；

5. 局部倾斜指砌体承重结构沿纵向 6～10m 内基础两点的沉降差与其距离的比值。

四、浅基础设计

（一）浅基础设计的基本原则

基础工程设计计算的目的是设计一个安全、经济和可行的地基及基础，以保证结构物的安全和正常使用。因此，基础工程设计计算的基本原则是：

（1）基础底面的压力小于地基的容许承载力；

（2）地基及基础的变形值小于建筑物要求的沉降值；

（3）地基及基础的整体稳定性有足够保证；

（4）基础本身的强度满足要求。

根据建筑物地基基础设计等级及长期荷载作用下地基变形对上部结构的影响程度，地基基础设计应符合下列规定：

（1）所有建筑物的地基计算均应满足承载力计算的有关规定。

（2）设计等级为甲级、乙级的建筑物，均应按地基变形设计。

设计等级	建筑和地基类型
甲级	重要的工业与民用建筑物 30 层以上的高层建筑 体型复杂，层数相差超过 10 层的高低层连成一体建筑物 大面积的多层地下建筑物（如地下车库、商场、运动场等） 对地基变形有特殊要求的建筑物 复杂地质条件下的坡上建筑物（包括高边坡） 对原有工程影响较大的新建建筑物 场地和地基条件复杂的一般建筑物 位于复杂地质条件及软土地区的二层及二层以上地下室的基坑工程
乙级	除甲级、丙级以外的工业与民用建筑物
丙级	场地和地基条件简单、荷载分布均匀的七层及七层以下民用建筑及一般工业建筑物；次要的轻型建筑物

可不作地基变形计算设计等级为丙级的建筑物范围　　　　　　表 11-12

地基主要受力层情况			地基承载力特征值 f_{ak}(kPa)	$60 \leqslant f_{ak}$ <80	$80 \leqslant f_{ak}$ <100	$100 \leqslant f_{ak}$ <130	$130 \leqslant f_{ak}$ <160	$160 \leqslant f_{ak}$ <200	$200 \leqslant f_{ak}$ <300
			各土层坡度（%）	$\leqslant 5$	$\leqslant 5$	$\leqslant 10$	$\leqslant 10$	$\leqslant 10$	$\leqslant 10$
建筑类型	砌体承重结构、框架结构（层数）			$\leqslant 5$	$\leqslant 5$	$\leqslant 5$	$\leqslant 6$	$\leqslant 6$	$\leqslant 7$
	单层排架结构（6m柱距）	单跨	吊车额定起重量(t)	5～10	10～15	15～20	20～30	30～50	50～100
			厂房跨度(m)	$\leqslant 12$	$\leqslant 18$	$\leqslant 24$	$\leqslant 30$	$\leqslant 30$	$\leqslant 30$
		多跨	吊车额定起重量(t)	3～5	5～10	10～15	15～20	20～30	30～75
			厂房跨度(m)	$\leqslant 12$	$\leqslant 18$	$\leqslant 24$	$\leqslant 30$	$\leqslant 30$	$\leqslant 30$
	烟囱		高度(m)	$\leqslant 30$	$\leqslant 40$	$\leqslant 50$	$\leqslant 75$		$\leqslant 100$
	水塔		高度(m)	$\leqslant 15$	$\leqslant 20$	$\leqslant 30$	$\leqslant 30$		$\leqslant 30$
			容积(m³)	$\leqslant 50$	50～100	100～200	200～300	300～500	500～1000

注：1. 地基主要受力层系指条形基础底面下深度为 3b（b 为基础底面宽度），独立基础下为 1.5b，且厚度均不小于 5m 的范围（二层以下一般的民用建筑除外）；

2. 地基主要受力层中如有承载力特征值小于 130kPa 的土层时，表中砌体承重结构的设计，应符合《建筑地基基础设计规范》（GB 50007—2002）中的有关要求；

3. 表中砌体承重结构和框架结构均指民用建筑，对于工业建筑可按厂房高度、荷载情况折合成与其相当的民用建筑层数；

4. 表中吊车额定起重量、烟囱高度和水塔容积的数值系指最大值。

（3）表 11-12 所列范围内设计等级为丙级的建筑物可不作变形验算，如有下列情况之一时，仍应作变形验算：

1）地基承载力特征值小于 130kPa，且体型复杂的建筑；

2）在基础上及其附近有地面堆载或相邻基础荷载差异较大，可能引起地基产生过大的不均匀沉降时；

3）软弱地基上的建筑物存在偏心荷载时；

4）相邻建筑距离过近，可能发生倾斜时；

5）地基内有厚度较大或厚薄不均的填土，其自重固结未完成时。

（4）对经常受水平荷载作用的高层建筑、高耸结构和挡土墙等，以及建造在斜坡上或边坡附近的建筑物和构筑物，尚应验算其稳定性。

（5）基坑工程应进行稳定性验算。

（6）当地下水埋藏较浅，建筑地下室或地下构筑物存在上浮问题时，尚应进行抗浮验算。

（二）无筋扩展基础截面设计

1. 无筋扩展基础截面的设计原则

由于无筋扩展基础通常是由砖、块石、素混凝土、三合土和灰土等材料建造的，这些材料具有抗压强度高而抗剪强度低的特点，所以在进行无筋扩展基础设计时必须使基础主要承受压应力，并保证基础内产生的拉应力和剪应力都不超过材料的设计值。具体设计中主要通过对基础的外伸宽度与基础高度的比值进行验算来实现。同时，其基础宽度还应满足地基承载力的要求。

2. 无筋扩展基础的设计计算步骤

（1）初步选定基础高度 H

混凝土基础高度 H 不宜小于 200mm，一般为 300mm。对石灰三合土基础和灰土基础，基础高度 H 应为 150mm 的倍数。砖基础的高度应符合砖的模数，标准砖的规格为 240mm×115mm×53mm，八五砖的规格为 220mm×105mm×43mm。在布置基础剖面图时，大放脚的每皮宽度 b_1 和高度 h_1 值见表 11-13。

大放脚的每皮宽度 b_1 和高度 h_1　　　　　　　　　　表 11-13

宽度、高度	标准砖	八五砖
宽度 $b_1 = h_1/2$	60	55
高度 h_1	120	110

（2）基础宽度 b 的确定

先根据地基承载力条件确定基础宽度。再按下列公式进一步验算基础的宽度：

$$b \leqslant b_0 + 2H_0 \tan\alpha \tag{11-27}$$

式中　b_0——基础顶面的砌体宽度（图 11-11）；

　　　H_0——基础高度；

　　$\tan\alpha$——基础台阶宽高比的允许值，且 $\tan\alpha = b_2/H_0$ 可按表 11-5 选用；

　　　b_2——基础的外伸长度。

对混凝土基础，当基础底面平均压应力超过 300kPa 时，还应对台阶高度变化处的断面进行受剪承载力验算：

$$V_S \leqslant 0.366 f_t A \tag{11-28}$$

式中　V_S——相应于荷载效应基本组合时的地基土平均净反力产生的沿墙边缘或变阶处单位长度的剪力设计值；

　　　f_t——混凝土轴心抗拉强度设计值；

　　　A——沿墙边缘或变阶处混凝土基础单位长度面积。

如地基承载力符合要求，则可采用原先选定的基础宽度和高度，否则应调整基础高度重新验算，直至满足要求为止。

（三）扩展基础设计

钢筋混凝土墙下条形基础是建筑物、构筑物中经常遇到的扩展基础，其截面构造简单、施工方便。墙下条形基础截面计算内容包括基础底板高度和底板配筋。

为求出基础底板高度和配筋，将基础底板视为倒置的两侧挑出的悬臂板，在地基净反力作用下的受弯构件。地基净反力指作用于倒置悬臂板上的板面荷载，其值为基底压应力 p 与自重 G 产生的均匀压力之差，即上部结构传至基础顶面的竖向荷载设计值 F 引起的基底净压力 p_j。

轴心荷载作用下

$$p_j = \frac{F}{b} \tag{11-29}$$

偏心荷载作用下

$$p_{j\max} = \frac{F}{b} + \frac{6M}{b^2} \tag{11-30a}$$

$$p_{j\min} = \frac{F}{b} - \frac{6M}{b^2} \tag{11-30b}$$

荷载 F（kN/m）、M（kN·m/m）为单位长度数值。

1. 基础高度的确定

基础高度是由混凝土抗剪承载力确定，验算部位是悬臂板最大剪力处的截面，即验算底板根部截面 I—I 处的剪力设计值 V_I（kN/m）

$$V_I \leqslant 0.7 f_t h_0 \tag{11-31}$$

式中轴心荷载作用时

$$V_I = \frac{b_I}{b} F \tag{11-32a}$$

偏心荷载作用时

$$V_I = \frac{b_I}{2b} \left[(2b - b_I) p_{j,\max} + b_I p_{j,\min} \right] \tag{11-32b}$$

b_I——验算截面 I—I 距基础边缘的距离（图 11-19），当墙体材料为混凝土时，b_I 等于基础边缘至墙脚的距离 a；当墙体为砖墙，且墙脚伸出 1/4 砖长时，$b_I = a +$ 1/4 砖长；

h_0——基础底板根部截面 I—I 有效高度（mm），当基础设垫层时，混凝土的保护层厚度不宜小于 40mm，无垫层时，混凝土的保护层厚度不宜小于 70mm；

f_t——基础混凝土轴拉强度设计值。

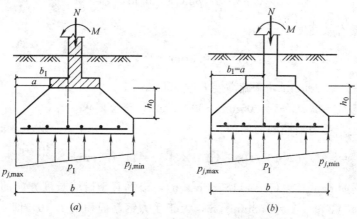

图 11-19　墙下条形基础的验算截面

(a) 砖墙情况；(b) 混凝土墙情况

2. 基础底板的配筋

根据验算截面 $I-I$ 的弯矩设计值 M_I（kN·m/m）

$$M_I = \frac{1}{2} V_I b_I \tag{11-33}$$

计算每延米基础底板的受力钢筋截面面积 A_S（mm^2/m）

$$A_S = \frac{M_I}{0.9 f_y h_0} \tag{11-34}$$

式中　f_y——钢筋抗拉强度设计值。

【例题】　某单层泵房采用钢筋混凝土条形基础，墙厚 240mm，池壁传到基础顶面的竖向荷载设计值 $N=300$kN/m，竖向弯矩 $M=30.0$kN·m/m，如图 11-20 所示。由地基承载力条件确定条形基础底面宽度为 2.0m，试设计该基础。

【解】

1. 选用基础混凝土强度等级为 C20（$f_t=1.1\text{N}/\text{mm}^2$），受力钢筋强度等级 HPB235（Q235）（$f_y=210\text{kN}/\text{mm}^2$）

2. 计算基础边缘的最大和最小地基净反力

$$p_{j\max} = \frac{F}{b} + \frac{6M}{b^2} = 300/2.0 + 6 \times 30.0/2.0^2 = 195.0\text{kPa}$$

$$p_{j\min} = \frac{F}{b} - \frac{6M}{b^2} = 300/2.0 - 6 \times 30.0/2.0^2 = 105.0\text{kPa}$$

3. 计算验算截面的剪力设计值及弯矩设计值，验算截面距基础边缘的距离 $b_I=1/2$(2.0−0.24)=0.88m

基础验算截面 $I-I$ 的剪力设计值：

$$V_I = \frac{b_I}{2b}\left[(2b-b_I)p_{j\max} + b_I p_{j\min}\right] = \frac{0.88}{2 \times 2.0}\left[(2 \times 2.0 - 0.88) \times 195 + 0.88 \times 105.0\right]$$

$$= 154.2\text{kN/m}$$

$$M_I = \frac{1}{2} V_I b_I = \frac{1}{2} \times 154.2 \times 0.88 = 67.85\text{kN·m/m}$$

4. 计算基础有效高度

$$h_0 \geqslant \frac{V_I}{0.7 f_t} = 154.2/(0.7 \times 1.1) = 200.3\text{mm}$$

基础边缘高度取 200mm，基础高度 h 取 350mm，

则有效高度 $h_0=350-45=305\text{mm} > 200.3\text{mm}$，符合要求。

5. 基础每延米受力钢筋截面面积

$$A_s = \frac{M_I}{0.9 f_y h_0} = 67.86 \times 10^6/(0.9 \times 210 \times 305) = 1177.2\text{mm}^2$$

选配受力钢筋 $\phi6@170$（$A_s=1183\text{mm}^2/\text{m}$），沿垂直于砖墙长度方向的配置。在墙的长度方向配置 $\phi8@300$（$A_s=168\text{mm}^2/\text{m}$，大于受力钢筋面积的 1/10，即 118.3 mm^2/m）的分布钢筋。基础垫层厚度为 100mm，垫层混凝土强度等级 C10。

基础配筋见图 11-21 所示。

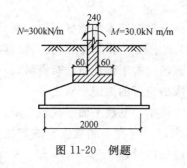

图 11-20 例题

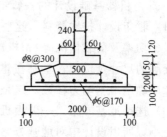

图 11-21 墙下条形基础配筋图

（四）动力机器基础设计

运转时会产生较大不平衡惯性力的一类机器，称为动力机器。它们的特点是平衡性差、振幅大，而且由于转速低（一般不超过 $500 \sim 600 r/min$），有可能引起地基及基础的振动，从而产生一系列不良影响，如降低地基土的强度、增加基础的沉降量，影响机器的正常工作。因此，动力机器基础的设计除了满足地基基础设计的一般要求外，还应使基础由于动荷载而引起的振动幅值不超过某一限值，即《动力机器基础设计规范》所规定的最大允许幅值。这个限值主要取决于：地基和基础的振动不影响机器的正常使用；地基和基础的振动不影响工人的身体健康、不会造成建筑物的开裂和破坏；地基和基础的振动对附近的人员、建筑（构）物和仪器设备等不产生有害的影响。

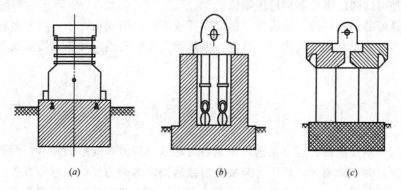

图 11-22 机器基础的常用结构形式
(a) 实体式；(b) 墙式；(c) 框架式

1. 振动作用下地基承载力验算

由于地基土在动荷载作用下抗剪强度有所降低，并出现附加沉降，因而地基承载力特征值应予以折减。这样，设计机器基础时应满足下列条件：

$$P_k \leqslant \alpha_f f_a \tag{11-35}$$

式中 P_k——相应于荷载效应标准组合时，基础底面处的平均压力值；

f_a——按《建筑地基基础设计规范》（GB 50007—2002）所确定的地基承载力特征值；

α_f——动力折减系数，见《动力机器基础设计规范》。

虽然上式形式上是一种静力验算，但实质上已考虑了振动的影响。因此，也可看作是考虑了动力作用的一种控制条件。

2. 动力机器基础设计的一般步骤

(1) 收集设计技术资料。这些资料主要有：与机器有关的技术性能（名称、型号、传动方式、功率及荷载情况等）；机器底座外轮廓图和基础中按要求设置的坑、洞、沟、地脚螺栓等的尺寸及位置；基础在建筑物中的位置；建筑场地的工程地质勘察资料。

(2) 确定地基动力参数。这是动力机器基础设计成功与否的关键步骤之一。

(3) 选择地基方案。一般因机器基础的基底静压力较小，基底平面形式较简单，且荷载偏心小，所以设计中对地基方案的选择并无特殊要求，只有在遇到软土、湿陷性黄土、饱和细砂、粉砂、粉土等土层时，才需采取适当的措施加以处理。

(4) 确定基础类型及材料，基础的材料一般采用混凝土及钢筋混凝土。

(5) 确定基础的埋置深度及尺寸。埋置深度一般根据地质资料，厂房基础及管沟埋深等条件综合确定。基础的外形尺寸一般根据制造厂提供的机器轮廓尺寸及附件、管道等的布置加以确定，同时还须满足基础整体刚度方面的构造要求及所谓的"对心"要求（即要求机器基础总重心与基底形心尽可能在一竖直线上）。

(6) 验算地基承载力。

(7) 进行动力计算。这个步骤是动力机器基础设计的关键，其内容为确定固有频率（自振频率）和振动幅值（位移、速度和加速度的幅值），并控制这些振动量不超过一定的允许范围，对大多数动力机器基础而言，主要是控制振动位移和速度幅值，而对振动能量较大的锻锤基础，则还需控制加速度幅值。

动力计算虽是很重要的一项内容，但要保证基础设计的成功，还必须全面地从总平面图布置、地基方案及基础结构类型的选定，地基动力参数的确定和施工质量及养护等方面综合地加以考虑。

第四节　深基础概述

如果建筑场地浅层的土质不能满足建筑物对地基承载力和变形的要求，而又不适宜采取地基处理措施时，就要考虑以下部坚实土层或岩层作为持力层的深基础方案。深基础主要有桩基础、沉井和地下连续墙等几种类型，其中以历史悠久的桩基应用最为广泛。

一、桩基础

桩是设置于土中的竖直或倾斜的柱型基础构件，其横截面尺寸比长度小得多，它与连接桩顶和承接上部结构的承台组成深基础，简称桩基（图 11-23），承台将各桩连成一个整体，把上部结构传来的荷载转换、调整分配于各桩，由穿过软弱层或水的桩传递到深部较坚硬的压缩性小的土层或岩层，桩所承受的轴向荷载是通过作用于桩周土层的桩侧摩阻力和桩端地层的桩端阻力来支承；水平荷载则依靠桩侧土层的侧向阻力来支承。

（一）桩基础的适用性

随着近代科学技术的发展，桩的种类和桩基形式、施工工艺和设备以及桩基理论和设计方法，都有了很大的演

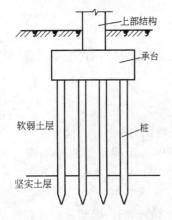

图 11-23　低承台桩基础示意图

进。桩基已成为在土质不良地区修建各种建筑物，特别是高层建筑、重型厂房和具有特殊要求的构筑物所广泛采用的基础形式。

对下列情况，可考虑选用桩基础方案：

（1）不允许地基有过大沉降和不均匀沉降的高层建筑或其他重要的建筑物；

（2）重型工业厂房和荷载过大的建筑物，如仓库、料仓等；

（3）对烟囱、输电塔等高耸结构物，宜采用桩基以承受较大的上拔力和水平力，或用以防止结构物的倾斜时；

（4）对精密或大型的设备基础，需要减小基础振幅、减弱基础振动对结构的影响，或应控制基础沉降和沉降速率时；

（5）软弱地基或某些特殊性土上的各类永久性建筑物，或以桩基作为地震区结构抗震措施时。

（二）桩的分类

桩基按承台与地面的相对位置的不同，而有低承台桩基和高承台桩基之分。前者的承台底面位于地面以下，而后者则高出地面以上，且其上部常处于水中。工业与民用建筑几乎都使用低承台竖直桩基，并且很少采用斜桩。桥梁和港口工程常用高承台桩基，且常用斜桩以承受水平荷载。

按施工方法的不同，桩有预制桩和灌注桩两大类。随着桩的设置方法（打入或钻孔成桩等）的不同，桩对桩周土的排挤作用也很不同。排挤作用会引起土的天然结构、应力状态和性质的变化，从而影响桩的承载力和变形性质。这些影响可统称为桩的设置效应。按桩的设置效应，可将桩分为大量挤土桩、小量挤土桩和不挤土桩三类。

1. 预制桩

预制桩可用钢筋混凝土、钢材或木料在现场或工厂制作后以锤击、振动打入、静压或旋入等方式设置。

（1）钢筋混凝土桩

钢筋混凝土桩的优点是：长度和截面形状、尺寸可在一定范围内根据需要选择，质量较易保证；桩尖可达坚硬黏性土或强风化基岩，承载力较高，耐久性好。其横截面有方、圆等各种形状。普通实心方桩的截面边长一般为 300～500mm。现场预制桩的长度一般在 25～30m 以内。工厂预制桩的分节长度一般不超过 12m，沉桩时在现场连接到所需长度。

分节预制桩应保证接头质量以满足桩身承受轴力、弯矩和剪力的要求，分节接头采用钢板角钢焊接后，宜涂以沥青以防锈蚀。国外常用的机械式接桩法用钢板垂直插头加水平销连接，施工快捷，又不影响桩的强度和承载力。

大截面实心桩的自重较大，其配筋主要受起吊、运输、吊立和沉桩等各阶段的应力控制，因而用钢量较大。采用预应力钢筋混凝土桩，则可减轻自重、节约钢材、提高桩的承载力和抗裂性。

预应力混凝土管桩采用先张法预应力工艺和离心成型法制作。经高压蒸汽养护生产的为预应力高强混凝土管桩（PHC桩），其桩身离心混凝土强度等级不低于 C80；未经高压蒸汽养护生产的为预应力混凝土管桩（PC桩），其桩身离心混凝土强度等级为 C60～C80。国内已有多种规格的定型产品，建筑工程中常用的 PHC 桩、PC 桩的外径为 300～

600mm，管壁厚 80～100mm，分节长度为 7～13m，沉桩时桩节处通过焊接端头板接长。最下一节管桩底端可以是开口的，但一般多设置桩尖。桩尖内部可预留圆孔，以便采用水冲法辅助沉桩时安装射水管之用。

　（2）钢桩

　常用的钢桩有开口或闭口的钢管桩以及 H 型钢桩等。一般钢管桩的直径为 250～1200mm。H 型钢桩的穿透能力强，自重轻、锤击沉桩的效果好，承载能力高，无论起吊、运输或是沉桩、接桩都很方便。其缺点是耗钢量大，成本高，我国只在少数重要工程中使用。

　2. 灌注桩

　灌注桩是直接在所设计桩位处开孔，然后在孔内加放钢筋笼（也有省去钢筋的）再浇灌混凝土而成。与钢筋混凝土预制桩比较，灌注桩一般只根据使用期间可能出现的内力配置钢筋，用钢量较省。当持力层顶面起伏不平时，桩长可在施工过程中根据要求在某一范围内取定。灌注桩的横截面呈圆形，可以做成大直径和扩底桩。保证灌注桩承载力的关键在于施工时桩身的成形和混凝土质量。

　灌注桩有不下几十个品种，大体可归纳为沉管灌注桩和钻（冲、磨、挖）孔灌注桩两大类。同一类桩还可按施工机械和施工方法以及直径的不同予以细分。

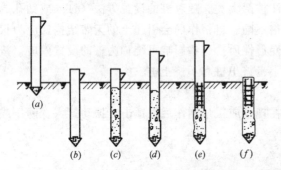

图 11-24　沉管灌注桩的施工程序示意
（a）打桩机就位；（b）沉管；（c）浇灌混凝土；（d）边拔管、边振动；（e）安放钢筋笼，继续浇灌混凝土；（f）成型

　（1）沉管灌注桩

　沉管灌注桩可采用锤击振动、振动冲击等方法沉管开孔，其施工程序如图 11-24 所示。锤击沉管灌注桩的常用直径（指预制桩尖的直径）为 300～500mm，桩长常在 20m 以内，可打至硬塑黏土层或中、粗砂层。这种桩的施工设备简单，打桩进度快，成本低，但很易产生缩颈（桩身截面局部缩小）、断桩、局部夹土、混凝土离析和强度不足等质量事故。

　（2）钻（冲、磨）孔灌注桩

　各种钻孔桩在施工时都要把桩孔位置处的土排出地面，然后清除孔底残渣，安放钢筋笼，最后浇灌混凝土。直径为 600 或 650mm 的钻孔桩，常用回转机具开孔，桩长 10～30m。

　目前国内 1200mm 以下的钻（冲）孔灌注桩在钻进时不下钢套筒，而是利用泥浆保护孔壁以防塌孔，清孔后，在水下浇灌混凝土。其施工程序见图 11-25。常用桩径为 800mm、1000mm、1200mm 等。国外的大直径（1500～2800mm）钻孔桩一般用钢套筒护壁，所用钻机具有回旋钻进、冲击、磨头磨碎岩石和扩大桩底等多种功能，钻进速度快，深度可达 60m，能克服流砂、消除孤石等障碍物，并能进入微风化硬质岩石。其最大优点在于能进入岩层，刚度大，因之承载力高而桩身变形很小。

　我国常用灌注桩的适用范围见表 11-14。

　（3）挖孔桩

　挖孔桩可采用人工或机械挖掘开孔。人工挖土的，每挖深 0.9～1.0m，就浇灌或喷射一圈混凝土护壁（上下圈之间用插筋连接）。达到所需深度时，再进行扩孔。最后在护壁内安装钢筋笼和浇灌混凝土（图 11-26）。挖孔桩的优点是，可直接观察地层情况，孔底容易清除干净，设备简单，噪声小，场区各桩可同时施工，桩径大，适应性强，又较经济。

在挖孔桩施工时，由于工人下到桩孔中操作，可能遇到流砂、塌孔、有害气体、缺氧、触电和上面掉下重物等危险而造成伤亡事故，因此应严格执行有关安全生产的规定。

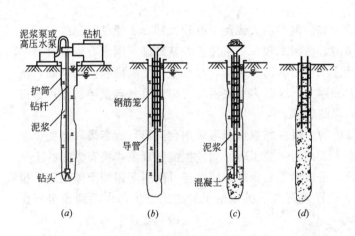

图 11-25　钻孔灌注桩施工程序
(a) 成孔；(b) 下导管和钢筋笼；(c) 浇灌水下混凝土；(d) 成桩

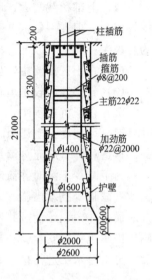

图 11-26　人工挖孔桩示例

各种灌注桩适用范围　　　　　表 11-14

成孔方法		适用范围
泥浆护壁成孔	冲抓 冲击 $\phi800mm$ 以上 回转钻 $\phi400\sim\phi3000mm$	碎石土、砂土、粉土、黏性土及风化岩。冲击成孔的，进入中等风化和微风化岩层的速度比回转钻快，深度可达 50m 以上
	潜水钻 $\phi450\sim\phi3000mm$	黏性土、淤泥、淤泥质土及砂土，深度可达 80m
干作业成孔	螺旋钻 $\phi300\sim\phi1500mm$	地下水位以上黏性土、粉土、砂土及人工填工，深度在 15m 内
	钻孔扩底，底部直径可达 $\phi1200mm$	地下水位以上的坚硬、硬塑的黏性土及中密以上的砂土，深度在 15m 以内
	机动洛阳铲（人工）	地下水位以上的黏性土、粉土、黄土及人工填土
沉管成孔	锤击 $\phi320\sim\phi800mm$	硬塑黏性土，粉土及砂土，$\phi600mm$ 以上的可达强风化岩，深度可达 20～30m
	振动 $\phi400\sim\phi500mm$	可塑黏性土、中细砂，深度可达 20m
爆扩成孔，底部直径可达 $\phi800mm$		地下水位以上的黏性土、黄土、碎石土及风化岩

二、沉井基础

沉井是一种井筒状结构物，是依靠在井内挖土，借助井体自重及其他辅助措施而逐步下沉至预定设计标高，最终形成的建筑物基础的一种深基础形式。

沉井基础的特点：占地面积小，不需要板桩围护，与大开挖相比较，挖土量少，对邻近建筑物的影响比较小，操作简便，无需特殊的专业设备。近年来，沉井的施工技术和施工机械都有很大改进。

沉井基础的使用范围：

（1）上部荷载较大，而表层地基土的容许承载力不足，扩大基础开挖工作量大，以及支撑困难，但在一定深度下有好的持力层，采用沉井基础与其他深基础相比较，经济上较为合理时；

（2）在山区河流中，虽然土质较好，但冲刷大或河中有较大卵石不便桩基础施工时；

（3）岩层表面较平坦且覆盖层薄，但河水较深，采用扩大基础施工围堰有困难时。

沉井在下沉过程中，井筒就是施工期间的围护结构。在各个施工阶段和使用期间，沉井各部分可能受到土压力、水压力和浮力、摩阻力和底面反力以及沉井自重等的作用。沉井的构造和计算应充分满足各个阶段的要求。

为了减少下沉时井筒侧壁的摩阻力，沉井的纵截面可采用台阶形，或者采取触变泥浆和吹气减阻等技术措施。采用排水人工挖土法施工时，如发生流砂现象，将有大量的土从井底涌入井内，致使沉井发生倾斜，造成施工的困难，同时还可能引起四周土体塌陷，影响周围建筑物的安全。一般情况下，宜采用水下机械挖土的施工方法，待沉到预定深度后，再由潜水工进行检查和处理。

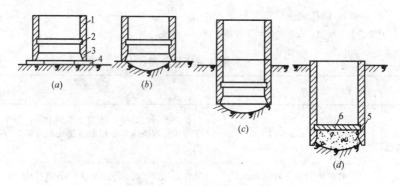

图 11-27　沉井施工示意图

（a）制作第一节井筒；（b）抽垫木，挖土下沉；（c）沉井按高下沉；（d）封底，并浇筑钢筋混凝土底板

1—井壁；2—凹槽；3—刃脚；4—垫木；5—素混凝土封底；6—钢筋混凝土底板

三、地下连续墙

利用专门成槽机械钻（挖或冲）进，使用膨润土泥浆护壁，在土中开出窄长的深槽，于其中安放钢筋笼（网）后，以导管法浇灌水下混凝土，便形成一个单元墙段。顺序完成的墙段以特定的方式连接组成一道完整的现浇地下连续墙。地下连续墙的设计厚度一般为 450～800mm，它具有挡土、防渗兼作主体承重结构等多种功能，能在沉井作业、板桩支护等方法难以实施的环境中进行无噪声、无振动施工，能通过各种地层进入基岩，深度可达 50m 以上而不必采取降低地下水的措施，因此可在密集建筑群中施工。尤其

适用于二层以上地下室的建筑物，这些明显优点使地下连续墙成为一种多功能的新的地下结构形式和施工技术，开始取代某些传统的深基础结构和深基施工方法，而日益受到广泛的重视。

连续墙既是地下工程施工时的围护结构，又是永久性建筑物的地下部分。因此，设计时应针对墙体施工和使用阶段的不同受力和支承条件下的内力进行简化计算，或采用能考虑土的非线性力学性状以及墙与土的相互作用的计算模型以有限单元法进行分析。

第五节　建筑地基处理技术

未经过加固处理，直接支承基础的土层，称为天然地基，多数建筑物都采取天然地基。但在土木工程建设中，有时不可避免地遇到工程地质条件不良的软弱土地基，不能满足建筑物设计要求，需要先经过人工加固处理，再建造基础，处理后的地基称为人工地基。

一、地基处理的对象及其特性

地基处理的对象是软弱地基和特殊土地基。

地基处理的目的是针对软土地基上建造建筑物可能产生的问题，采取人工的方法改善地基土的工程性质，达到满足上部结构对地基稳定和变形的要求，这些方法主要包括提高地基土的抗剪强度，增大地基承载力，防止剪切破坏或减轻土压力；改善地基土压缩特性，减少沉降和不均匀沉降，改善其渗透性，加速固结沉降过程；改善土的动力特性防止液化，减轻振动；消除或减少特殊土的不良工程特性（如黄土的湿陷性，膨胀土的膨胀性等）。

（一）软弱地基

我国的《建筑地基基础设计规范》中明确规定：软弱地基系指主要由淤泥、淤泥质土、冲填土、杂填土或其他高压缩性土层构成的地基。

1. 软土

软土是淤泥和淤泥质土的总称。它是在静水或非常缓慢的流水环境中沉积，经生物化学作用形成。软土的特性是天然含水量高、天然孔隙比大、抗剪强度低、压缩系数高、渗透系数小。在外荷载作用下地基承载力低（软土地基的容许承载力为 $60\sim80kPa$）、地基变形大，不均匀变形也大，且变形稳定历时较长，在比较深厚的软土层上，建筑物基础的沉降往往持续数年乃至数十年之久。

设计时宜利用其上覆较好的土层作为持力层；应考虑上部结构和地基的共同作用；对建筑体型、荷载情况、结构类型和地质条件等进行综合分析，再确定建筑和结构措施及地基处理方法。

2. 冲填土

冲填土是指整治和疏浚江河航道时，用挖泥船通过泥浆泵将夹有大量水分的泥砂吹到江河两岸而形成的沉积土，南方地区称吹填土。如以黏性土为主的冲填土，因吹到两岸的土中含有大量水分且难于排出而呈流动状态，这类土是属于强度低和压缩性高的欠固结土。如以砂性土或其他粗颗粒土所组成的冲填土，其性质基本上和粉细砂相似而不属于软弱土范畴。冲填土是否需要处理和采用何种处理方法，取决于冲填土的工程性质中颗粒组成、土层厚度、均匀性和排水固结条件。

3. 杂填土

杂填土是指由人类活动而任意堆填的建筑垃圾、工业废料和生活垃圾。

杂填土的成因很不规律，组成的物质杂乱，分布极不均匀，结构松散。因而强度低、压缩性高和均匀性差，一般还具有浸水湿陷性。即使在同一建筑场地的不同位置，其地基承载力和压缩性也有较大差异。对有机质含量较多的生活垃圾和对基础有侵蚀性的工业废料，未经处理不应作为持力层。

4. 高压缩性土

主要是饱和松散粉细砂及部分粉土，在动力荷载（机械振动、地震等）重复作用下将产生液化，在基坑开挖时也可能会产生流沙或管涌，故对这类地基土也需要进行地基处理。

（二）特殊土地基

特殊土地基带有地区性特点，它包括软土、湿陷性黄土、膨胀土、红黏土和冻土等地基。以下简要阐明它们的特性。

1. 湿陷性黄土

凡天然黄土在上覆土的自重应力作用下，或在上覆土自重应力和附加应力作用下，受水浸湿后，土的结构迅速破坏而发生显著附加下沉的黄土，称为湿陷性黄土。由于黄土的浸水湿陷而引起建筑物的不均匀沉降是造成黄土地区事故的主要原因，设计时首先要判断是否具有湿陷性，再考虑如何进行地基处理。选择地基处理方法，应根据建筑物的类别、湿陷性黄土的特性、施工条件和当地材料，并经综合技术经济比较确定，湿陷性黄土地基的处理方法可按表 11-15 选择。

湿陷性黄土地基常用的处理方法 　　　　　　　　表 11-15

处 理 方 法		适 用 范 围	一般可处理（或穿透）基底下的陷湿性土层厚度（m）
垫层法		地下水位以上局部或整片处理	1～3
夯实法	强夯	$S_r<60\%$的湿陷性黄土，局部或整片处理	3～6
	重夯		1～2
挤密法		地下水位以上局部或整片处理	5～15
桩基础		基础荷载大，有可靠的持力层	≤30
预浸水法		Ⅲ、Ⅳ级自重湿陷性黄土场地，6m 以上，尚应采用垫层法处理	可消除地面下 6m 以内全部土层的湿陷性
单液硅化或碱液加固法		一般用于加固地下水位以上的既有建筑物地基	一般小于 10m，而单液硅化加固的最大深度可达 20m

2. 膨胀土

膨胀土是指黏粒成分主要由亲水性黏土矿物组成的黏性土。具有吸水膨胀和失水收缩，有较大的胀缩变形性能，且是变形往复的高塑性黏土。利用膨胀土作为建筑物地基时，如果不进行地基处理，常会对建筑物造成危害。

3. 红黏土

红黏土是指石灰岩和白云岩等碳酸盐类岩石在亚热带温湿气候条件下，经风化作用所形成的褐红色黏性土。通常红黏土是较好的地基土，但由于下卧层岩面起伏及存在软弱土层，一般容易引起地基不均匀沉降。

4. 季节性冻土

冻土是指气候在负温条件下，其中含有冰的各种土。季节性冻土是指该冻土在冬季冻结，而夏季融化的土层。多年冻土或永冻土是指冻结状态持续三年以上的土层。季节性冻土因其周期性的冻结和融化，因而对地基的不均匀沉降和地基的稳定性影响较大。

二、地基处理方法的分类标准及其原理

地基处理方法的分类可有多种多样。如按时间可分为临时处理和永久处理；按处理深度可分为浅层处理和深层处理；按处理土性对象可分为砂性土处理和黏性土处理，饱和土处理和非饱和土处理；也可按照地基处理的作用机理进行分类，见表 11-16。对每种地基处理方法使用时，必须注意每种地基处理方法的加固机理、适用范围、优点和局限性。

地基处理方法的分类及其原理和作用、适用范围、优点及局限性　　表 11-16

分类	处理方法	原理和作用	适用范围	优点及局限性
换土垫层法	机械碾压法	挖除浅层软弱土或不良土，分层碾压或夯实土，按回填的材料可分为砂（石）垫层、碎石垫层、粉煤灰垫层、干渣垫层、土（灰土、二灰）垫层等。可提高持力层的承载力，减少沉降量；消除或部分消除土的湿陷性和胀缩性；防止土的冻胀作用及改善土的抗液化性	常用于基坑面积宽大和开挖土方量较大的回填土方工程，适用于处理浅层非饱和软弱地基、湿陷性黄土地基、膨胀土地基、季节性冻土地基、素填土和杂填土地基	简易可行，但仅限于浅层处理，一般不大于3m，对湿陷性黄土地基不大于 5m，如遇地下水，对重要工程，需有附加降低地下水位的措施
	重锤夯实法		适用于地下水位以上稍湿的黏性土、砂土、湿陷性黄土、杂填土以及分层填土地基	
	平板振动法		适用于处理非饱和无黏性土、或黏粒含量少和透水性好的杂填土地基	
深层密实法	挤密法（碎石、砂石桩挤密法）（石灰、土、灰土、二灰桩挤密法）	利用挤密或振动使深层土密实，并在振动或挤密过程中，回填碎石、砾石、砂、石灰、土、灰土、二灰等材料，形成碎石桩、砂桩、砂石桩、石灰桩、土桩、灰土桩、二灰桩等，与桩间土一起组成复合地基，从而提高地基承载力，减少沉降量，消除或部分消除土的湿陷性或液化性	砂（砂石）桩挤密法、振动水冲法、干振碎石桩法，一般适用于杂填土和松散砂土，对软土地基经试验证明加固有效时可使用，石灰桩适用于软弱黏性土和杂填土土桩、灰土桩、二灰桩挤密一般适用于地下水位以上深度＜10m 的湿陷性黄土和人工填土	经振冲处理后，地基土性能较为均匀

分类	处理方法	原理和作用	适用范围	优点及局限性
深层密实法	强夯法	利用强大的夯击能,迫使深层土液化和动力固结,使土体密实,用以提高地基承载力和减小沉降、消除土的湿陷性、胀缩性和液化性,强夯置换是指对厚度小于6m的软弱土层、边夯边填碎石,形成深度为3~6m,直径为2m左右的碎石柱体,与周围土体形成复合地基	强夯一般适用于碎石土、砂土、素填土、杂填土、低饱和度的粉土与黏性土和湿陷性黄土,强夯置换适用于软黏土	施工速度快,施工质量容易保证,经处理后土性较为均匀,造价经济,适用于处理大面积场地;施工时对周围有很大振动和噪声,不宜在闹市区施工;需要有一套重锤、起重机等强夯施工机具
排水固结法	堆载预压法 真空预压法 降水预压法 电渗排水法	通过布置垂直排水井,改善地基的排水条件,及采取加压、抽气、抽水或电渗措施,以加速地基的固结和强度增长,提高地基土的稳定性,并使沉降提前完成	适用于处理厚度较大的饱和软土和冲填土地基,但对于厚度较大的泥炭层要慎重对待	需要有预压时间和荷载条件,及土石方搬运机械;对真空预压,预压力达80kPa,不够时,可同时加土石方堆载,真空泵需长时间抽气,耗电较大,降水预压法无需堆载,效果取决于降低水位的深度,需长时间抽水,耗电较大
加筋法	土工合成材料	在人工填土的路堤或挡墙内铺设土工合成材料、钢带、钢条、尼龙绳或玻璃纤维等为拉筋;土锚、土钉和锚定板都是提高土体的自身强度和自稳能力;或在软弱土层上设置树根桩、碎石桩、砂(石)桩等,使这种人工复合土体,可承受抗拉、抗压、抗剪和抗弯作用,用以提高地基承载力、减少沉降和增加地基稳定性	适用于砂土、黏性土和软土	
	加筋土、土锚、土钉、锚定板		加筋土适用于人工填土的路堤和挡墙结构;土锚、土钉和锚定板适用于土坡稳定	
	树根桩		适用于各类土,可用于稳定土坡支挡结构,或用于对既有建筑物的托换工程	
	碎石桩、砂石桩、砂桩		适用于黏性土、疏松砂性土,人工填土,对于软土,经试验证明施工有效时方可采用	
化学加固法	高压喷射注浆法	将带有特殊喷嘴的注浆管,通过钻孔置入要处理的土层的预定深度,然后将水泥浆液以高压冲切土体,在喷射浆液的同时,以一定速度施转、提升,即形成水泥土圆柱体;若喷嘴提升而不旋转,则形成墙状固结体。加固后可用以提高地基承载力,减少沉降,防止砂土液化、管涌和基坑隆起、建成防渗帷幕	适用于处理淤泥、淤泥质土、黏性土、粉土、黄土、砂土、人工填土等地基。当土中含有较多的大粒径块石、坚硬黏性土、大量植物根径或有过多的有机质时,应根据现场试验结果确定其适用程度对既有建筑物可进行托换加固	施工时水泥浆冒出地面流失量较大,对流失水泥浆应设法予以利用

分类	处理方法	原理和作用	适用范围	优点及局限性
化学加固法	水泥土搅拌法	水泥土搅拌法施工时分湿法(亦称深层搅拌法)和干法(亦称粉体喷射搅拌法)两种,湿法是利用深层搅拌机,将水泥浆与地基土在原位拌和;干法是利用喷粉机,将水泥粉或石灰粉与地基土在原位拌和。搅拌后形成柱状水泥土体,可提高地基承载力、减少沉降、增加稳定性和防止渗漏,建成防渗帷幕	适用于处理淤泥、淤泥质土、粉土和含水量较高,且地基承载力标准值不大于120kPa的黏性土地基,当用于处理泥炭土或地下水具有侵蚀性时,宜通过试验确定其适用程度	经济效果显著,目前已成为我国软土地基建造6～7层建筑物最为经济合理的处理方法之一;不能用于含石块的杂填土
	注浆法	通过注入水泥浆液或化学浆液的措施,使土粒胶结,用以提高地基承载力、减少沉降、增加稳定性、防止渗漏	适用于处理岩基、砂土、粉土、淤泥质黏土、粉质黏土、黏土和一般人工填土,也可加固暗浜和使用在托换加固工程	

三、地基处理方案确定

在确定地基处理方案时,可按下列步骤进行:

(1) 根据搜集的上述资料,初步选定可供考虑的几种地基处理方案。

(2) 对初步选定的几种地基处理方案,应分别从预期处理效果、材料来源和消耗、施工机具和进度、对周围环境影响等各种因素,进行技术经济分析和对比,从中选择最佳的地基处理方案。另外也可采用两种或多种地基处理的综合处理方案。如对某冲填土地基的场地,可进行真空预压联合碎石桩的加固方案,经真空预压加固后的地基容许承载力约可达130kPa,在联合碎石桩后,地基容许承载力可提高到200kPa,从而满足设计对地基承载力较高的要求。

选择地基处理方案时,尚应同时考虑加强上部结构的整体性和刚度。工程实践表明,在软土地基上采用加固上部结构的整体性和刚度的方法,能减少地基的不均匀沉降,这项技术措施,对经地基处理的工程同样适用,它会收到技术经济方面的显著效果。

(3) 对已选定的地基处理方案,根据建筑物的安全等级和场地复杂程度,可在有代表性的场地上进行相应的现场实体试验,以检验设计参数、选择合理的施工方法(其目的是为了调试机械设备,确定施工工艺、用料及配比等各项施工参数)和确定处理效果。现场实体试验最好安排在初步设计阶段进行,以便及时地为施工设计图提供必要的参数,为今后顺利施工创造条件、加速工程建设进度、优化设计、节约投资。

试验性施工一般应在地基处理典型地质条件的场地以外进行,在不影响工程质量问题时,也可在地基处理范围内进行。

思考题与习题

1. 土的各物理性质指标的定义、表达式及其在工程上的实际应用。

2. 利用土的三相草图和换算公式进行土的各种物理指标的换算。

3. 黏性土的含水量对其工程性质的影响。

4. 塑限、液限、缩限的定义及测量方法。塑性指数、液性指数的物理意义及表示方法。

5. 自重应力在地基土中的分布规律。均匀土、分层土和有地下水位时土中自重应力的计算方法。

6. 根据地基持力层地基承载力确定基础底面积尺寸的确定方法。

7. 在什么情况下，可考虑选用桩基础方案？

8. 软弱地基的处理方法及各种方法的适用范围。

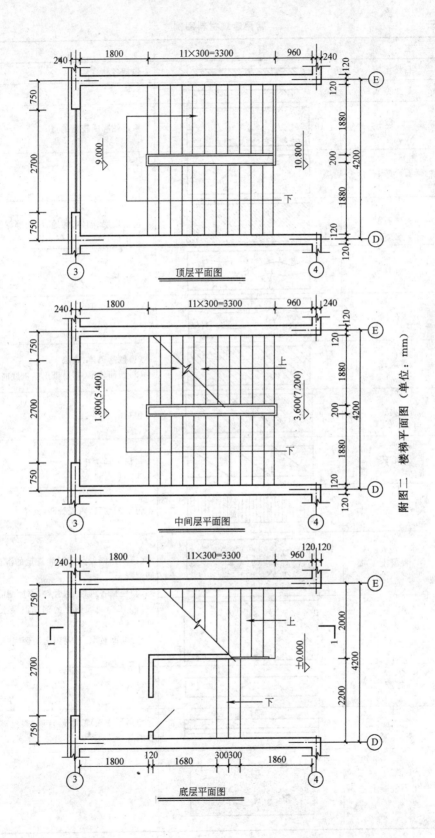

附图二　楼梯平面图（单位：mm）

顶层平面图

11×300=3300

中间层平面图

11×300=3300

底层平面图

11×300=3300

265

常用建筑材料图例

序号	名　　称	图　　例	说　　明
1	自然土壤		包括各种自然土
2	素土夯实		
3	砂、灰土		靠近轮廓线较密的点
4	砂、砾石碎砖、三合土		
5	天然石材		包括岩层、砌体、铺地、贴面等材料
6	毛石		
7	方整石、条石		
8	普通砖		(1)包括砌体、砌块 (2)断面较窄、不易画出图例线时，可涂红
9	耐火砖		包括耐酸砖
10	空心砖		包括各种多孔砖
11	饰面砖		包括铺地砖、陶瓷锦砖、人造大理石
12	混凝土		(1)本图例仅适用于能承重的混凝土及钢筋混凝土 (2)包括各种标号、骨料、添加剂的混凝土 (3)在画剖面图上的钢筋混凝土时，不画出图例线 (4)断面较窄、不易画出图例线时，可涂黑
13	钢筋混凝土		
14	橡胶		
15	玻璃		包括平板玻璃、磨砂玻璃、夹丝玻璃、钢化玻璃等
16	毛石混凝土		

序　号	名　　称	图　　例	说　　明
17	焦渣、矿渣	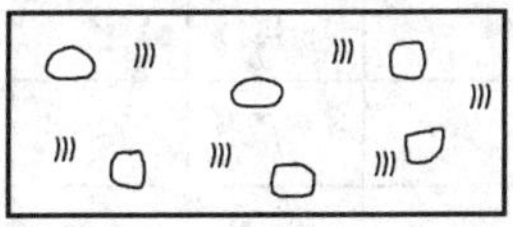	包括与水泥、石灰等混合而成的材料
18	多孔材料		包括水泥珍珠岩、沥青珍珠岩、泡沫混凝土、非承重加气混凝土、泡沫塑料、软木等
19	纤维材料	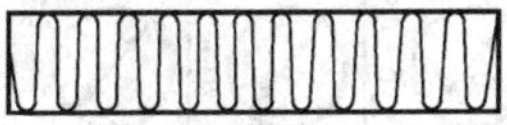	包括麻丝、玻璃棉、矿渣棉、木丝板、纤维板等
20	松散保温材料	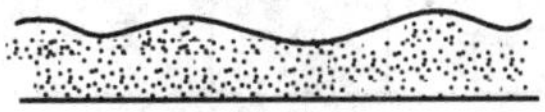	包括木屑、石灰木屑、稻壳等
21	木材	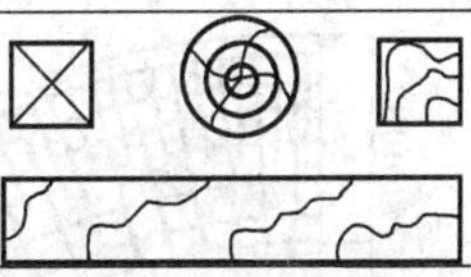	上图为横断面，左上图为垫木，木砖，右上图为木龙骨，下图为纵断面
22	胶合板	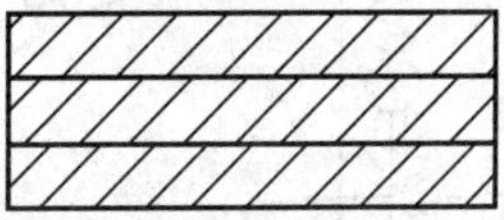	应注明 X 层胶合板
23	石膏板	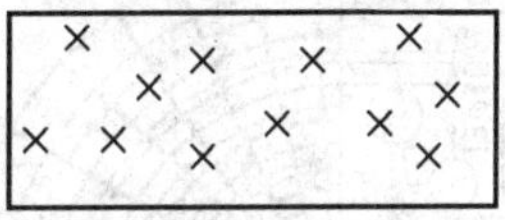	
24	金属	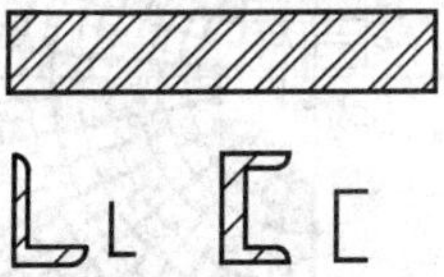	(1)包括各种金属 (2)图形小时，可涂黑
25	网状材料		(1)包括金属、塑料等网状材料 (2)注明材料名称
26	液体	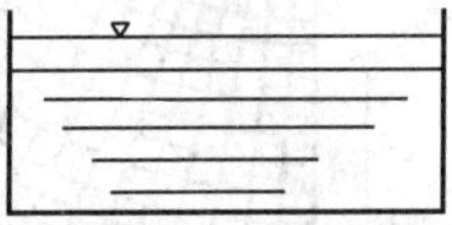	注明液体名称
27	塑料	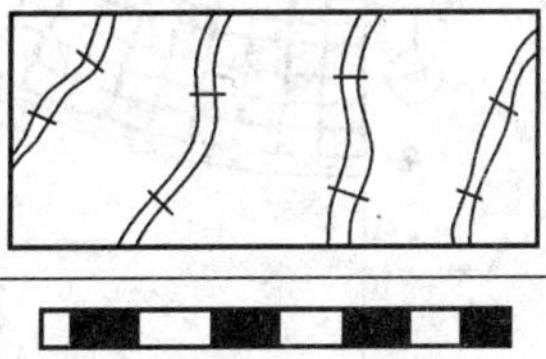	包括各种软、硬塑料以及有机玻璃等
28	防水材料	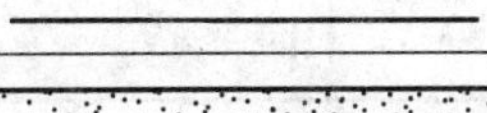	构造层次多或比例较大时，采用上面图例
29	粉刷	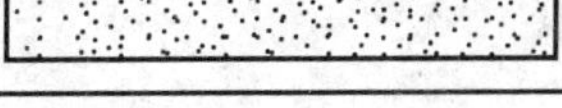	本图例点用较稀的点

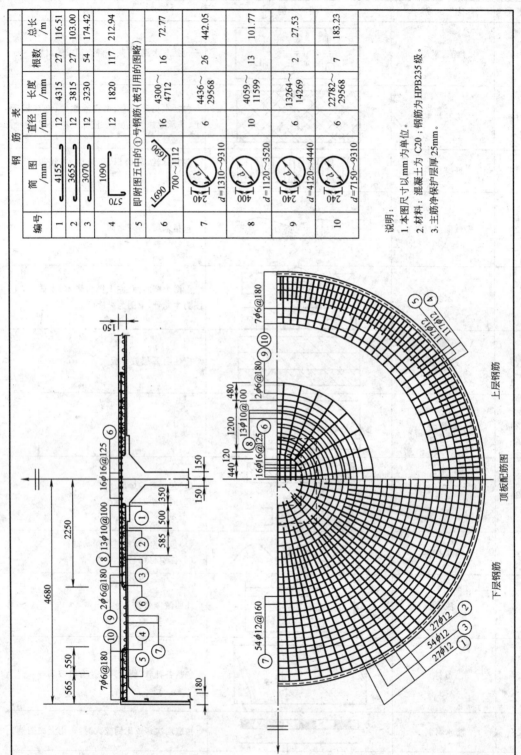

钢 筋 表

编号	简图/mm	直径/mm	长度/mm	根数	总长/m
1	4155	12	4315	27	116.51
2	3655	12	3815	27	103.00
3	3070	12	3230	54	174.42
4	1090 570	12	1820	117	212.94
5	即附图五中的①号钢筋（被引用的图略）				
6	1690 1690 700~1112	16	4300~4712	16	72.77
7	240 d=1310~9310	6	4436~29568	26	442.05
8	400 d=1120~3520	10	4059~11599	13	101.77
9	240 d=4120~4440	6	13264~14269	2	27.53
10	240 d=7150~9310	6	22782~29568	7	183.23

说明：
1. 本图尺寸以mm为单位。
2. 材料：混凝土为C20；钢筋为HPB235级。
3. 主筋净保护层厚25mm。

上层钢筋

下层钢筋

顶板配筋图

附图四 圆形水池顶板配筋图（单位：mm）

钢筋表

构件名称	编号	钢筋简图/mm	直径/mm	长度/mm	根数	总长/m
池壁	1		12	5040	117	589.68
	2	3750	10	3870	129	499.23
	3	d=9286	8	29613	26	769.94
	4	d=9066	8	28922	26	751.97
	5	即附图四中的④号钢筋（被引用的图略）				
	6	1115	14	2095	117	245.12
	7		8	878	129	113.26
	8		8	1046	129	134.93
支柱	9	3195	8	3355	4	13.42
	10	290/240	6	1060	19	20.14
	11	1200	8	1200	4	4.80
	12	850	8	850	4	3.40
	13	620/570	6	2380	1	2.38
	14	1410	8	1410	4	5.64
	15	1000	8	1000	4	4.00
	16	690/640	6	2660	1	2.66
	17	1750	8	2270	48	108.96
	18	825	12	1005	4	4.02

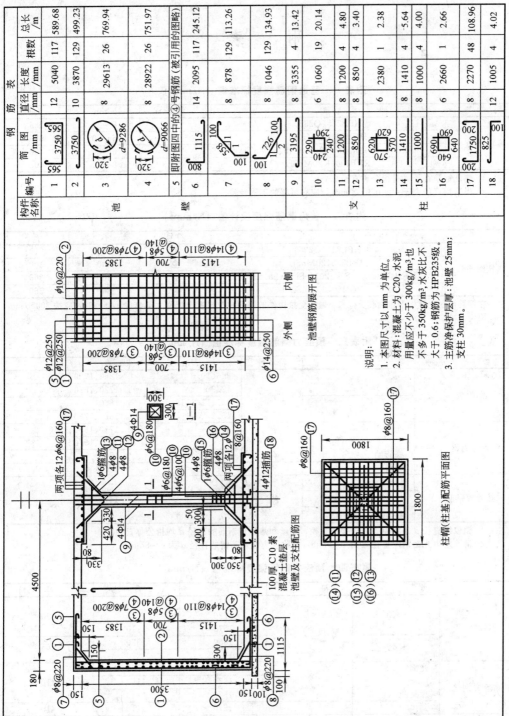

说明：

1. 本图尺寸以 mm 为单位。
2. 材料：混凝土为C20，水泥用量应不少于300kg/m³，也不多于350kg/m³，水灰比不大于0.6；钢筋为HPB235级。
3. 主筋净保护层厚：池壁25mm；支柱30mm。

池壁钢筋展开图

池壁及支柱配筋图

柱帽（柱基）配筋平面图

附图五 圆形水池池壁及支柱配筋图（单位：mm）

附　表

附表一　普通钢筋强度标准值（N/mm²）

种　类		符号	d/mm	f_{yk}
热轧钢筋	HPB235(Q235)	φ	8~20	235
	HRB335(20MnSi)	Φ	6~50	335
	HRB400(20MnSiV/20MnSiNb、20MnTi)	Φ	6~50	400
	RRB400(K20MnSi)	$Φ^R$	8~40	400

注：1. 热轧钢筋直径 d 是指公称直径。
　　2. 当采用直径大于 40mm 的钢筋时，应有可靠的工程经验。

附表二　普通钢筋强度设计值（N/mm²）

种　类		符号	f_y	f_y'
热轧钢筋	HPB235(Q235)	φ	210	210
	HRB335(20MnSi)	Φ	300	300
	HRB400(20MnSiV、20MnSiNb、20MnTi)	Φ	360	360
	RRB400(20MnSi)	$Φ^R$	360	360

注：在钢筋混凝土结构中，轴心受拉和小偏心受拉构件的钢筋抗拉强度设计值大于 300N/mm² 时，应按 300N/mm² 取用。

附表三　预应力钢筋强度标准值（N/mm²）

种　类		符　号	d(mm)	f_{ptk}
钢绞线	1×3	$φ^S$	8.6、10.8	1860、1720、1570
			12.9	1720、1570
	1×7		9.5、11.1、12.7	1860
			15.2	1860、1720
消除应力钢丝	光面	$φ^P$	4、5	1770、1670、1570
			6	1670、1570
	螺旋肋	$φ^H$	7、8、9	1570
	刻痕	$φ^I$	5、7	1570
热处理钢筋	40Si2Mn	$φ^{HT}$	6	1470
	48Si2Mn		8.2	
	45Si2Cr		10	

注：1. 钢铰线直径 d 系指钢铰线外接圆直径，钢丝和热处理钢筋的直径 d 均指公称直径。
　　2. 消除应力光面钢丝直径 d 为 4~9mm，消除应力螺旋肋钢丝直径 d 为 4~8mm。

附表四　预应力钢筋强度标准值（N/mm²）

种　类		符　号	f_{ptk}	f_{py}	f_{py}'
钢绞线	1×3	$φ^S$	1860	1320	
			1720	1220	390
			1570	1110	
	1×7		1860	1320	
			1720	1220	390
消除应力钢丝	光面	$φ^P$	1770	1250	
	螺旋肋	$φ^H$	1670	1180	410
			1570	1110	
	刻痕	$φ^I$	1570	1110	410
热处理钢筋	40Si2Mn	$φ^{HT}$	1470	1040	400
	48Si2Mn				
	45Si2Cr				

注：当预应力钢铰线、钢丝的强度标准值不符合附表3的规定时，其强度设计值应进行换算。

种　　类	E_S
HPB235 级钢筋	2.1×10^5
HRB335 级钢筋、HRB400 级钢筋、RRB400 级钢筋、热处理钢筋	2.0×10^5
消除应力钢丝、螺旋肋钢丝、刻痕钢丝	2.05×10^5
钢铰线	1.95×10^5

附表六　混凝土强度标准值（N/mm²）

强度种类	混凝土强度等级													
	C15	C20	C25	C30	C35	C40	C45	C50	C55	C60	C65	C70	C75	C80
f_{ck}	10.0	13.4	16.7	20.1	23.4	26.8	29.6	32.4	35.5	38.5	41.5	44.5	47.4	50.2
f_{tk}	1.27	1.54	1.78	2.01	2.20	2.39	2.51	2.64	2.74	2.85	2.93	2.99	3.05	3.11

附表七　混凝土强度设计值（N/mm²）

强度种类	混凝土强度等级													
	C15	C20	C25	C30	C35	C40	C45	C50	C55	C60	C65	C70	C75	C80
f_c	7.2	9.6	11.9	14.3	16.7	19.1	21.1	23.1	25.3	27.5	29.7	31.8	33.8	35.9
f_t	0.91	1.10	1.27	1.43	1.57	1.71	1.80	1.89	1.96	2.04	2.09	2.14	2.18	2.22

注：1. 计算现浇混凝土轴心受压及偏心受压构件时，如截面的长边或直径小于 300mm，则表中混凝土的强度设计值应乘以系数 0.8，当构件质量确有保证时，可不受此限。

2. 离心混凝土的强度设计值应按有关专门标准取用。

附表八　混凝土弹性模量（×10⁴ N/mm²）

	混凝土强度等级													
	C15	C20	C25	C30	C35	C40	C45	C50	C55	C60	C65	C70	C75	C80
E_c	2.20	2.55	2.80	3.00	3.15	3.25	3.35	3.45	3.55	3.60	3.65	3.70	3.75	3.80

附表九　结构构件的裂缝控制等级和最大裂缝宽度限值 w_{lim} （mm）

环境类别	钢筋混凝土结构		预应力混凝土结构	
	控制裂缝等级	最大裂缝宽度限值	控制裂缝等级	最大裂缝宽度限值
一	三	0.3(0.4)	三	0.2
二	二	0.2	二	一
三	一	0.2	一	一

注：1. 表中规定适用于采用热轧钢筋的钢筋混凝土构件和采用预应力钢丝、钢绞线及热处理钢筋的预应力混凝土构件。当采用其他类别的钢丝或钢筋时，其裂缝控制要求可参照专门规范确定；

2. 对处于年平均相对湿度不低于 60% 地区一类环境下的受弯构件，其最大裂缝宽度限值可采用括号内的数值；

3. 在一类环境条件下，对于钢筋混凝土屋架、托架及需作疲劳验算的吊车梁，其最大裂缝宽度限值应采用 0.2mm；对于钢筋混凝土屋面梁、托梁，其最大裂缝宽度限值应采用 0.3mm；

4. 在一类环境条件下，对于预应力混凝土屋面梁、屋架、托架及屋面板和楼板，应按二级裂缝控制等级进行验算；在一类和二类环境下，对需作疲劳验算的预应力混凝土吊车梁，应按一级裂缝控制等级进行演算；

5. 表中规定的预应力混凝土构件的裂缝控制等级和最大裂缝宽度限值仅适用于正截面的验算；

6. 对于烟囱、筒仓和处于液体压力作用下的结构构件，其裂缝控制要求应符合专门标准的有关规定；

7. 对于处于四、五类环境条件下的结构构件，其裂缝控制要求应符合专门标准的有关规定；

8. 表中的最大裂缝宽度限值用于验算荷载作用引起的最大裂缝宽度。

类　　别	部位或环境条件	最大裂缝宽度允许值
水池、水塔	清水池、给水处理池等	0.25
	污水处理池、水塔的水柜	0.20
泵房	贮水间、格栅间	0.20
	其他地面以下部分	0.25
取水头部	常水位以下部分	0.25
	常水位以上温度变化部分	0.20
沉井		0.30
地下管道		0.20

附表十一　混凝土结构的环境类别

环 境 类 别		条 件
一		室内正常环境
二	a	室内潮湿环境；非严寒和非寒冷地区的露天环境；与无侵蚀性的水及土壤直接接触的环境
	b	严寒及寒冷地区的露天环境；与无侵蚀性的水及土壤直接接触的环境
三		使用除冰盐的环境；严寒和寒冷地区冬季水位变化的环境；滨海室外环境
四		海水环境
五		受人为和自然的侵蚀性物质影响的环境

附表十二　纵向受力钢筋的混凝土保护层最小厚度 （mm）

环境类别		板、墙、壳			梁			柱		
		≤C20	C20～C45	≥C50	≤C20	C25～C45	≥C50	≤C20	C25～C45	≥C50
一		20	15	15	30	25	25	30	30	30
二	a	—	20	20	—	35	30	—	35	30
	b	—	25	20	—	35	30	—	35	30
三		—	30	25	—	40	35	—	40	35

附表十三　钢筋混凝土矩形截面受弯构件正截面受弯承载力计算系数表

ξ	γ_s	α_s	ξ	γ_s	α_s
0.01	0.995	0.010	0.15	0.925	0.139
0.02	0.990	0.020	0.16	0.920	0.147
0.03	0.985	0.030	0.17	0.915	0.155
0.04	0.980	0.039	0.18	0.910	0.164
0.05	0.975	0.048	0.19	0.905	0.172
0.06	0.970	0.058	0.20	0.900	0.180
0.07	0.965	0.067	0.21	0.895	0.188
0.08	0.960	0.077	0.22	0.890	0.196
0.09	0.955	0.085	0.23	0.885	0.203
0.10	0.950	0.095	0.24	0.880	0.211
0.11	0.945	0.104	0.25	0.875	0.219
0.12	0.940	0.113	0.26	0.870	0.226
0.13	0.935	0.121	0.27	0.865	0.234
0.14	0.930	0.130	0.28	0.860	0.241

ξ	γ_s	α_s	ξ	γ_s	α_s
0.29	0.855	0.248	0.46	0.770	0.354
0.30	0.850	0.255	0.47	0.765	0.359
0.31	0.845	0.262	0.48	0.760	0.365
0.32	0.840	0.269	0.49	0.755	0.370
0.33	0.835	0.275	0.50	0.750	0.375
0.34	0.830	0.282	0.51	0.745	0.380
0.35	0.825	0.289	0.518	0.741	0.384
0.36	0.820	0.295	0.52	0.740	0.385
0.37	0.815	0.301	0.53	0.735	0.390
0.38	0.810	0.309	0.54	0.730	0.394
0.39	0.805	0.314	0.55	0.725	0.399
0.40	0.800	0.320	0.56	0.720	0.403
0.41	0.795	0.326	0.57	0.715	0.408
0.42	0.790	0.332	0.58	0.710	0.412
0.43	0.785	0.337	0.59	0.705	0.416
0.44	0.780	0.343	0.60	0.700	0.420
0.45	0.775	0.349	0.614	0.693	0.426

注：1. 表中 $\xi=0.518$ 以上的数值不适用于 HRB400 级钢筋；$\xi=0.55$ 以上的数值不适用于 HRB335 级钢筋；

2. 混凝土强度等级不大于 C50。

附表十四　钢筋的计算截面面积及理论重量

公称直径 (mm)	不同根数钢筋的计算截面面积(mm²)									单根钢筋理论重量 (kg/m)
	1	2	3	4	5	6	7	8	9	
6	28.3	57	85	113	142	170	198	226	255	0.222
6.5	33.2	66	100	133	166	199	232	265	299	0.260
8	50.3	101	151	201	252	302	352	402	453	0.395
8.2	52.8	106	158	211	264	317	370	423	475	0.432
10	78.5	157	236	314	393	471	550	628	707	0.617
12	113.1	226	339	452	565	678	791	904	1017	0.888
14	153.9	308	461	615	769	923	1077	1230	1387	1.21
16	201.1	402	603	804	1005	1206	1407	1608	1809	1.58
18	254.5	509	763	1017	1272	1526	1780	2036	2290	2.00
20	314.2	628	941	1256	1570	1884	2200	2513	2827	2.47
22	380.1	760	1140	1520	1900	2281	2661	3041	3421	2.98
25	490.9	982	1473	1964	2454	2945	3436	3927	4418	3.85
28	615.3	1232	1347	2463	3079	3685	4310	4926	5542	4.83
32	804.3	1609	2418	3217	4021	4826	5630	6434	7238	6.31
36	1017.9	2036	3054	4072	5089	6107	7125	8143	9161	7.99
40	1256.1	2513	3770	5027	6283	7540	8796	10053	11310	9.87
50	1964	3928	5892	7856	9820	11784	13748	15712	17676	15.42

注：表中直径 $d=8.2$mm 的计算截面面积及理论重量仅适用于有纵肋的热处理钢筋。

受 力 类 型		最小配筋百分率
受压构件	全部纵向钢筋	0.6
	一侧纵向钢筋	0.2
受弯构件、偏心受拉构件、轴心受拉构件一侧的受拉钢筋		0.2 和 $45f_t/f_y$ 中的较大值

注：1. 受压构件全部纵向钢筋最小配筋百分率，当采用 HRB400、RRB400 级钢筋时，应按表中规定减小 0.1；当混凝土强度等级为 C60 及以上时，应按表中规定增大 0.1；

2. 偏心受拉构件中的受压钢筋，应按受压构件一侧纵向钢筋考虑；

3. 受压构件的全部纵向钢筋和一侧纵向钢筋的配筋率以及轴心受拉构件和小偏心受压构件一侧受拉钢筋的配筋率应按全截面面积计算；受弯构件、大偏心受拉构件一侧受拉钢筋的配筋率应按全截面面积扣除受压翼缘面积 $(b_f-b)h_f$ 后的截面面积计算；

4. 当钢筋沿构件截面周边布置时，"一侧纵向钢筋"系指沿受力方向两个对边中的一边布置的纵向钢筋。

附表十六　沿砌体灰缝破坏时的轴心抗拉强度设计值、弯曲抗拉强度设计值和抗剪强度设计值（N/mm²）

序 号	强度类别	破坏特征及砌体种类		砂浆强度等级			
				≥M10	M7.5	M5	M2.5
1	轴心抗拉 f_t	沿齿缝	烧结普通砖、烧结多孔砖	0.19	0.16	0.13	0.09
			蒸压灰砂砖、蒸压粉煤灰砖	0.12	0.10	0.08	0.06
			混凝土砌块	0.09	0.08	0.07	
			毛石	0.08	0.07	0.06	0.04
2	弯曲抗拉 f_{tm}	沿齿缝	烧结普通砖、烧结多孔砖	0.33	0.29	0.23	0.17
			蒸压灰砂砖、蒸压粉煤灰砖	0.24	0.20	0.16	0.12
			混凝土砌块	0.11	0.09	0.08	
			毛石	0.13	0.11	0.09	0.07
		沿通缝	烧结普通砖、烧结多孔砖	0.17	0.14	0.11	0.08
			蒸压灰砂砖、蒸压粉煤灰砖	0.12	0.10	0.08	
			混凝土砌块	0.08	0.06	0.05	
3	抗剪 f_v	烧结普通砖、烧结多孔砖		0.17	0.14	0.11	0.08
		蒸压灰砂砖、蒸压粉煤灰砖		0.12	0.10	0.08	0.06
		混凝土和轻骨料混凝土砌块		0.09	0.08	0.06	
		毛石		0.21	0.19	0.16	0.11

注：1. 当砌体采用水泥砂浆砌筑时，应按表中数值乘以 0.80 后采用；

2. 当施工质量控制等级为 C 级时，应按表中数值 f 乘以 0.89 后采用；

3. 对于用形状规则的块体砌筑的砌体，当搭接长度与块体高度的比值小于 1 时，其轴心抗拉强度设计值 f_t 和弯曲抗拉强度设计值 f_{tm} 应按表中数值乘以搭接长度与块体高度比值后采用；对于蒸压灰砂砖、蒸压粉煤灰砖砌体，当有可靠的试验数据时，表中强度设计值，允许作适当调整。

附表十七　烧结普通砖和烧结多孔砖砌体的抗压强度设计值 f（N/mm²）

砖强度等级	砂浆强度等级					砂浆强度
	M15	M10	M7.5	M5	M2.5	0
MU30	3.94	3.27	2.93	2.589	2.26	1.15
MU25	3.60	2.98	2.68	2.37	2.06	1.05
MU20	3.22	2.67	2.39	2.12	1.84	0.94
MU15	2.79	2.31	2.07	1.83	1.36	0.82
MU10	⋯	1.89	1.69	1.50	1.30	0.67

注：1. 当砌体采用水泥砂浆砌筑时，应按表中数值 f 乘以 0.90 后采用。

2. 当施工质量控制等级为 C 级时，应按表中数值 f 乘以 0.89 后采用。

3. 施工阶段砂浆尚未硬化的新砌体可按砂浆强度等级为零确定其砌体强度。

4. 对于冬期施工采用掺盐法施工的砌体，砂浆强度等级按常温施工强度等级提高一级时，砌体强度和稳定性可不验算。

砂浆强度等级	墙	柱	砂浆强度等级	墙	柱
≥M7.5	26	17	M2.5	22	15
M5	24	16			

注：1. 毛石墙、柱允许高厚比应按表中数值降低 20%；

　　2. 组合砖砌体构件的允许的高厚比，可按表中数值提高 20%，但不得大于 28；

　　3. 验算施工阶段砂浆尚未硬化的新砌体高厚比时，允许高厚比对墙取 14，对柱取 11。

附表十九　受压构件的计算高度 H_0

房屋类型			柱		带壁柱墙或周边拉结的墙		
			平行排架方向	垂直排架方向	$s>2H$	$2H \geqslant s>H$	$s \leqslant H$
有吊车的单层房屋	变截面柱上段	弹性方案	$2.5H_u$	$1.25H_u$	$2.5H_u$		
		刚性刚弹性方案	$2.0H_u$	$1.25H_u$	$2.0H_u$		
	变截面柱下段		$1.0H_l$	$0.8H_l$	$1.0H_l$		
无吊车的单层和多层房屋	单跨	弹性方案	$1.5H$	$1.0H$	$1.5H$		
		刚弹性方案	$1.2H$	$1.0H$	$1.2H$		
	多跨	弹性方案	$1.25H$	$1.0H$	$1.25H$		
		刚弹性方案	$1.1H$	$1.0H$	$1.1H$		
	刚性方案		$1.0H$	$1.0H$	$1.0H$	$0.4s+0.2H$	$0.6s$

注：1. 表中 H_u 为变截面柱的上段高度；H_l 为变截面柱的下段高度；s—相邻横墙间的距离；

　　2. 对于上端为自由端的构件，$H_0=2H$；

　　3. 独立砖柱，当无柱间支持时，柱在垂直排架方向的 H_0 应按表中系数乘以 1.25 后采用；

　　4. 对有吊车的房屋，当荷载组合不考虑吊车作用时，变截面柱上段的计算高度可按表中数值采用。变截面柱下段的计算高度可按下列规定采用：

　　(1) 当 $H_0/H \leqslant 1/3$ 时，按无吊车房屋的 H_0；

　　(2) 当 $1/3<H_u/H<1/2$ 时，按无吊车房屋的 H_0 乘以修正系数 μ，$\mu=1.3-0.3I_u/I_l$，I_u 为变截面柱上段的惯性矩，I_l 为变截面柱下段惯性矩；

　　(3) 当 $H_u/H \geqslant 1/2$ 时，按无吊车房屋的 H_0，但在确定 β 值时，应采用上柱截面；

　　5. 自承重墙的计算高度应根据周边支撑或拉接条件确定；

　　6. 构件高度 H 按下列规定采用：在房屋底层，为楼板顶面到构件下端支点的距离，下端支点的位置，可取在基础顶面，当埋置较深且有刚性地坪时，可取室外地面下 500mm 处。在房屋其他层次，为楼板或其他水平支点间的距离；对无壁柱的山墙，可取层高加山墙尖高度的 1/2；对带壁柱的山墙可取壁柱处的山墙高度。

附表二十　砌体房屋伸缩缝的最大间距（m）

屋顶或楼层类型		间距
整体式或装配整体式钢筋混凝土结构	有保温层或隔热层的屋顶	50
	楼层无保温层或隔热层的屋顶	40
装配式无檩体系钢筋混凝土结构	有保温层或隔热层的屋顶	60
	楼层无保温层或隔热层的屋顶	50
装配式有檩体系钢筋混凝土结构	有保温层或隔热层的屋顶	75
	楼层无保温层或隔热层的屋顶	60
瓦材屋顶、木屋顶或楼层、轻钢屋顶		100

注：对烧结普通砖、多孔砖、配筋砌块砌体房屋取表中数值；对石砌体、蒸压灰砂砖、蒸压粉煤灰砖和混凝土砌块房屋取表中数值乘以 0.8 的系数。当有实践经验并采取有效措施时，可不遵守本表规定。

结　构　类　型		室内或土中	露天
排架结构	装配式	100	70
框架结构	装配式	75	50
	现浇式	55	35
剪力墙结构	装配式	65	40
	现浇式	45	30
挡土墙、地下室墙壁等类结构	装配式	40	30
	现浇式	30	20

注：1. 装配整体式结构房屋的伸缩缝间距宜按表中现浇式的数值取用；

　　2. 当屋面无保温或隔热措施时，框架结构、剪力墙结构的伸缩缝间距宜按表中露天的数值取用；

　　3. 现浇挑檐、雨罩等外露结构的伸缩缝间距不宜大于12m。

附表二十二　沉降缝的设置宽度

地　基　性　质	建筑物高度	沉降缝宽度（mm）
一般地基	$H<5m$	30
	$H=5m\sim10m$	50
	$H=10m\sim15m$	70
软弱地基	2～3 层	50～80
	4～5 层	80～120
	6 层以上	>120
湿陷性黄土地基		≥30～70

附表二十三　受压砌体影响系数 φ（砂浆强度等级不小于5）

β	$\dfrac{e}{h}$ 或 $\dfrac{e}{h_{\tau}}$								
	0	0.025	0.05	0.075	0.1	0.125	0.15	0.175	0.2
≤3	1	0.99	0.97	0.94	0.89	0.84	0.79	0.73	0.68
4	0.98	0.95	0.91	0.86	0.80	0.75	0.69	0.64	0.58
6	0.95	0.91	0.86	0.81	0.76	0.70	0.64	0.59	0.54
8	0.91	0.87	0.82	0.77	0.71	0.66	0.60	0.55	0.50
10	0.87	0.82	0.77	0.72	0.66	0.61	0.56	0.51	0.46
12	0.82	0.77	0.72	0.67	0.62	0.57	0.52	0.47	0.43
14	0.77	0.72	0.68	0.63	0.58	0.53	0.48	0.44	0.40
16	0.72	0.68	0.63	0.58	0.54	0.49	0.45	0.40	0.37
18	0.67	0.63	0.59	0.54	0.50	0.46	0.42	0.38	0.34
20	0.62	0.58	0.54	0.50	0.46	0.42	0.39	0.35	0.32
22	0.58	0.54	0.51	0.47	0.43	0.40	0.36	0.33	0.30
24	0.54	0.50	0.47	0.44	0.40	0.37	0.34	0.30	0.28
26	0.50	0.47	0.44	0.40	0.37	0.34	0.31	0.28	0.26
28	0.46	0.43	0.41	0.38	0.35	0.32	0.29	0.26	0.24
30	0.42	0.40	0.38	0.35	0.32	0.30	0.27	0.25	0.22

β	$\dfrac{e}{h}$ 或 $\dfrac{e}{h_r}$								
	0.225	0.25	0.275	0.3	0.325	0.35	0.4	0.45	0.5
≤3	0.62	0.57	0.52	0.48	0.44	0.40	0.34	0.29	0.25
4	0.53	0.48	0.44	0.40	0.36	0.33	0.28	0.23	0.20
6	0.49	0.44	0.40	0.37	0.33	0.30	0.25	0.21	0.17
8	0.45	0.41	0.37	0.34	0.30	0.28	0.23	0.19	0.16
10	0.42	0.38	0.34	0.31	0.28	0.25	0.21	0.17	0.14
12	0.39	0.35	0.31	0.28	0.26	0.23	0.19	0.15	0.13
14	0.36	0.32	0.29	0.26	0.24	0.21	0.17	0.14	0.12
16	0.33	0.30	0.27	0.24	0.22	0.20	0.16	0.13	0.10
18	0.31	0.28	0.25	0.22	0.20	0.18	0.15	0.12	0.10
20	0.28	0.26	0.23	0.21	0.19	0.17	0.13	0.11	0.09
22	0.27	0.24	0.22	0.19	0.17	0.16	0.12	0.10	0.08
24	0.25	0.22	0.20	0.18	0.16	0.14	0.12	0.09	0.08
26	0.23	0.21	0.19	0.17	0.15	0.13	0.11	0.09	0.07
28	0.22	0.20	0.17	0.16	0.14	0.12	0.10	0.08	0.06
30	0.20	0.18	0.16	0.15	0.13	0.12	0.09	0.08	0.06

附表二十四 受压砌体影响系数 φ（砂浆强度等级 M2.5）

β	$\dfrac{e}{h}$ 或 $\dfrac{e}{h_r}$								
	0	0.025	0.05	0.075	0.1	0.125	0.15	0.175	0.2
≤3	1	0.99	0.97	0.94	0.89	0.84	0.79	0.73	0.68
4	0.97	0.94	0.89	0.84	0.79	0.73	0.68	0.62	0.57
6	0.93	0.89	0.84	0.79	0.74	0.68	0.62	0.57	0.52
8	0.89	0.84	0.79	0.74	0.68	0.63	0.57	0.52	0.48
10	0.83	0.78	0.74	0.68	0.63	0.58	0.53	0.48	0.43
12	0.78	0.73	0.68	0.63	0.58	0.53	0.48	0.44	0.40
14	0.72	0.67	0.63	0.58	0.53	0.49	0.44	0.40	0.36
16	0.66	0.62	0.58	0.53	0.49	0.45	0.41	0.37	0.34
18	0.61	0.57	0.53	0.49	0.45	0.41	0.38	0.34	0.31
20	0.56	0.52	0.49	0.45	0.42	0.38	0.35	0.31	0.28
22	0.51	0.48	0.45	0.45	0.38	0.35	0.32	0.29	0.26
24	0.46	0.44	0.41	0.41	0.35	0.32	0.30	0.27	0.24
26	0.42	0.40	0.38	0.38	0.32	0.30	0.27	0.25	0.22
28	0.40	0.37	0.35	0.35	0.30	0.28	0.25	0.23	0.21
30	0.36	0.34	0.32	0.32	0.28	0.26	0.24	0.21	0.19

β	$\frac{e}{h}$ 或 $\frac{e}{h_r}$								
	0.225	0.25	0.275	0.3	0.325	0.35	0.4	0.45	0.5
≤3	0.62	0.57	0.52	0.48	0.44	0.40	0.34	0.29	0.25
4	0.52	0.47	0.43	0.39	0.35	0.32	0.27	0.22	0.19
6	0.47	0.43	0.39	0.35	0.32	0.29	0.24	0.20	0.16
8	0.43	0.39	0.35	0.32	0.29	0.26	0.21	0.18	0.15
10	0.39	0.36	0.32	0.29	0.26	0.24	0.19	0.16	0.13
12	0.36	0.32	0.29	0.26	0.24	0.21	0.17	0.14	0.12
14	0.33	0.30	0.27	0.24	0.22	0.19	0.16	0.13	0.10
16	0.30	0.27	0.24	0.22	0.20	0.18	0.14	0.12	0.09
18	0.28	0.25	0.22	0.20	0.18	0.16	0.13	0.10	0.08
20	0.26	0.23	0.21	0.18	0.17	0.15	0.12	0.10	0.08
22	0.24	0.21	0.19	0.17	0.15	0.14	0.11	0.09	0.07
24	0.22	0.20	0.18	0.16	0.14	0.13	0.10	0.08	0.06
26	0.20	0.18	0.16	0.15	0.13	0.12	0.09	0.08	0.06
28	0.19	0.17	0.15	0.14	0.12	0.11	0.09	0.07	0.06
30	0.18	0.16	0.14	0.13	0.11	0.10	0.08	0.06	0.05

主要参考文献

[1] 天津大学、同济大学、南京大学合编. 钢筋混凝土结构（上、下册）. 北京：中国建筑工业出版，2004

[2] 闫波主编. 环境土建工程. 北京：化学工业出版社，2003

[3] 西安建筑科技大学、华南理工大学、重庆大学、合肥工业大学、华中科技大学合编. 建筑材料（第三版）. 北京：中国建筑工业出版社，2004

[4] 哈尔滨工业大学、大连理工大学、北京建筑工程学院、华北水利水电学院合编. 混凝土及砌体结构（上、下册）. 北京：中国建筑工业出版社，2004

[5] 刘健行，郭先瑚等编. 给水排水工程结构. 北京：中国建筑工业出版社，1994

[6] 沈德植. 土建工程基础. 北京：中国建筑工业出版社，2003

[7] 张飘主编. 土建工程基础. 北京：化学工业出版社，2004

[8] 罗福午主编. 土木工程（专业）概论. 湖北：武汉工业大学出版社，2000

[9] 任福民等主编. 建筑工程材料. 北京：中国铁道出版社，1999

[10] 李铭臻主编. 新编建筑工程材料. 北京：中国建材工业出版社，1998

[11] 袁聚云，李镜培等编著. 基础工程设计原理. 上海：同济大学出版社，2001

[12] 郑达谦. 给水排水工程施工（第三版）. 北京：中国建筑工业出版社，2003

[13] 应惠清主编. 土木工程施工. 上海：同济大学出版社，2001

[14] 重庆大学、同济大学、哈尔滨工业大学合编. 土木工程施工（上、下册）. 北京：中国建筑工业出版社，2003

[15] 姜丽荣，崔艳秋等编. 建筑概论. 北京：中国建筑工业出版社，2000

[16] 建筑结构构造资料集编委会编. 建筑结构构造资料集（上册）. 北京：中国建筑工业出版社，1990

[17] 莫海鸿，杨小平主编. 基础工程. 北京：中国建筑工业出版社，2003

[18] 中国计划出版社编. 建筑制图标准汇编. 北京：中国计划出版社，2001

[19] 叶燕华主编. 砌体结构. 北京：中国水利水电出版社，2004

[20] 中国建筑工业出版社. 现行建筑结构规范大全（修订缩印本）. 北京：中国建筑工业出版社，2002

[21] 中国建筑工业出版社. 现行建筑材料规范大全（修订缩印本）. 北京：中国建筑工业出版社，2001

[22] 《建筑施工手册》（第四版）编写组. 建筑施工手册. 北京：中国建筑工业出版社，2003

[23] 李昂主编. 建筑地基处理技术及地基基础工程标准规范实施手册. 北京：金版电子出版公司，2004

[24] 给水排水工程构筑物结构设计规范（GB 50069—2002）

[25] 建筑抗震设计规范（GB 50011—2001）

[26] 钢筋混凝土结构设计规范（GB 50010—2002）

[27] 建筑结构荷载规范（GB 50009—2001）

[28] 砌体结构设计规范（GB 50003—2001）

[29] 建筑地基基础设计规范（GB 50007—2002）

[30] 烟囱设计规范（GB 50051—2002）

[31] 泵站设计规范（GB/T 50265—1997）

[32] 上海市政工程设计院等编·给水排水工程结构设计手册·北京·中国建筑工业出版社，1984